安装工程工程量清单
分部分项计价与预算定额计价对照
实 例 详 解
(依据 GB 50856—2013)

(第三版)
给水排水、采暖、燃气工程

工程造价员网　张国栋　主编

中国建筑工业出版社

图书在版编目（CIP）数据

安装工程工程量清单分部分项计价与预算定额计价对照实例详解（依据 GB 50856—2013）2 给水排水、采暖、燃气工程/张国栋主编．—3 版．—北京：中国建筑工业出版社，2015.4

ISBN 978-7-112-17883-4

Ⅰ．①安…　Ⅱ．①张…　Ⅲ．①建筑安装-工程造价②建筑安装-建筑预算定额　Ⅳ．①TU723.3

中国版本图书馆 CIP 数据核字（2015）第 043073 号

本书根据《全国统一安装工程预算定额》的章节，结合《通用安装工程工程量计算规范》GB 50856—2013 中工程量清单项目及计算规则，以一例一图一解的方式，对安装工程各分项的工程量计算方法作了较详细的解释说明。本书最大的特点是实际操作性强，便于读者解决实际工作中经常遇到的难点。

责任编辑：刘　江　周世明
责任设计：李志立
责任校对：陈晶晶　赵　颖

安装工程工程量清单
分部分项计价与预算定额计价对照实例详解
（依据 GB 50856—2013）

❷

（第三版）
给水排水、采暖、燃气工程
工程造价员网　张国栋　主编

中国建筑工业出版社出版、发行（北京西郊百万庄）
各地新华书店、建筑书店经销
北京红光制版公司制版
北京建筑工业印刷厂印刷

开本：787×1092 毫米　1/16　印张：16¾　字数：413 千字
2015 年 3 月第三版　2015 年 3 月第五次印刷
定价：**38.00** 元
ISBN 978-7-112-17883-4
（27040）

编 委 会

主 编 工程造价员网 张国栋

参 编 赵小云 段伟绍 冯 倩 冯雪光

李 存 董明明 郭芳芳 马 波

王春花 洪 岩 郭小段 王文芳

惠 丽 郑丹红 黄 江 荆玲敏

杨进军 邓 磊 毕晓燕 韩新宇

张 惠 刘丽娜

第 三 版 前 言

根据《全国统一安装工程预算定额》、《建设工程工程量清单计价规范》（GB 50500—2013）、《通用安装工程工程量计算规范》（GB 50856—2013）编写的《安装工程工程量清单分部分项计价与预算定额计价对照实例详解》一书，被众多从事工程造价人员选作为学习和工作的参考用书，在第二版销售的过程中，有不少热心的读者来信或电话向作者提供了很多宝贵的意见和看法，在此向广大读者表示衷心的感谢。

为了进一步迎合广大读者的需求，同时也为了进一步推广和完善工程量清单计价模式，推动《建设工程工程量清单计价规范》（GB 50500—2013）、《通用安装工程工程量计算规范》（GB 50856—2013）实施，帮助造价工作者提高实际操作水平，让更多的学习者获得受益，我们特对《安装工程工程量清单分部分项计价与预算定额计价对照实例详解》（第二版）一书进行了修订。

该书第三版是在第二版的基础上进行了修订，第三版保留了第一、二版的优点，并对书中有缺陷的地方进行了补充，最重要的是第三版书中计算实例均采用最新的 2013 版清单计价规范进行讲解，并将读者提供的关于书中的问题进行了集中的解决和处理，个别题目给予了说明，为广大读者提供便利。

本书与同类书相比，其显著特点是：

（1）采用 2013 最新规范，结合时宜，便于学习。

（2）内容全面，针对性强，且项目划分明细，以便读者有目标性的学习。

（3）实际操作性强，书中主要以实例说明实际操作中的有关问题及解决方法，便于提高读者的实际操作水平。

（4）每题进行工程量计算之后均有注释解释计算数据的来源及依据，让读者学习起来快捷，方便。

（5）结构层次清晰，一目了然。

本书在编写过程中得到了许多同行的支持与帮助，借此表示感谢。由于编者水平有限和时间的限制，书中难免有错误和不妥之处，望广大读者批评指正。如有疑问，请登录www. gczjy. com（工程造价员网）或 www. ysypx. com（预算员网）或 www. debzw. com（定额编制网）或 www. gclqd. com（工程量清单计价网），或发邮件至 zz6219@163. com 或 dl-whgs@tom. com 与编者联系。

目　　录

第一章 给水排水工程

第一节 分部分项实例

项目编码：031001001   项目名称：镀锌钢管

【例1】 如图1-1所示，为某室外给水系统中埋地管道的一部分长度为6m，试计算其清单和定额工程量。

【解】 （1）清单工程量：

丝接镀锌钢管 DN50   6.00m

（2）定额工程量：

①丝接镀锌钢管 DN50   单位：10m
数量：0.6

定额编号8-6，基价：33.83元；其中人工费；19.04元，材料费（不含主材费）13.36元，机械费1.43元。

图 1-1　埋地管道示意图

②管道刷第一遍沥青   10m²   （π×D×6）/10=0.12

定额编号 11-66，基价：8.04元；其中人工费6.50元，材料费（不含主材费）1.54元。

③管道刷第二遍沥青   10m²   （π×D×6）/10=0.12

定额编号 11-67，基价：7.64元；其中人工费6.27元，材料费（不含主材费）1.37元。

【例2】 在例1中管道明装，其它条件不变。

【解】 （1）清单工程量

丝接镀锌钢管 DN50   6.00m

（2）定额工程量

①丝接镀锌钢管 DN50   单位：10m   数量：0.60

定额编号8-6，基价：33.83元；其中人工费19.04元，材料费（不含主材费）13.36元，机械费1.43元。

②管道刷第一遍银粉   单位：10m²   数量：0.12

定额编号 11-56，基价：11.31元；其中人工费6.50元，材料费（不含主材费）4.81元。

③管道刷第二遍银粉   单位：10m²   数量：0.12

定额编号 11-57，基价：10.64元；其中人工费6.27元，材料费（不含主材费）

4.37元。

项目编码：031001001　　项目名称：镀锌钢管

【例3】　如图1-2所示为一段管路，采用镀锌钢管给水，试进行清单和定额工程量计算。

【解】（1）清单工程量

镀锌钢管DN15

0.80m（从位置0到位置1处）＋2.5m（从位置1到位置2处）＝3.30m；

镀锌钢管DN25

3.00m（从节点2到节点3处），其工程量见表1-1。

图1-2　某管路示意图
单位：m

清单工程量计算表　　　　　　表1-1

项目编码	项目名称	项目特征描述	单　位	数　量
031001001001	镀锌钢管	DN15、给水	m	3.30
031001001002	镀锌钢管	DN25、给水	m	3.00

（2）定额工程量

定额工程量计算见表1-2。

定额工程量计算表　　　　　　表1-2

项　目	规　格	单　位	数　量	项　目	单　位	数　量
镀锌钢管	DN15	10m	0.33	刷油	100m²	0.0022
	DN25	10m	0.30		100m²	0.0032

定额编号	项目	基价/元	人工费/元	材料费/元	机械费/元
8-87	钢管DN15	65.45	42.49	22.96	—
8-89	钢管DN25	83.51	51.08	31.40	1.03
11-56	刷油一遍	11.31	6.5	4.81	—
11-57	刷油二遍	10.64	6.27	4.37	—

项目编码：031001005　　项目名称：承插铸铁管

【例4】　如图1-3所示为某住宅的排水系统部分管道，管道采用承插铸铁管，水泥接口，试对其中承插铸铁管进行清单工程量和定额工程量计算。

【解】（1）清单工程量

承插铸铁管DN50　1.1m（从节点3至点2处）＝1.10m

DN100：0.8m（从节点0到节点1处）＋0.7m（从节点1到节点2处）＝（0.8＋0.7）m＝1.50m

DN150：2.6m（从节点2到节点4处）＝2.60m，其工程量见表1-3。

图1-3　某住宅排水系统部分管道

清单工程量计算表　　　　　　　　　　　表 1-3

项目编码	项目名称	项目特征描述	单　位	数　量
031001005001	铸铁管	承插，DN50、排水	m	1.10
031001005002	铸铁管	承插，DN100、排水	m	1.50
031001005003	铸铁管	承插，DN150、排水	m	2.60

（2）定额工程量

定额工程量计算见表 1-4。

定额工程量计算表　　　　　　　　　　　表 1-4

项　目	规　格	单　位	数　量
（承插）铸铁管	DN50	10m	0.11
	DN100	10m	0.15
	DN150	10m	0.26

说明：在清单工程量计算中与定额工程量计算中最大的区别在于单位的不同，清单以"m"计，定额以"10m"计。

DN50 定额编号 8-144，基价：133.41 元；其中人工费 52.01 元，材料费（不含主材费）81.40元。

DN100 定额编号 8-146，基价：357.39 元；其中人工费 80.34 元，材料费（不含主材费）277.05 元。

DN150 定额编号 8-147，基价：329.18 元；其中人工费 85.22 元，材料费（不含主材费）243.96 元。

项目编码：031001005　项目名称：承插铸铁管

【例 5】　如图 1-4 所示为某排水系统中排水铸铁管的局部剖面图，试计算其清单和定额工程量。

【解】（1）清单工程量

承插铸铁管 DN100　（3.0＋1.2＋3.5)m
　　　　　　　　　　　　＝7.70m

图 1-4　铸铁管局部剖面图

【注释】　3.0 为承插铸铁管上部的长度，1.2 为承插铸铁管拐角处的长度，3.5 为承插铸铁管下部的长度。

（2）定额工程量

　　　　名称　　　　　单位　　　　数量

承插铸铁管 DN100　　10m　　　　0.77

定额编号 8-146，基价：357.39 元；其中人工费 80.34 元，材料费（不含主材费）277.05 元。

刷一遍红丹防锈漆（地上）　10m²　　　0.3580×3.0/10＝0.11

定额编号 11-198，基价：8.85 元；其中人工费 7.66 元，材料费（不含主材费）1.19 元。

刷银粉两遍（地上）　　　　10m²　　　　0.3580×3.0/10=0.11

定额编号第一遍 3711-200，基价：13.23 元；其中人工费 7.89 元，材料费（不含主材费）5.34 元。

第二遍 11-201，基价：12.37 元；其中人工费 7.66 元，材料费（不含主材费）4.71 元。

刷沥青漆两道（埋地）　　　　10m²　　　　0.3580×4.7/10=0.17

定额编号第一遍 11-202，基价：9.90 元；其中人工费 8.36 元，材料费（不含主材费）1.54 元。

第二遍 11-203，基价：9.50 元；其中人工费 8.13 元，材料费（不含主材费）1.37 元。

说明：在进行管道刷油时应区分地上（明装）与地下（暗装）的刷油过程及所刷材料，明装铸铁管刷一遍红丹防锈漆后再刷银粉两遍；而暗装管道只需刷沥青两遍即可。

【例6】　如图 1-5 所示为某别墅的排水系统图，采用承插铸铁管，试计算铸铁管的清单工程量和定额工程量（图中所示卫生器具只为示意，并非真实情况）。

图1-5　某别墅排水系统图

【解】（1）清单工程量

承插铸铁管 DN150：

5.0m（从埋地节点 4 到埋地节点 5 处）+3m（从埋地节点 5 到埋地节点 10 处）=8.00m

DN100：

6.0m（两层楼内管道）×2+1.2m（超过屋顶至 0 点处）×2+1.2m（埋地点 4 到埋地面 2 处）×2=（6×2+1.2×2+1.2×2）m=16.80m

DN75：

[1.5m（从节点 8 到节点 6 处）+0.9m（从节点 6 到节点 9 处）]×2=（1.5+0.9）×2m=4.80m

DN50：

[2.5m（从节点 1 到地漏节点 2 处）+1.5m（从节点 1 处到地漏节点 3 处）]×2=（2.5+1.5）×2m=8.00m

工程量见表 1-5。

清单工程量计算表　　　　　　　　　　　　表 1-5

项目编码	项目名称	项目特征描述	单　位	数　量
031001005001		DN150、排水	m	8.00
031001005002	（承插）铸铁管	DN100、排水	m	16.80
031001005003		DN75、排水	m	4.80
031001005004		DN50、排水	m	8.00

（2）定额工程量

定额工程量计算见表 1-6。

定额工程量计算表   表 1-6

项 目	规 格	单 位	数 量
（承插）铸铁管	DN150	10m	0.80
	DN100	10m	1.68
	DN75	10m	0.48
	DN50	10m	0.80

DN150 定额编号 8-147，基价：329.18 元；其中人工费 85.22 元，材料费（不含主材费）243.96 元。

DN100 定额编号 8-146，基价：357.39 元；其中人工费 80.34 元，材料费（不含主材费）277.05 元。

DN75 定额编号 8-145，基价：249.18 元；其中人工费 62.23 元，材料费（不含主材费）186.95 元。

DN50 定额编号 8-144，基价：133.41 元；其中人工费 52.01 元，材料费（不含主材费）81.40 元。

项目编码：031001006　　项目名称：UPVC 塑料管

【例7】 某住宅楼工程采用 UPVC 塑料管做为给水管材，给水系统图如图 1-6 所示，出户部分为 4m，试计算其管道清单工程量和定额工程量。

【解】 （1）清单工程量

UPVC 塑料管

DN20：1.2m（从洗脸盆水嘴到大便器节点处）×3 层＝3.60m

DN25：[0.5m（从大便器节点到淋浴器节点处）+0.5m（从淋浴器节点到浴盆水龙头处）+1.8m（从浴盆水嘴到污水盆水嘴处）]×3m
＝(0.5+0.5+1.8)×3m
＝8.40m

DN32：1.7m（从污水盆水嘴处到支管与竖管带节点处）×3+3.0m（从二层支管处到三层支管处竖管）
＝8.10m

DN50：3.0m（从一层支管到二层支管处竖管）＝3.00m

图 1-6　给水系统图

DN75：1.0m（地面到第一个支管处的竖管）+1.2m（埋地竖管部分）+3.5m（埋地穿过卫生间部分）+4m（出户部分）
＝9.70m

清单工程量计算见表 1-7。

清单工程量计算表 　　　　　　　　表 1-7

项目编码	项目名称	项目特征描述	单 位	数 量
031001006001		DN20、给水	m	3.60
031001006002		DN25、给水	m	8.40
031001006003	UPVC 塑料管	DN32、给水	m	8.10
031001006004		DN50、给水	m	3.00
031001006005		DN75、给水	m	9.70

（2）定额工程量

定额工程量计算见表 1-8。

定额工程量计算表 　　　　　　　　表 1-8

项 目	规 格	单 位	数 量
UPVC 塑料管	DN20	10m	0.36
	DN25	10m	0.84
	DN32	10m	0.81
	DN50	10m	0.30
	DN75	10m	0.97

DN20 定额编号 6-273，基价：14.19 元；其中人工费 11.12 元，材料费（不含主材费）0.42 元，机械费 2.65 元。

DN25 定额编号 6-274，基价：15.62 元；其中人工费 11.91 元，材料费（不含主材费）0.47 元，机械费 3.24 元。

DN32 定额编号 6-275，基价：17.70 元；其中人工费 13.03 元，材料费（不含主材费）0.55 元，机械费 4.12 元。

DN50 定额编号 6-277，基价：28.12 元；其中人工费 19.76 元，材料费（不含主材费）1.83 元，机械费 6.53 元。

DN75 定额编号 6-278，基价：39.60 元；其中人工费 26.73 元，材料费（不含主材费）2.79 元，机械费 10.08 元。

项目编码：031004001　　　项目名称：浴缸

【例8】 如图 1-7 所示为一搪瓷浴盆，采用冷热水供水，试比较其清单和定额工程量。

【解】 （1）清单工程量

搪瓷浴缸　单位：组　数量：1

（2）定额工程量

项目：搪瓷浴缸　　单位：10组　　数量：0.1

定额编号 8-375，基价：1127.85 元；其中人工费 222.68 元，材料费（不含主材费）905.17 元。

项目编码：031004003　　　项目名称：洗脸盆

【例9】 如图 1-8 所示为一洗脸盆，试进行其清单工程量和定额工程量计算。

图 1-7 搪瓷浴盆

图 1-8 洗脸盆

【解】（1）清单工程量

洗脸盆　单位：组　数量：1

（2）定额工程量

项目：洗脸盆　　单位：10 组　　数量：0.1

定额编号 8-384,基价:1449.93 元;其中人工费 151.16 元,材料费(不含主材费)1298.77 元。

项目编码：031004010　　项目名称：淋浴器

【例 10】 如图 1-9 所示为一淋浴器安装图，计算淋浴器的清单和定额工程量。

【解】（1）清单工程量

淋浴器　单位：套　数量：1

（2）定额工程量

项目：淋浴器　　单位：10 组　　数量：0.1

定额编号 8-404，基价：600.19 元；其中人工费 130.03 元，材料费（不含主材费）470.16 元。

项目编码：031004007　　项目名称：小便器

【例 11】 如图 1-10 所示为一立式小便器安装示意图，试计算其清单和定额工程量。

图 1-9 淋浴器安装图

图 1-10 立式小便器安装示意图

【解】 （1）清单工程量

立式小便器　单位：组　数量：1

（2）定额工程量

项目：立式小便器　　单位：10 套　　数量：0.1

定额编号 8-423，基价：2408.31 元；其中人工费 124.46 元，材料费（不含主材费）2283.85 元。

项目编码：031006015　　项目名称：水箱

【例 12】 如图 1-11 所示为一水箱的安装示意图，其中水箱质量为 820kg，支架质量为 750kg，试计算其清单和定额工程量。

【解】 （1）清单工程量

矩形水箱　单位：台　数量：1

（2）定额工程量

①项目：钢板矩形水箱制作　　单位：100kg

数量：8.2；

定额编号 8-539，基价：461.79 元；其中人工费 46.21 元，材料费 393.88 元，机械费 21.70 元。

②钢板水箱安装，单位：台，数量：1；

定额编号 8-553，基价：118.34 元；其中人工费 80.11 元，材料费（不含主材费）2.44 元，机械费 35.79 元。

③钢板人工除锈，单位：100kg，数量：8.2；

定额编号 11-7，基价：17.35 元；其中人工费 7.89 元，材料费 2.5 元，机械费 6.96 元。

图 1-11　水箱安装示意图

④钢板刷红丹防锈漆第一遍，单位：100kg，数量：8.2；

定额编号 11-117，基价：13.17 元；其中人工费 5.34 元，材料费（不含主材费）0.87 元，机械费 6.96 元。

⑤钢板刷红丹防锈漆第二遍，单位：100kg，数量：8.2；

定额编号 11-118，基价：12.82 元；其中人工费 5.11 元，材料费（不含主材费）0.75 元，机械费 6.96 元。

⑥钢板刷调和漆第一遍，单位：100kg，数量：8.2；

定额编号 11-126，基价：12.33 元；其中人工费 5.11 元，材料费（不含主材费）0.26 元，机械费 6.96 元。

⑦钢板刷调和漆第二遍，单位：100kg，数量：8.2；

定额编号 11-127，基价：12.30 元；其中人工费 5.11 元，材料费（不含主材费）0.23 元，机械费 6.96 元。

⑧水箱支架制作，单位：t，数量：0.75；

⑨水箱支架安装，单位：t，数量：0.75；

⑩铁支架人工除中锈，单位：100kg，数量：7.5；

⑪支架刷红丹防锈漆第一遍，单位：100kg，数量：7.5；

⑫支架刷红丹防锈漆第二遍，单位：100kg，数量：7.5；

⑬支架刷调和漆第一遍，单位：100kg，数量：7.5；

⑭支架刷调和漆第二遍，单位：100kg，数量：7.5；

（按"一般管道支架"套定额）

项目编码：010101007　　项目名称：管沟土方

【例13】　如图1-12所示为管沟断面图，设管沟长度为6m，试计算管沟土方的清单和定额工程量。

【解】　（1）清单工程量

管沟土方单位：米　数量：6

（2）定额工程量

图1-12　管沟断面图

管沟土方：$V=[(B+b)\times h/2]\times L$

$\qquad =[(1.0+0.6)$

$\qquad\quad \times 1.2/2]\times 6m^3$

$\qquad =5.76m^3$

管沟土方：$V=5.76m^3$

【注释】　$(1.0+0.6)\times 1.2/2\times 6$为管沟的截面面积差异管沟的长度；其中1.2为管沟的深度，0.6为管沟底的宽度，1.0为管沟顶的宽度；工程量按设计图示尺寸以体积计算。

项目：管沟土方　　单位：100m³　　数量：0.0576

套建筑工程基础定额（土建）1-8，综合工日53.73工日，电动打夯机0.18台班。

回填土方，单位：100m³，数量：0.0576

套建筑工程基础定额1-46，综合工日29.40工日，电动打夯机7.98台班。

项目编码：031004014　　项目名称：给、排水附件

【例14】　如图1-13所示为排水管道截取的部分图，其中有地漏和清扫口各一个，试计算清单和定额工程量。

图1-13　排水管道部分图

【解】　（1）清单工程量

清单工程量计算，见表1-9。

清单工程量计算表 　　　　表1-9

项目编码	项目名称	项目特征描述	单 位	数 量
031004014001	给、排水附件	地漏，DN50	个	1
031004014002	给、排水附件	清扫口，DN50	个	1

　（2）定额工程量

定额工程量计算见表1-10。

定额工程量计算表 　　　　表1-10

项　目	单　位	数　量	规　格
地　漏	10个	0.1	DN50
清扫口	10个	0.1	DN50

　　说明：清扫口安装于地面以下，应区别于清通口，清通口为安装在楼层排水横管尾端。

　　地漏定额编号8-447，基价：55.88元；其中人工费37.15元，材料费（不含主材费）18.73元。

　　清扫口定额编号8-451，基价：18.77元；其中人工费17.41元，材料费（不含主材费）1.36元。

　　项目编码：031002001　　项目名称：管道支吊架制作安装

　　【例15】　如图1-14所示为质量为16kg的沿墙安装的双管托架示意图，试对其进行工程量清单计算和定额计算。

图1-14　双管托架示意图

(a)立面图；(b)平面图

　　【解】　（1）清单工程量：

管道支架制作安装，单位：kg，数量：16。

　　（2）定额工程量：

　　①管道支架制作安装，单位：100kg，数量：0.16；

定额编号8-178，基价：654.69元；其中人工费235.45元，材料费（不含主材费）194.98元，机械费224.26元。

　　②型钢，单位：100kg，数量：16.96（非定额）；

③支架除轻锈，单位：100kg，数量：0.16；

定额编号11-7，基价：17.35元；其中人工费7.89元，材料费(不含主材费)2.5元，机械费6.96元。

④支架刷红丹防锈漆第一遍，单位：100kg，数量：0.16；

定额编号11-117，基价：13.17元；其中人工费5.34元，材料费(不含主材费)0.87元，机械费6.96元。

⑤刷银粉漆第一遍，单位：100kg，数量：0.16；

定额编号11-122，基价：16.00元；其中人工费5.11元，材料费(不含主材费)3.93元，机械费6.96元。

⑥刷银粉漆第二遍，单位：100kg，数量：0.16；

定额编号11-123，基价：15.25元；其中人工费5.11元，材料费(不含主材费)3.18元，机械费6.96元。

注：安装工程中材料费中不含主要材料费，以后不再注明。

项目编码：031004018   项目名称：饮水器

【例16】 如图1-15所示为一饮水器示意图，对其进行清单与定额工程量计算。

【解】（1）清单工程量

饮水器 单位：套 数量：1

（2）定额工程量

饮水器 单位：套 数量：1

定额编号8-487，基价13.68元，其中人工费13.00元，材料费0.68元。

图1-15 饮水器示意图 　　　　图1-16 排水栓

项目编码：031004014   项目名称：给、排水附件

【例17】 如图1-16所示为一排水栓示意图，试对其进行清单和定额工程量计算。

【解】（1）清单工程量

不带存水弯塑料排水栓 $DN50$ 单位：组 数量：1

（2）定额工程量

不带存水弯塑料排水栓 $DN50$，单位：10组，数量：0.1。

定额编号8-446，基价：143.26元；其中人工费30.88元，材料费112.38元。

项目编码：031001002   项目名称：钢管

【例18】 如图1-17所示为一室外长度为29m的钢管，试计算其清单和定额工程量。

【解】 （1）清单工程量

室外焊接钢管DN32 单位：m 数量：29.00

图1-17 钢管示意图

（2）定额工程量

①焊接钢管DN32，单位：10m，数量：2.90；

定额编号8-23，基价：21.80元；其中人工费16.49元，材料费3.32元，机械费1.99元。

②焊接钢管除轻锈，单位：10m²，数量：(29×0.13)/10＝0.38；

定额编号11-1，基价：11.27元；其中人工费7.89元，材料费3.38元。

③刷一遍红丹防锈漆，单位：10m²，数量：0.38；

定额编号11-51，基价：7.34元；其中人工费6.27元，材料费1.07元。

④刷银粉漆第一遍，单位：10m²，数量：0.38；

定额编号11-56，基价：11.31元；其中人工费6.50元，材料费4.81元。

⑤刷银粉漆第二遍，单位：10m²，数量：0.38；

定额编号11-57，基价：10.64元；其中人工费6.27元，材料费4.37元。

项目编码：031004015 项目名称：**小便槽冲洗管制作安装**

【例19】 如图1-18所示为三根多孔冲洗管，管长为2.8m，控制阀门的短管一般为0.15m，计算小便槽冲洗管的工程量。

图1-18 多孔冲洗管

【解】 （1）清单工程量

DN25冲洗管工程量＝(2.8＋0.15)× 3m＝8.85m

【注释】 (2.8＋0.15)×3为三根多孔冲洗管的长度加控制阀门的短管的长度是其冲洗管的总长度。

（2）定额工程量

DN25冲洗管（镀锌钢管），单位：10m，数量：0.89。

定额编号8-458，基价：342.52元；其中人工费169.04元，材料费158.50元，机械费14.98元。

项目编码：031003013 项目名称：**水表**

【例20】 如图1-19所示为水表组成示意图，试计算其工程量，并用清单和定额表示。

【解】 （1）清单工程量

DN32螺纹水表 单位：组 数量：1

（2）定额工程量

DN32螺纹水表 单位：组 数量：1

定额编号8-360，基价：29.84元；其中人工费13.00元，材料费16.84元。

图1-19 水表组成示意图

项目编码：031001001 项目名称：**镀锌钢管**

【例21】 如图1-20所示为室内给水镀锌钢管，规格型号有DN32、DN25，连接方式为锌镀钢管丝接，试对其进行清单和定额工程量计算。

【解】　（1）清单工程量

①DN32：1.0m（给水立管楼层以上部分）＋2.0m（横支管长度）＝3.00m

②DN25：1.60m（接水龙头的支管长度）

③刷防锈漆一道，银粉两道。

其工程量计算：$3.14×(3.0×0.042＋1.6×0.034)m^2＝0.57m^2$

水龙头　2个

【注释】　$3.14×(3.0×0.042＋1.6×0.034)$为两种管的侧面积，其中3.0为DN32管的长度，0.042为DN32外壁的外径长度，1.6为DN25管的长度，0.034为DN25管的外壁的外径长度。

清单工程量计算见表1-11。

图1-20　镀锌钢管支管

清单工程量计算表　　　　表1-11

项目编码	项目名称	项目特征描述	单　位	数　量
031001001001	镀锌钢管	室内给水 DN32	m	3.00
031001001002	镀锌钢管	室内给水 DN25	m	1.60
031004014001	给、排水附件	水龙头，DN25	个	2

（2）定额工程量

项目：镀锌钢管 DN32　单位：10m　数目：0.30

定额编号8-90，基价：86.16元；其中人工费51.08元，材料费34.05元，机械费1.03元。

项目：镀锌钢管 DN25　单位：10m　数目：0.16

定额编号8-89，基价：83.51元；其中人工费51.08元，材料费31.40元，机械费1.03元。

项目：水龙头　单位：10个　数目：0.20

定额编号8-440，基价：9.57元；其中人工费8.59元，材料费0.98元。

项目：刷漆　单位：$10m^2$　数目：0.06

刷防锈漆一遍，定额编号11-53，基价：7.4元；其中人工费6.27元，材料费1.13元。

刷银粉第一遍，定额编号11-56，基价：11.31元；其中人工费6.50元，材料费4.81元。

刷银粉第二遍，定额编号11-57，基价：10.64元；其中人工费6.27元，材料费4.37元。

项目编码：031001005　　项目名称：铸铁管

【例22】　如图1-21所示为某住宅排水系统图，排水立管采用承插铸铁管，规格为

$DN100$，分三层，横管、出户管为铸铁管法兰连接，规格 $DN100$、$DN150$，（$DN150$ 不需要做处理）试对其进行清单和定额工程量计算。

【解】 （1）清单工程量：

①$DN100$ 承插铸铁管：

[1.2m(伸顶通气长度)＋3.0m×2＋0.1m(立管埋深)]×2＝14.60m

②$DN100$ 法兰接口铸铁管：4.20m(埋地横管)

　　$DN150$ 法兰接口铸铁管　6.00m(排水出户管)

③伸顶通气帽　2个

④套管：$DN100$　6个

　　　　$DN150$　1个

⑤承接铸铁管需刷沥青油两遍

其面积　3.14×14.6×0.11m＝5.04m²

清单工程量计算见表1-12。

图1-21　排水用承插铸铁管系统图

清单工程量计算表　　　　　　　　表 1-12

项目编码	项目名称	项目特征描述	单 位	数 量
031001005001	铸铁管	承插铸铁管，$DN100$	m	14.60
031001005002	铸铁管	$DN100$ 法兰接口	m	4.20
031001005003	铸铁管	$DN150$ 法兰接口	m	6.00

（2）定额工程量：

分项项目：$DN100$ 承插铸铁管，计量单位：10m，数目：1.46；

定额编号 8-146，基价：357.39 元；其中人工费 80.34 元，材料费 277.05 元。

分项项目：$DN100$ 法兰接口铸铁管，计量单位：10m，数目：0.42；

定额编号 8-146，基价：357.39 元；其中人工费 80.34 元，材料费 277.05 元。

分项项目：$DN150$ 法兰接口铸铁管，计量单位：10m，数目：0.60；

定额编号 8-147，基价：329.18 元；其中人工费 85.22 元，材料费 243.96 元。

分项项目：通气帽，计量单位：个，数目：2

分项项目：$DN100$ 套管，计量单位：个，数目：6；

定额编号 8-175，基价：4.34 元；其中人工费 2.09 元，材料费 2.25 元。

分项项目：$DN150$ 套管，计量单位：个，数目：1；

定额编号 8-177，基价：5.30 元；其中人工费 2.55 元，材料费 2.75 元。

分项项目：刷沥青油，计量单位：10m²，数目：0.50；

刷沥青油第一遍，定额编号 11-202，基价：9.90 元；其中人工费 8.36 元，材料费 1.54 元。

刷沥青油第二遍，定额编号 11-203，基价：9.50 元；其中人工费 8.13 元，材料费 1.37 元。

【例23】 如图1-22所示，此图为某住宅排水系统图，排水立管1根，为承插铸铁管，横支管也采用承插铸铁管，试计算其清单和定额工程量。

【解】　（1）承插铸铁管清单工程量

①DN100 承插铸铁管

3.0m×4（四层到一层）＋0.9m（伸顶高度）＋1.1m（立管埋地深度）＝14.00m

②承插铸管 DN75　2.6m（排水横支管）×4＝14.40m

③刷油

承插铸铁管立管、横支管，需刷沥青油

其工程量：3.14×（0.11×14＋0.085×14.4）m² ＝8.68m²

【注释】　3.14×（0.11×14＋0.085×14.4）为承插铸铁管立管、横支管的侧面积，其中 14 为 DN100 承插铸铁管的总长度，0.11 为 DN100 承插铸铁管的外壁的外径长度，14.4 为承插铸管 DN75 的总长度，0.085 为承插铸管 DN75 的外壁的外径长度。

图 1-22　某住宅排水系统图

（2）定额工程量

项目：承插铸铁管 DN100，计量单位：10m，数目：1.40；

定额编号 8-146，基价：357.34 元；其中人工费 80.34 元，材料费 277.05 元。

项目：承插铸铁管 DN75，计量单位：10m，数目：1.44；

定额编号 8-145，基价：249.18 元；其中人工费 62.23 元，材料费 186.95 元。

项目：刷沥青油，计量单位：10m²，数目：0.87；

刷沥青油第一遍，定额编号 11-202，基价：9.90 元；其中人工费 8.36 元，材料费 1.54 元。

刷沥青油第二遍，定额编号 11-203，基价：9.50 元；其中人工费 8.13 元，材料费 1.37 元。

项目编码：031001006　　项目名称：塑料管

【例 24】　如图 1-23 所示为某两层住宅给水系统图，立管、支管均采用塑料管 PVC管，给水设备有 3 个水龙头，一个自闭式冲洗阀，试对其进行清单和定额工程量计算。

【解】　（1）塑料管清单工程量

DN32：5.80m（节点 1 至节点 2 的长度）

DN25：2.6m（节点 2 至节点 4 的长度）×2＝5.20m

DN20：1.5m（节点 2 至节点 3 的长度）×2＝3.00m

清单工程量计算见表 1-13。

清单工程量计算表　　　　　　　　　　　　　　　　　　表 1-13

项目编码	项目名称	项目特征描述	单　位	数　量
031001006001		给水管 DN32 室内	m	5.80
031001006002	塑料管	给水管 DN25 室内	m	5.20
031001006003		给水管 DN20 室内	m	3.00

（2）定额工程量

定额工程量计算见表 1-14。

定额工程量计算表　表 1-14

分项项目	计量单位	数　目	定额编号	基价/元	人工费/元	材料费/元	机械费/元
DN32	10m	0.58	6-275	17.70	13.03	0.55	4.12
DN25	10m	0.52	6-274	15.62	11.91	0.47	3.24
DN20	10m	0.30	6-273	14.19	11.21	0.42	2.65

图 1-23　塑料管给水管道

图 1-24　螺栓固定的非固定支架安装

项目编码：031002001　　　项目名称：管道支架

【例 25】 如图 1-24 所示此支架为水平管支架，用螺栓固定的非固定支架安装，管道公称直径为 DN32，支架为无热伸胀支架，墙内孔洞为预留，试对其进行清单和定额工程量计算。

【解】（1）清单工程量

管道公称直径 DN32

角钢规格：30×3　0.74kg　螺栓规格：M10　0.28kg

上方螺栓栽入结构墙体内深度：0.16m

下方螺栓栽入结构墙体内深度：0.12m

U 卡　0.14kg　六角螺母　0.12kg

（2）定额工程量

定额工程量计算见表 1-15。

定额工程量计算表　表 1-15

		单位	数量		单位	数量
DN32	螺母	100kg	0.0012	U 卡	100kg	0.0014
	螺栓	100kg	0.0028	上方栽入墙体深度	10m	0.016
	30×3 角钢	100kg	0.0074	下方栽入墙体深度	10m	0.012

定额编号 8-178，基价：654.69 元；其中人工费 235.45 元，材料费 194.98 元，

机械费 224.26 元。

项目编码：031003013　　项目名称：水表

图 1-25　水表示意图

【例 26】　如图 1-25 所示水表示意图，此水表为 $DN80$ 法兰连接水表组，试对其进行清单和定额工程量计算。

【解】　（1）清单工程量

$DN80$ 法兰连接水表　单位：组　数量：1

（2）定额工程量

$DN80$ 法兰连接水表　单位：组　数量：1；定额编号 8-368，基价：1809.02 元；其中人工费 99.38 元，材料费 1627.12 元，机械费 82.52 元。

定额工程量计算见表 1-16。

定额工程量计算表　　　　表 1-16

分项项目	单 位	数 量
水表	组	1
$DN80$ 截止阀	个	1
$DN80$ 逆止阀	个	1
$DN50$ 截止阀	个	1
$DN80$ 钢管	10m	0.08
$DN50$ 钢管（旁通管）	10m	0.12

图 1-26　排水栓
1—堵塞；2—排水栓；
3—S 型存水弯；4—水盆

项目编码：031004014　　项目名称：给、排水附件

【例 27】　如图 1-26 所示为洗手盆排水栓示意图，规格 $DN40$，计算其工程量。

【解】　（1）清单工程量

排水栓带存水弯　单位：组　数量：1

（2）定额工程量

定额工程量计算见表 1-17。

定额工程量计算表　　　　表 1-17

分项项目	单位	数目	定额编号	基价/元	人工费/元	材料费/元	机械费/元
堵塞	个	1	已包括在定额内				
$DN40S$ 型塑料存水弯	个	1	已包括在定额内				
$DN40$ 排水栓	组	1	8—442	106.28	44.12	62.16	—
洗手盆	组	1	8—390	348.58	60.37	288.21	—
黑玛钢管箍 $DN40$	个	1	已包括在定额内				

项目编码：031004006　　　项目名称：大便器

【例28】　如图1-27所示为延时自闭蹲式大便器示意图，给水塑料管长度为1.1m，计算其有关项工程量。

图1-27　大便器示意图

1—延时自闭冲洗阀；2—DN25塑料管；3—大便斗；4—P型存水弯DN100

【解】　（1）清单工程量

延时自闭蹲式大便器　单位：组　数量：1

（2）定额工程量（表1-18）

定额工程量计算表　　　　　　　　　　　　　　　　　　表1-18

分项项目	单　位	数　目
大便斗	套	1
延时自闭式冲洗阀DN25	个	1
DN100P型存水弯	个	1
给水DN25塑料管	10m	0.11

定额编号8-413，基价：11812.01元；其中人工费167.42元，材料费1644.59元。

项目编码：031003006　　　项目名称：减压器

【例29】　如图1-28所示为减压器安装示意图，计算其有关项工程量。

图1-28　减压阀安装示意图

1—减压阀；2—截止阀；3—水压表；4—安全阀

【解】　（1）清单工程量

DN40螺纹减压阀　单位：组　数量：1

（2）定额工程量（表1-19）

DN40 螺纹减压阀　单位：组　数量：1。定额编号 8-331，基价：685.17 元；其中人工费 104.03 元，材料费 581.14 元。

定额工程量计算表　　　　　　　　　　　　　　　　表 1-19

分项项目	单　位	数　目
DN40 螺纹减压阀	组	1
DN40 焊接钢管	10m	0.14
螺纹截止阀 DN40	个	4
弹簧压力表	个	2
弹簧安全阀	个	1

项目编码：031006015　　项目名称：水箱制作安装

【例30】 如图1-29所示为水箱安装示意图，计算其工程量。水箱制作用去钢板600kg，面积 20m²，DN 32 镀锌钢管为 2.9m，DN 40 镀锌钢管为 4.6m，试对其进行清单和定额工程量计算。

图 1-29　水箱安装示意图

1—水位控制阀；2—人孔；3—通气管；4—液位计；5—溢水管；

6—出水管；7—泄水管

【解】 （1）清单工程量

水箱	1 台	制作钢板	600kg
DN40 镀锌钢管	4.60m	DN40 阀门	1 个
DN32 镀锌钢管	2.90m	DN32 阀门	2 个
液位计	1 个	刷油刷漆量	20.00m²

清单工程量计算见表1-20。

清单工程量计算表　　　　　　　　　　　　　　　　表 1-20

项目编码	项目名称	项目特征描述	单 位	数 量
031006015001	水箱制作安装	钢板制作	台	1
031001001001	镀锌钢管	DN40	m	4.60
031001001002		DN32	m	2.90

项目编码	项目名称	项目特征描述	单 位	数 量
031003001001	螺纹阀门	DN40	个	1
031003001002		DN32	个	2

（2）定额工程量

定额工程量计算见表 1-21。

定额工程量计算表 表 1-21

分项项目	单位	数目	定额编号	基价/元	人工费/元	材料费/元	机械费/元
钢板	100kg	6.00	8-537	477.85	51.32	402.92	23.61
DN40 镀锌钢管	10m	0.46	8-91	93.85	60.84	31.98	1.03
DN32 镀锌钢管	10m	0.29	8-90	86.16	51.08	34.05	1.03
刷油工程量	10m²	2.00	8-89	10.64	6.27	4.37	—
DN40 阀门	个	1	8-254	54.92	11.38	43.54	—
DN32 阀门	个	2	8-253	47.20	6.73	40.47	—
液位计	个	1	8-322	13.76	6.97	4.40	2.39

项目编码：031004007 项目名称：小便器

图 1-30 挂式小便斗

【例 31】 如图 1-30 所示，计算小便器工程量。

【解】 （1）清单工程量

挂式小便器 单位：组 数量：1

（2）定额工程量（表 1-22）

计量单位 10 套 工作量 0.1 套；定额编号 8-419，基价：1885.04 元；其中人工费 114.24 元，材料费 1770.80 元。

定额工程量表 表 1-22

分项项目	单 位	数 目
DN15 塑料管	10m	0.03
DN50 塑料管	10m	0.04
存水弯 DN50	个	1
小便斗	套	1
自动冲洗阀 DN15	个	1

项目编码：031004010 项目名称：淋浴器

【例 32】 如图 1-31 所示淋浴器由冷热水钢管及淋蓬头，两个铜截止阀组成，试计算其清单与定额工程量。

【解】 （1）清单工程量

冷热水钢管淋浴器 单位：套 数量：1

（2）定额工程量（表 1-23）

淋浴器的组成安装 计量单位 10 组 数量 0.1；定额编号 8-404，基价：600.19 元，其中人工费 130.03 元，材料费 470.16 元。

定额工程量计算表 表 1-23

分项项目	单 位	数 目
莲蓬喷头	个	1
DN15 镀锌钢管	10m	0.20
DN15 截止阀	个	2
镀锌弯头 DN15	个	2

图 1-31 淋浴器

（3）定额工程量（表 1-24）

定额编号 8-346，基价：245.07 元，其中人工费 29.72 元，材料费 215.35 元。

定额工程量计算表 表 1-24

分项项目	单 位	数 目
DN32 螺纹连接疏水器	组	1
过滤器	台	1
DN32 镀锌钢管	10m	0.24
DN32 截止阀	个	4

项目编码：030308003　项目名称：热交换器安装

【例 33】　如图 1-32 所示容积式热交换器示意图，其中 DN32 的工程量为 5.6m，计算其工程量。

图 1-32　容积式热交换器示意图

1—循环泵；2—膨胀罐；3—容积式热交换器

【解】　（1）清单工程量

容积式热交换器	1 台	膨胀罐	1 台
循环水泵	1 台	DN32 镀锌钢管	5.60m
止回阀 DN32	2 个	DN32 截止阀	2 个

清单工程量计算见表 1-25。

清单工程量计算表 表 1-25

项目编码	项目名称	项目特征描述	单 位	数 量
030308003001	热交换器安装	容积式	台	1
031001001001	镀锌钢管	DN32	m	5.60
031003001001	螺纹阀门	DN32 止回阀	个	2
031003001002		DN32 截止阀	个	2

（2）定额工程量（表 1-26）

1 台；定额编号 8-470，基价：286.45 元；其中人工费 96.13 元，材料费 182.03 元，机械费 8.29 元。

图 1-33　浴盆示意图
1—冷热水水嘴；2—浴盆；
3—存水弯；4—排出管

定额工程量计算表 表 1-26

分项项目	单 位	数 目
膨胀罐	台	1
DN32 镀锌钢管	10m	0.56
循环水泵	台	1
容积式水加热器	台	1
止回阀	个	2
温度计	套	1
截止阀	个	2
弹簧压力表 Y-100	块	1

项目编码：031004001　　项目名称：浴缸

【例 34】 如图 1-33 所示为浴盆示意图，计算其工程量。

【解】（1）清单工程量

搪瓷浴盆　单位：组　数量：1

（2）定额工程量（表 1-27）

0.1 组；定额编号 8-375，基价：1127.85 元；其中人工费 222.68 元，材料费 905.17 元。

定额工程量计算表 表 1-27

分项项目	材 质	规 格	单 位	数 目
浴盆	搪瓷		组	1
浴盆水嘴	钢	DN15	10 个	0.2
浴盆存水弯	塑料	DN50	个	1
浴盆排水管	塑料	DN50	10m	0.05
镀锌弯头		DN15	个	2

第二节　综　合　实　例

消防给水管管道工程量计算

【**例 1**】 计算简图，如图 1-34、图 1-35 所示。

【**解**】 防腐表面刷漆，明装部分需刷防锈漆、银粉，明装部分面积：

图 1-34 消防管道平面图　　　　　　图 1-35 消防管道系统图

$$S_1 = (15 + 1.1) \times 2 \times 0.059 \times 3.14 \text{m}^2 = 5.97 \text{m}^2$$

单位 10m²，刷一遍防锈漆，定额编号 11-53，基价：7.40 元；其中人工费 6.27 元，材料费 1.13 元。

刷一遍银粉，定额编号 11-56，基价：11.31 元；其中人工费 6.50 元，材料费 4.81 元。

埋地部分需刷沥青油：

$$S_2 = \{[(0.9 \times 2 + 3.5 \times 2) \times 0.059] + 18.5 \times 0.085\} \times 3.14 \text{m}^2$$
$$= [8.8 \times 0.059 + 18.5 \times 0.085] \times 3.14 \text{m}^2$$
$$= 6.57 \text{m}^2$$

单位 10m²，定额编号 11-66，基价：8.04 元；其中人工费 6.50 元，材料费 1.54 元。

【**注释**】 $(15 + 1.1) \times 2 \times 0.059 \times 3.14$ 为管的截面积乘以管的总长度，其中 15 为地面以上一侧管的长度，1.1 为消火栓离地面高度，0.059 为管的外壁的外径的长度；18.5 为镀锌钢管丝接的总长度。

1. 镀锌钢管丝接　$DN50$　m　41.00

定额工程量 4.10m，定额编号 8-92，基价：111.93 元；其中人工费 62.23 元，材料费 46.84 元，机械费 2.86 元。

消防立管①②长度：

明装部分：$(3 \times 5 + 1.1) \times 2 \text{m} = 32.20 \text{m}$（3 为楼层高度，1.1m 为消火栓离地面高度）

埋地部分：$0.9 \times 2 \text{m} = 1.80 \text{m}$

消防横管（埋地）长度：$3.5 \times 2m = 7.00m$（消防立管至入户管水平距离为 3.5m）

2. 镀锌钢管丝接　$DN75$　m　18.50

定额工程量 1.85，定额编号 8-93，基价：124.29 元；其中人工费 63.62 元，材料费 56.56 元，机械费 4.11 元。

消防给水入户管长度：$(10+3.5)m = 13.50m$（10m 为入户管户外长度，3.5m 为户内长度）

$13.5m + 5m$（水泵接合器至消防入户管长度）$= 18.50m$

3. $DN32$ 镀锌钢管、消防支管长度：$(0.3+0.4) \times 6 \times 2m = 8.40m$（0.3 为消防立管伸出的横支管长度，0.4 为消火栓垂直支管长度）

定额工程量 0.84m，定额编号 8-90，基价：86.16 元；其中人工费 51.08 元，材料费 34.05 元，机械费 1.03 元。

4. 消火栓：6×2 套 $= 12$ 套

定额工程量 12 套，定额编号 7—105，基价：31.47 元；其中人工费 21.83 元，材料费 8.97 元，机械费 0.67 元。

①消火栓　6×2 套 $= 12$ 套　　②$DN75$ 水表　1 组

③$DN75$ 阀门　2 个　　④水泵接合器　1 套

清单工程量计算见表 1-28。

清单工程量计算表　　　　　　　表 1-28

项目编码	项目名称	项目特征描述	单　位	数　量
030901002001		$DN75$ 丝接	m	18.50
030901002002	消火栓钢管	$DN50$ 丝接	m	41.00
030901002003		$DN32$ 丝接	m	8.40
030901010001	室内消火栓	单栓，室内安装	套	12
031003013001	水表	$DN75$	组	1
031003001001	螺纹阀门	$DN75$	个	2
030901012001	消防水泵接合器		套	1

【例 2】　某卫生间给排水管道工程量计算，其给水管道主要支管均用 $DN15$ 塑料管，入户管用铸铁。此卫生间两个蹲式大便器，两个洗脸盆，一个污水盆。计算其排水、给水系统工程量。其计算简图如图 1-36、图 1-37、图 1-38 所示。

【解】　1. 排水管均为 PVC 塑料管

(1) $DN100$：｛$3 \times 4 + 1.0$（通气帽伸顶高度）$+1.2$（排水立管埋深）$+8$（出户管长度）$+$［2.85（横支管长度）$+0.8 \times 2$（大便器排出管至横支管长度）］$\times 4$｝m $= 40.00m$

定额工程量 4.00，定额编号 6-280，基价：58.27 元；其中人工费 37.85 元，材料费 3.57 元，机械费 16.85 元。

(2) $DN75$：$(1.1+0.4)m = 1.50m$（拖布盆至排水横支管长度）

图 1-36　卫生间平面图

（1.1 排水支管；0.4 拖布盆排出管长度）

图 1-37 卫生间排水系统图

图 1-38 卫生间给水系统图

$$1.5 \times 4m = 6.00m$$

定额工程量 0.60，定额编号 6-278，基价：39.60 元；其中人工费 26.73 元，材料费 2.79 元，机械费 10.08 元。

（3）DN32：0.6（洗脸盆排出管长度）×2m=1.20m

$$1.6 \times 4m = 6.40m$$

定额工程量 0.64，定额编号 6-275，基价：17.70 元；其中人工费 13.03 元，材料费 0.55 元，机械费 4.12 元。

（4）蹲式大便器 2×4 组＝8 组

定额工程量 0.8，定额编号 8-413，基价：1812.01 元；其中人工费 167.42 元，材料费 1644.59 元。

洗脸盆 2×4 组＝8 组

定额工程量 0.8，定额编号 8-384，基价 1449.93 元，其中人工费 151.16 元，材料费 1298.77 元。

拖布盆 1×4 组＝4 组

定额工程量 0.4，定额编号 8-391，基价 596.56 元，其中人工费 100.54 元，材料费 496.02 元。

透气帽 1 个

检查口 1×4 个＝4 个

清通口 1×4 个＝4 个

拖布盆 1×4 个＝4 组

2. 给水管

（1）管道工程量：

铸铁管 DN50 12.00m（入户管与给水立管节点处至小区给水管网长度）

定额工程量 1.20 ，定额编号 8-144，基价：133.41 元；其中人工费 52.01 元，材料费

81.40 元。

塑料管 DN15 [2.85m(给水横管长度)+1.1m(污水盆给水管)+2×0.8m(蹲便器冲洗管长度)]×4+(洗脸盆给水管)0.6×2×4m=22.2m+4.8m=27.00m

定额工程量 2.70，定额编号 6-273，基价：14.19 元；其中人工费 11.12 元，材料费 0.42 元，机械费 2.65 元。

DN25 3×2(四层至二层)m=6.00m

定额工程量 0.60，定额编号 6-274，基价：15.62 元；其中人工费 11.91 元，材料费 0.47 元，机械费 3.24 元。

DN32 3m+0.8m(支管离地高度)+0.9m(立管埋深)=4.70m

定额工程量 0.47，定额编号 6-275，基价：17.70 元；其中人工费 13.03 元，材料费 0.55 元，机械费 4.12 元。

（2）管件工程量

①自闭式冲洗阀 2×4个=8个 DN32 阀门 1个

定额工程量 1 个，定额编号 8-244，基价：8.57 元；其中人工费 3.48 元，材料费 5.09 元。

②DN50 水表 1组 DN25 阀门 1个

定额工程量 1 组，定额编号 8-362，基价：52.20 元；其中人工费 18.58 元，材料费 33.62 元。

定额工程量 1 个，定额编号 8-243，基价：6.24 元；其中人工费 2.79 元，材料费 3.45 元。

③DN50 阀门 2个 水龙头 3×4个=12个

定额工程量 2 个，定额编号 8-246，基价：15.06 元；其中人工费 5.80 元，材料费 9.26 元。

定额工程量 1.2，定额编号 8-438，基价：7.48 元；其中人工费 6.50 元，材料费 0.98 元。

（3）防腐、给水入户管为铸铁管，需刷沥青油两道，冷底子油一遍。

DN50 9.00m 其表面积计算：$S=9×0.059×3.14m^2=1.67m^2$

定额工程量 0.17，定额编号 11-202，基价：9.90 元；其中人工费 8.36 元，材料费 1.54 元。

定额编号 11-203，基价：9.50 元；其中人工费 8.13 元，材料费 1.37 元。

定额编号 11-219，基价：28.93 元；其中人工费 13.70 元，材料费 15.23 元。

清单工程量计算见表1-29。

清单工程量计算表 表 1-29

项目编码	项目名称	项目特征描述	计量单位	工程量
031001006001		DN100PVC 塑料管，室内排水	m	40.00
031001006002		DN75PVC 塑料管，室内排水	m	6.00
031001006003		DN32PVC 塑料管，室内排水	m	6.40
031001006004	塑料管	DN15，室内给水	m	27.00
031001006005		DN25，室内给水	m	6.00
031001006006		DN32，室内给水	m	4.70

续表

项目编码	项目名称	项目特征描述	计量单位	工程量
031001005001	铸铁管	$DN50$，承插式，室内给水	m	12.00
031004006001	大便器	蹲式	组	8
031004003001	洗脸盆		组	8
031004014001	给、排水附件	水龙头，$DN15$	个	12
031003001001		$DN25$	个	1
031003001002	螺纹阀门	$DN32$	个	1
031003001003		$DN50$	个	2
031003013001	水表	$DN50$	组	1

【例3】 某厨房卫生间给水工程量计算，其计算如简图1-39、图1-40所示。其排水系统布置如图1-41所示，排水管均用PVC管，给水管入户长度为12m，排水管的为11m，试计算给水排水工程量。

图1-39 厨房卫生间平面图

【解】 1. 给水管工程量

给水管道均采用镀锌钢管，丝接

（1）管道长度工程量

①镀锌钢管丝接 $DN15$

图1-40 给水系统图

图1-41 排水系统图

[0.8m(给水立管至厨房水嘴之间的长度)＋2.3m(蹲式大便器节点至洗脸盆水嘴的长度)＋0.8m(蹲式大便器冲洗水管长度)]×4(4层楼支管管径设置相同)＝15.60m

定额工程量1.56，定额编号8-87，基价：65.45元；其中人工费42.49元，材料费22.96元。

②$DN25$：2.60m(给水立管至大便器节点之间的长度)×4＝10.40m

27

定额工程量 1.04，定额编号 8-89，基价：83.51 元；其中人工费 51.08 元，材料费 31.40 元，机械费 1.03 元。

③DN32：2×3m（楼层高度）＝6.00m

定额工程量 0.60，定额编号 8-90，基价：86.16 元；其中人工费 51.08 元，材料费 34.05 元，机械费 1.03 元。

④DN50：3m（楼层高度）＋0.8m（支管距地面距离）＋0.9m（给水管埋地深度）＋12m（入户管长度）＝16.70m

定额工程量 1.67，定额编号 8-92，基价 111.93 元，其中人工费 62.23 元，材料费 46.84 元，机械费 2.86 元。

（2）给水安装设备配置

蹲式大便器　　　4×1 套＝4 套

定额工程量 0.4，定额编号 8-413，基价：1812.01 元；其中人工费 167.42 元，材料费 1644.59 元。

水嘴　　　　　　2×4 个＝8 个

定额工程量 0.8，定额编号 8-438，基价：7.48 元；其中人工费 6.50 元，材料费 0.98 元。

淋浴器　　　　　4×1 组＝4 组

定额工程量 0.4，定额编号 8-404，基价：600.19 元；其中人工费 130.03 元，材料费 470.16 元。

镀锌铁皮套管　4×1 个＝4 个
检查口　　　　4×1 个＝4 个
洗脸盆　　　　4×1 组＝4 组

定额工程量 0.4，定额编号 8-384，基价：1449.93 元；其中人工费 151.16 元，材料费 1298.77 元。

（3）管道刷油　m²　S＝6.08

定额工程量 0.608，定额编号 11-53，基价：7.40 元；其中人工费 6.27 元，材料费 1.13 元；定额编号 11-56，基价：11.31 元；其中人工费 6.50 元，材料费 4.81 元；定额编号 11-57，基价：10.64 元；其中人工费 6.27 元，材料费 4.37 元。

①给水 DN15　15.60m　　$S_1 = \dfrac{66.8}{1000} \times 15.6 \text{m}^2 = 1.04 \text{m}^2$

②DN25　　　10.40m　　$S_2 = \dfrac{105.2}{1000} \times 10.4 \text{m}^2 = 1.09 \text{m}^2$

③DN32　　　6.00m　　$S_3 = \dfrac{132.7}{1000} \times 6 \text{m}^2 = 0.80 \text{m}^2$

④DN50　　　16.70m　　$S_4 = \dfrac{188.5}{1000} \times 16.7 \text{m}^2 = 3.15 \text{m}^2$

其中 66.8/1000，105.2/1000，132.7/1000，188.5/1000，均为管道周长的计算除以 1000 是单位换算成 m。

2. 排水管工程量

(1) 管道工程量

$DN100$：2m(蹲便器排出口至排水立管距离)×4+(8.7-6)m(排水横管离三层地面长度)+3×2m+1.2m(立管埋深)=17.90m

定额工程量1.79，定额编号6-280，基价：58.27元；其中人工费37.85元，材料费3.57元，机械费16.85元。

$DN75$：[2.2m(洗脸盆排出口至蹲便器节点长度)+0.6m(地漏排出管长度)×2+1.0m(洗涤盆排出口至立管距离)]×4=17.60m

定额工程量1.76，定额编号6-278，基价：39.60元；其中人工费26.73元，材料费2.79元，机械费10.08元。

$DN150$ 11.00m(排水出户管长度)

定额工程量1.10，定额编号6-282，基价：84.10元；其中人工费52.59元，材料费5.65元，机械费25.86元。

(2)管件

①地漏 2×4个=8个

定额工程量0.8，定额编号8-448，基价：117.41元；其中人工费86.61元，材料费30.80元。

②蹲便器 1×4套=4套

定额工程量0.4，定额编号8-413，基价：1812.01元；其中人工费167.42元，材料费1644.59元。

③洗脸盆 1×4组=4组

定额工程量0.4，定额编号8-384，基价：1449.93元；其中人工费151.16元，材料费1298.77元。

④洗涤盆 4组

定额工程量0.4，定额编号8-391，基价：596.56元；其中人工费100.54元，材料费496.02元。

⑤清通口 4个

清单工程量计算见表1-30。

清单工程量计算表   表1-30

项目编码	项目名称	项目特征描述	单 位	数 量
031001001001	镀锌钢管	$DN15$ 给水管、丝接	m	15.60
031001001002		$DN25$ 给水管、丝接	m	10.40
031001001003		$DN32$ 给水管、丝接	m	6.00
031001001004		$DN50$ 给水管、丝接	m	16.70
031001006001	塑料管	$DN75$PVC 排水管	m	17.60
031001006002		$DN100$PVC 排水管	m	17.90
031001006003		$DN150$PVC 排水管	m	11.00
031004006001	大便器	蹲式	组	4

续表

项目编码	项目名称	项目特征描述	单 位	数 量
031004003001	洗脸盆		组	4
031004010001	淋浴器		套	4
031004014001	给、排水附件	水龙头，DN15	个	8
031004004001	洗涤盆		组	4
031004014002	给、排水附件	地漏，DN80	个	8

图 1-42 某住宅给排水平面图

【例 4】 某住宅给排水平面图如图 1-42 所示，给水系统图如图 1-43 所示，排水系统图如图 1-44 所示，求其工程量。

工程量计算：

说明：1. 给水埋地部分用铸铁管，明装部分用塑料管。

2. 给水埋地铸铁管刷沥青油二遍，冷底子油一遍。

3. 排水埋地横管与出户管节点至住宅墙体长度 5m，出户管户外部分长度 8m。

【解】 （1）给水管工程量

1）管道工程量

图 1-43 给水系统图

图 1-44 排水系统图

①$DN15$：[0.6m（厨房洗涤盆至给水立管①的距离）+0.5m（给水立管①穿墙过程长度）+0.5m（卫生间洗脸盆至穿墙管的长度）+1.8m（浴盆至给水立管②的长度）+0.4m（坐便器至支管长度）]×6＝22.80m

②$DN25$：3m（六层至五层）×2＝6.00m

立管①②同层管径设置相同

③$DN32$：3m×4×2＝24.00m

④$DN50$：[0.8m（给水支管距地面高度）+0.9m（给水立管埋地深度）]×2+2.5m（给水管埋地部分）＝5.90m

⑤$DN75$：4m（给水横管节点至截止阀长度）+8m（截止阀至户外管网长度）＝12.00m

2）用水设备工程量计算

①水嘴　3×6 个＝18 个　　②坐便器　1×6 套＝6 套

③浴盆　1×6 组＝6 组　　④洗脸盆　1×6 组＝6 组

⑤洗涤盆　1×6 组＝6 组　　⑥逆止阀　1 个

⑦闸阀　[3（每隔一层给水立管一个阀门）×2+1（入户管一个阀门）]个＝7 个

3）管道刷油工程量

如前所述，给水管明装部分为塑料管（立管埋地部分也为塑料管）不用刷油，埋地部分（包括埋地横管和入户管）。

$DN50$　2.50m　　$S_1=\dfrac{18.85}{100}×2.5m^2=0.47m^2$

$DN75$　12.00m　　$S_2=\dfrac{28.63}{100}×12m^2=3.44m^2$

刷冷底子油的工程量与刷沥青油的工程量相同。

18.85/100，28.63/100 为管道周长

（2）排水管均采用塑料管

1）管道工程量计算

①$DN75$：[2.2m（卫生间洗脸盆至排水立管①的长度）+0.3m（地漏排出管长度）+0.5m（厨房洗涤盆排出管长度）+0.3m（浴盆排出管长度）]×6＝19.80m

②$DN100$：[1.0m（通气帽伸出屋顶的长度）+3m（楼层高度）×6+1.2m（排水立管埋深）]×2+2.4m（埋地排水横管长度）+2m（坐便器至排水立管②的长度）×6＝54.80m

③$DN150$：5m（排水埋地横管与出户管节点至住宅墙体长度）+8m（出户管户外部分长度）＝13.00m

2）排水管件及设备

①伸顶通气帽　2×1 个＝2 个

②坐便器　1×6 套＝6 套

③检查口　1×2×6 个＝12 个

④地漏　1×6 个＝6 个

⑤浴盆　1×6 组＝6 组

⑥洗脸盆　1×6 组＝6 组

⑦洗涤盆　　　1×6 组＝6 组

清单工程量与定额工程量见表 1-31。

清单工程量与定额工程量分项列表　　　　表 1-31

项目编码	项目名称	项目特征描述	计算单位	数量	定额编号	定额计量单位	数量	基价/元	人工费/元	材料费/元	机械费/元
031001006001	塑料管	DN15	m	22.80	6-273	10m	2.28	14.19	11.12	0.42	2.65
031001006002	塑料管	DN25	m	6.00	6-274	10m	0.60	15.62	11.91	0.47	3.24
031001006003	塑料管	DN32	m	24.00	6-275	10m	2.40	17.70	13.03	0.55	4.12
031001006004	塑料管	DN50	m	5.90	6-277	10m	0.59	28.12	19.76	1.83	6.53
031001005001	铸铁管	DN75	m	12.00	8-132	10m	1.20	57.22	33.44	23.78	
031001006005	塑料管	DN75	m	19.80	6-277	10m	1.98	39.60	26.73	2.79	10.08
031001006006	塑料管	DN100	m	54.80	6-277	10m	5.48	58.27	37.85	3.57	16.85
031001006007	塑料管	DN150	m	13.00	6-277	10m	1.30	84.10	52.59	5.65	25.86
031004014001	给、排水附件	水龙头，DN5	个	18.00	6-277	10 个	1.80	7.48	6.50	0.98	
031004006001	大便器	坐式	套	6	8-414	10 套	0.6	484.02	186.46	297.56	
031004001001	浴缸		组	6	8-376	10 组	0.6	1177.98	258.90	919.08	
031004003001	洗脸盆		组	6	8-384	10 组	0.6	1449.93	151.16	1298.77	
031004004001	洗涤盆		组	6	8-391	10 组	0.6	596.56	100.54	496.02	
031004014002	给、排水附件	地漏，DN75	个	6	8-447 8-448	10 个	0.6	97.84	72.18	25.66	
031004014003	给、排水附件	检查口	个	12							
031004014004	给、排水附件	通气帽	个	2							
031201001001	管道刷油		m²	3.91	11-202 11-203 11-218	10m²	0.39	48.33	30.19	18.14	
031003001001	螺纹阀门	DN75	个	1	8-247 8-248	个	1	34.07	10.60	23.47	
031003001002	螺纹阀门	DN50	个	2	8-246	个	2	15.06	5.80	9.26	
031003001003	螺纹阀门	DN32	个	2	8-244	个	2	8.57	3.48	5.09	
031003001004	螺纹阀门	DN25	个	2	8-243	个	2	6.24	2.79	3.45	

【例5】 消防系统工程量计算，其给水平面图及系统图如图1-45、图1-46所示。

图1-45 某住宅消防给水平面图　　　　图1-46 消防给水系统图

【解】 （1）消防给水管为镀锌钢管，二层以上管道为DN50，二层以下消防管道为DN75。

①DN75 ［3m（二层至一层高度）＋1.1m（灭火器距地面高度）＋0.9m（消防给水立管埋深）］×4＋7m（消防埋地横管①）＋6.2m（消防埋地横管②）＋6.2m（横管连接管长度）＋3m（消防给水管旁通管部分）＋3.2m（与旁通管并到的水泵给水管部分长度）＋6m（水表井至户外部分长度）＝51.60m

定额工程量5.16，定额编号7-71、7-72，基价：90.33元；其中人工费62.81元，材料费17.66元，机械费9.86元。

②DN50 3m（楼层高度）×5（七层至二层）×4＋1.8m×4（七层灭火器至七层顶部长度）＋13.2m（消防上部横管长度）＋4.5m（上部两横管连接管）＋2.5m（消防水箱入水口至上部横管连接管长度）＝87.40m

定额工程量8.74，定额编号7-70，基价：74.04元；其中人工费52.01元，材料费12.86元，机械费9.17元。

（2）消防给水系统管件及附属设备

① 消防水箱 1个

定额工程量1个，定额编号8-552，基价：112.30元；其中人工费74.07元，材料费2.44元，机械费35.79元。

② 给水泵 1台

定额工程量1台，定额编号1-740，基价：149.60元；其中人工费73.14元，材料费59.53元，机械费16.93元。

③ 逆止阀   1×2 个＝2 个

④ 灭火器   7×4 个＝28 个

1 个泄水口，1 组水表，3 个阀门（水表前后各一个，消防水箱下部一个）。

水表定额工程量 1 组，定额编号 8-363，基价：106.39 元；其中人工费 24.38 元，材料费 82.01 元。

阀门定额工程量 3 个，定额编号 8-246，基价：15.06 元；其中人工费 5.80 元，材料费 9.26 元。

（3）防腐

消防给水管全部为镀锌钢管，明装部分刷防锈漆一遍，银粉两遍，埋地部分刷沥青油二遍，冷底子油一遍。

其工程量计算如下：

① 明装部分：$DN50$ 87.40m

$DN75$ 16.4m $(3+1.1)×4m＝16.40m$

换算为面积：$3.14×(0.060×87.4+0.076×16.4)m^2＝20.38m^2$

定额工程量 2.04，定额编号 11-53、11-56、11-57，基价：29.35 元；其中人工费 19.04 元，材料费 10.31 元。

② 埋地部分：$DN75$ $(51.6-16.4)m＝35.20m$

换算为面积：$3.14×0.076×35.2m^2＝8.40m^2$

定额工程量 0.84，定额编号 11-66、11-67、11-80，基价：35.15 元；其中人工费 19.27 元，材料费 15.88 元。

【注释】 $3.14×(0.060×87.4+0.076×16.4)$ 为明装管的侧面积，其中 87.4 为明装 $DN50$ 管的总长度，0.06 为 $DN50$ 管的外壁是的外径长度，0.076 为 $DN75$ 管的外壁的外径长度，16.4 为明装是 $DN75$ 管的总长度，$(51.6-16.4)$ 为 $DN75$ 管的总长度减去明装管的长度。

清单工程量计算见表 1-32。

清单工程量计算表 表 1-32

序号	项目编码	项目名称	项目特征描述	计量单位	工程量
1	030901002001	消火栓镀锌钢管	室内，$DN75$，给水	m	51.60
	030901002002	消火栓镀锌钢管	室内，$DN50$，给水	m	87.40
2	031006015001	水箱制作安装		台	1
3	030901003001	水喷头	$DN50$	个	28
4	031003013001	水表	$DN75$	组	1
5	031003001001	螺纹阀门	$DN75$	个	2
	031003001002	螺纹阀门	$DN50$	个	1

【例6】 某洗澡间平面图如图 1-47 所示,给排水系统图如图 1-48、图 1-49 所示,计算有关工程量。

图 1-47 洗澡间给水平面图　　　　　图 1-48 洗澡间给水系统图

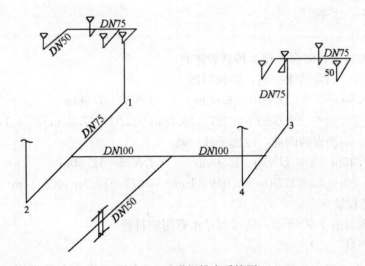

图 1-49 洗澡间排水系统图

【解】 (1)给水工程量

说明:洗澡间给水管立管和支管用丝接镀锌钢管,埋地管和出户管用铸铁管、镀锌钢管刷防锈漆一遍,银粉漆两遍,铸铁管刷沥青油两遍,冷底子油一遍,G-1、G-2 上的淋浴器设置相同,G-3、G-4 上的淋浴器设置相同。

1)管道工程量

① 镀锌钢管 DN15

G-1、G-2:[1.2m(淋浴器间距)×2+0.8m(给水立管至最近一个淋浴器的长度)]×
　　　　　 2×2(两边对称)=12.80m

　　　　　 1.1m(淋浴器管子长度)×(18+16)m(淋浴器数目)=37.40m

G-3、G-4:(1.2+0.8+1.2×2+0.8)×2m=10.40m

　　　　　 (37.4+12.8+10.4)m=(23.2+37.4)m=60.60m

② 镀锌钢管 DN25

1.2m（淋浴器间距）×2＋0.8m（边上淋浴器至立管距离或至边墙距离）×2＝4.00m

4m×4（4 个 DN25 的长度设置相同）＝16.00m

③ DN32

铸铁管：9m（给水立管 G-1、G-2 之间埋地横管的长度）＋7m（给水立管 G-3、G-4 之间埋地横管的长度）＋1.4（泄水管长度）＝17.40m

④ DN50 铸铁管

15.00m（埋地横管连接管的长度）

⑤ 铸铁管 DN75

4.5m（给水入户管室内长度）＋8m（给水入户管室外长度）＝12.50m

2）管件及设备

① 给水表　　　1组

② 淋浴器　　　34 套[（9×2＋8×2）套＝34 套]

③ 阀门　　　　9 个

④ 给水三通　　4 个＋4 个＝8 个

⑤ 弯头　　　　8 个

3）防腐

包括给水镀锌钢管防腐和排水铸铁管防腐。

① 镀锌钢管　刷防锈漆一遍，银粉两遍。

DN15　60.60m　　　　DN25　16.00m　　　　DN32　7.60m

面积计算：[0.016×60.60m＋0.027×16.00m＋0.034×7.60m]× 3.14m＝5.21m²

② 铸铁管：刷沥青油两遍，冷底子油一遍。

DN32　17.40m　　　　DN50　15.00m　　　　DN75　12.50m

面积计算：[0.0034×17.4m＋0.059×15m＋0.077×12.5m]×3.14m＝5.99m²

（2）排水工程量

排水系统图如图 1-50 所示：洗澡间排水管用塑料管

1）管道工程量

DN75：3.8m（排水立管①的横支管长度）×4＋1.2m（排水立管埋深）×4＋9m＋7m（排水埋地横管长度）＝36.00m

DN50：[2.5m（距排水立管 PL-1 最远端那个地漏的排出管长度）＋0.6m＋2.2m＋2.6m（均为 PL-1 立管上地漏排出管长度）]×4＝31.60m

DN100：7.20m（排水埋地横管连接管的长度）

DN150：12.00m（排水出户管长度）

4.5m（排出管室内部分长度）＋7.5m（排水出户管室外部分长度）＝12.00m

2）管件

① 地漏　　　　4×4 个＝16 个　　　②检查口　　　　4×1 个＝4 个

③ 排水三通　　3＋2×4 个＝11 个　　④弯头　　　　　4＋6×4 个＝28 个

其清单、定额工程量见表 1-33。

清单工程量和定额工程量分项列表 表 1-33

序号	项目编码	项目名称	项目特征	计算单位	数量	定额编号	定额计量单位	数量	基价/元	人工费/元	材料费/元	机械费/元
1	031001001001	镀锌钢管	丝接 DN15	m	60.60	8-87	10m	6.06	65.45	42.49	22.96	
2	031001001002	镀锌钢管	丝接 DN25	m	16.00	8-89	10m	1.60	83.51	51.08	31.40	1.03
3	031001001003	镀锌钢管	丝接 DN32	m	7.60	8-90	10m	0.76	86.16	51.08	34.05	1.03
4	031001005001	铸铁管	承插 DN50	m	15.00			1.50				
5	031001005002	铸铁管	承插 DN75	m	12.50	8-132	10m	1.25	57.22	33.44	23.78	
6	031001005003	铸铁管	承插 DN32	m	17.40			1.74				
7	031001006001	塑料管	DN75	m	36.00	6-278	10m	3.60	39.60	26.73	2.79	10.08
8	031001006002	塑料管	DN50	m	31.60	6-277	10m	3.16	28.12	19.76	1.83	6.53
9	031001006003	塑料管	DN100	m	7.20	6-280	10m	0.72	58.27	37.85	3.57	16.85
10	031001006004	塑料管	DN150	m	12.00	6-282	10m	1.20	84.10	52.59	5.65	25.86
11	031004014001	给、排水附件	地漏 DN50	个	16	8-447	10 个	1.6	55.88	37.15	18.73	
12	031003013001	水表		组	1	8-363	组	1	106.39	24.38	82.01	
13	031004010001	淋浴器		套	34		个	34	600.19	130.03	470.16	
14	031003001001	螺纹阀门	DN32	个	5	8-244	个	5	8.57	3.48	5.09	
15	031003001002	螺纹阀门	DN75	个	2	8-247、248	个	2	34.07	10.60	23.47	
16	031004014002	给、排水附件	给水三通	个	8		个	8				
17	031202002001	管道防腐蚀	镀锌钢管	m²	5.21	11-53、56、57	10m²	0.52	29.35	19.04	10.31	
18	031202002002	管道防腐蚀	铸铁管防腐	m²	5.99	11-66、67、80	10m²	0.60	35.15	19.27	15.88	

【例 7】 某集体宿舍洗手间平面图(小便槽出水口到给水立管 G-1 的长度为 5.2m)如图 1-50 所示,结构给排水系统图如图 1-51、图 1-52 所示,计算其有关工程量。

1. 给水管道工程量:

给水管道入户管部分及埋地横管为铸铁管,立管及支管为塑料管,铸铁管防腐刷沥青油二遍,冷底子油一遍。GL-1、GL-2 间距 3.2m,GL-3、GL-2 间距 2.6m

图 1-50 集体宿舍洗手间平面图

图 1-51 卫生间给水系统图　　　　　　　图 1-52 卫生间排水系统图

（1）管道工程量

1）塑料管

① DN15：[5.2m（小便槽出水口到给水立管 G-1 的长度）＋0.7m（蹲式大便器冲洗管长度）×5]×5＝43.50m

定额工程量 4.35（10m），编号 6-273，基价：14.19 元；其中人工费 11.12 元，材料费 0.42 元，机械费 2.65 元。

② DN25：0.7m（GL-2 给水立管至第一个水嘴长度）＋0.6m（两水嘴间距）×4＋0.3m（污水盆水嘴至盥洗槽最近一个水嘴的长度）＝3.40m

0.9m（大便器间距）×4＋1.4m（GL-1 至第一个大便器长度）＝5.00m

0.6m（盥洗槽水嘴间距）×4＋0.7m（GL-3 至第一个水嘴的距离）＝3.10m

（3.4＋5.0＋3.1）m×5＝57.5m

定额工程量 5.75（10m），编号 6-274，基价：15.62 元；其中人工费 11.91 元，材料费 0.47 元，机械费 3.24 元。

③ DN32：3（五层至二层）×3m（楼层高）×3（3 根立管）＝27.00m

定额工程量 2.70（10m），编号 6-275，基价：17.70 元；其中人工费 13.03 元，材料费 0.55 元，机械费 4.12 元。

④ DN50：[3m＋0.9m（立管埋深）＋1.1m（给水支管距地面高度）]×3＝15.00m

定额工程量 1.50（10m），编号 6-277，基价 28.12 元，其中人工费 19.76 元，材料费 1.83 元，机械费 6.53 元。

2) 铸铁管：$DN32$ 1.20m

定额工程量 0.12(10m)，编号 8-132，基价：57.22 元；其中人工费 33.44 元，材料费 23.78 元。

$DN50$ 3.2m(GL-1、GL-2 间距)+2.6m(GL-2、GL-3 间距)=5.80m

定额工程量 0.58(10m)，编号 8-132，基价：57.22 元；其中人工费 33.44 元，材料费 23.78 元。

铸铁管：$DN75$ 9.00m(入户管长)

定额工程量 0.90(10m)，编号 8-132，基价：57.22 元；其中人工费 33.44 元，材料费 23.78 元。

(2) 管件

① 自闭式冲洗阀 5×5 个=25 个

② 小便槽冲洗管 2m×5=10.00m

定额工程量 1.00(10m)，编号 8-456，基价：246.24 元；其中人工费 150.70 元，材料费 83.06 元，机械费 12.48 元。

③ 水龙头 11×5=55 个

定额工程量 5.5(10 个)，编号 8-440，基价：9.57 元；其中人工费 8.59 元，材料费 0.98 元。

④ 阀门 3×3+3 个=12 个

定额工程量 12 个，编号 8-244、8-246、8-247、8-248，基价：57.7 元；其中人工费 19.88 元，材料费 37.82 元。

(3) 刷油

给水铸铁管需刷沥青油两遍，冷底子油一遍。

铸铁管：$DN32$ 1.20m $DN50$ 5.80m

铸铁管面积：$3.14×(0.034×1.2+0.059×5.8)m^2=1.20m^2$

定额工程量 0.12(10m^2)，编号 11-66、11-67、11-80，基价：35.15 元；其中人工费 19.27 元，材料费 15.88 元。

铸铁管：$DN75$ 9.00m

铸铁管表面积：$3.14×(0.093m×9m)=2.63m^2$

定额工程量 0.26(10m^2)，编号 11-66、11-67、11-80，基价：35.15 元；其中人工费 19.27元，材料费 15.88 元。

【注释】 $3.14×(0.034×1.2+0.059×5.8)$为管的侧面积，其中 0.034 为 $DN32$ 管的外壁的外径长度；0.059 为 $DN50$ 管的外壁的外径长度；1.2、5.8、9 为管的长度。

2. 排水管道工程量计算

(1) 排水管道为塑料管，出户管为铸铁管

1) 塑料管

① $DN100$：0.5m(蹲式大便器排出管长度)×5×5+4.0m(PL-1 横支管长度)×5+[2.7 m(排水横支管距地高度)+3×3+1.2m]×3=71.20m

定额工程量 7.12(10m)，编号 6-280，基价：58.27 元；其中人工费 37.85 元，材料费 3.57 元，机械费 16.85 元。

② DN75：2.0m（小便器排水口至 PL-2 的距离）＋0.4m（地漏排出管长度）＋3.4m（污水盆排水口至 PL-2 距离）＋0.4m（地漏排出管长度）＋0.8m（盥洗槽排污管长度）＋2.6m（地漏至 PL-3 距离）＋0.8m（盥洗槽排出管长度）＝10.40m

10.4m×5＝52.00m

定额工程量 5.20(10m)，编号 6-278，基价：39.60 元；其中人工费 26.73 元，材料费 2.79 元，机械费 10.08 元。

③ DN150：2.6m（PL-2 至 PL-3 的距离）＋3.0m（PL-1 至 PL-2 的距离）＝5.60m

定额工程量 0.56(10m)，编号 6-282，基价：84.10 元；其中人工费 52.59 元，材料费 5.65 元，机械费 25.86 元。

2）DN150 铸铁管

9.50m（排水出户管长）

定额工程量 0.95(10m)，编号 8-147，基价：329.18 元；其中人工费 85.22 元，材料费 243.96 元。

（2）管件

① 地漏　　　　　3 个×5 个＝15 个

定额工程量 1.5(10 个)，编号 8-447、8-448，基价：97.84 元；其中人工费 72.18 元，材料费 25.66 元。

② 蹲式大便器　　5×5 套＝25 套

定额工程量 2.5(10 套)，编号 8-413，基价：1812.01 元；其中人工费 167.42 元，材料费 1644.59 元。

③ 检查口　　　　3×1 个＝3 个

④ 小便槽冲洗管　2×5m＝10.00m

定额工程量 1.00(10m)，编号 8-456，基价：246.24 元；其中人工费 150.70 元，材料费83.06元，机械费 12.48 元。

⑤ 污水盆　　　　1×5 组＝5 组

（3）防腐

埋地出户管为铸铁管，需要刷油防腐，刷沥青油两遍，冷底子油一遍。

DN150　9.50m

其表面积：S＝3.14×9.5m×0.161m＝4.80m²

【注释】 0.161 为 DN150 管的外壁的外径长度；9.5 为 DN150 管的长度；

定额工程量 0.48(10m²)，编号 11-66、11-67、11-80，基价：35.15 元；其中人工费 19.27 元，材料费 15.88 元。

清单工程量计算见表 1-34。

清单工程量计算表　　　　　　　　　　　　　　　表 1-34

序号	项目编码	项目名称	项目特征描述	计量单位	工程量
1	031001006001	塑料管	DN15	m	43.50
	031001006002		DN25	m	57.50
	031001006003		DN32	m	27.00
	031001006004		DN50	m	15.00

续表

序号	项目编码	项目名称	项目特征描述	计量单位	工程量
2	031001002001	钢管	DN32	m	1.20
	031001002002		DN50	m	5.80
3	031001005001	铸铁管	承插，DN75、给水	m	9.00
	031001005002		承插，DN150、排水	m	9.50
4	031001006005	塑料管	DN75	m	52.00
	031001006006		DN100	m	71.20
	031001006007		DN150	m	5.60
5	031004015001	小便槽冲洗管制作安装	公称直径为15mm	m	10.00
6	031004014001	给、排水附件	水龙头 DN25	个	55
7	031004006001	大便器	蹲式	套	25
8	031004014002	给、排水附件	地漏 DN75	个	15

【例8】 某卫生间给排水系统图如图 1-53～图 1-55 所示。

此卫生间设高位水箱蹲便器 2 套，立式小便器两套，洗脸盆一组，污水盆 1 组，地漏 1 个，设 2 个排水立管，排水管均用塑料管。此楼层为 5 层，每层卫生间设置相同。

【解】 （1）排水系统工程量（如图 1-54 所示）

1）管道工程量

① $DN150$：3.2m（PL-1、PL-2 间距）＋8m（排出管长度）＝11.20m

图 1-53　卫生间平面图

② $DN100$：[5×3m（层高）＋1.2m（立管埋深）＋1.0m（通气帽伸顶高度）]×2＋[1.8m（PL-1 排水横管长度）＋0.3m（高位水箱蹲便器与横管距离）×2]×5＝46.40m

③ $DN75$：2.4m（PL-2 横支管长度）×5 ＝12.00m

【注释】 2.4＝0.3＋0.8＋0.6＋0.7

④ $DN50$：[0.3m（高位水箱蹲便器与横管距离）×2＋0.5（洗脸盆排出管长度）＋0.8m（地漏排出管长度）＋1.2m（污水盆排出管长度）]×5＝15.50m

2）管件及排水设备

① 高位水箱蹲便器　2×5 套＝10 套

② 立式小便器　　　2×5 套＝10 套

图 1-54　卫生间排水系统图　　　　图 1-55　卫生间给水系统图

③ 洗脸盆　　　　　　　　1×5 组＝5 组
④ 污水盆　　　　　　　　1×5 组＝5 组
⑤ 地漏 DN50　　　　　　　1×5 个＝5 个
⑥ 通气帽　　　　　　　　2×1 个＝2 个
⑦ 清扫口　　　　　　　　5×2 个＝10 个
⑧ 一般套管制作安装 DN100　（1×5＋2×5）个＝15 个
⑨ 一般套管制作安装 DN75　　1×5 个＝5 个
⑩ 一般套管制作安装 DN150　　2 个
⑪ 一般套管制作安装 DN50　　2×5 个＝10 个

3）其它工程量

① 管沟开挖土方量

1.2m(埋地排水管理深)×0.7m(沟宽)×11.2m(沟长)＝9.41m³

管沟回填土方量：1.2m×0.7m×11.2m＝9.41m³

② 塑料支架 ϕ100　　2×5 个＝10 个

　塑料吊架 ϕ75　　2×5 个＝10 个

　塑料吊架 ϕ100　　1×5 个＝5 个

（2）给水系统工程量

如图 1-56 所示为卫生间给水系统图，设 GL-1、GL-2 两根给水立管，GL-1 管子上每层有一个支管，设两个高位水箱，每层相同。GL-2 上每层两个支管，设水龙头两个，小便器冲洗管两个，每层相同，所有管子用镀锌钢管，需防腐，管径大小，如图所示。工程量计算：

1）管道工程量

① DN75：2m（入户管与埋地横管节点至墙的距离）＋0.3m（墙的厚度）＋7m（墙到入户管与管网节点的距离）＋1.5m（泄水管长）＝10.80m

② DN50：3.0m（埋地横管的长度）＋（1.0＋0.7）m（一楼支管节点至横管长度）×2＝6.40m

③ DN32：3m（层高）×3（四层支管节点至一层支管节点）×2＝18.00m

④ DN25：3m（五层至四层）×2＝6.00m

⑤ DN15：[1.8m（GL-1 给水横支管长度）＋1.5m（大便水箱冲洗管长度）×2＋2.1m（GL-2 横支管长度）＋0.8m（污水盆水龙头支管长度）]×5＝7.7m×5＝38.50m

2）给水设备及其管件工程量

① 高位冲洗水箱 2 组×5＝10 组

② 水嘴 2 个×5＝10 个

③ 小便器自闭式冲洗阀 2 个×5＝10 个

④ 水表 1 组

⑤ 止回阀 1 个

⑥ DN75 阀门截止阀 2 个

⑦ DN32 截止阀 4 个

支架 Φ32 3×2 个＝6 个 Φ25 1×2 个＝2 个 Φ15 4×2×5 个＝40 个

（3）防腐

镀锌钢管分明装埋地两部分，明装镀锌钢管需刷防锈漆一道，银粉两道。

其工程量计算：$S_1 = 3.14×(0.021×38.5＋0.0335×6＋0.042×18＋0.060×2)m^2$
$= 5.92m^2$

埋地镀锌钢管刷沥青油两道，冷底子油一道。

其工程量：$S_2 = 3.14×(0.060×3.0＋1.4×0.060＋10.8×0.083)m^2$
$= 3.64m^2$

（4）土方工程量

给水镀锌钢管埋地管的土方工程量：

（10.8×0.6（沟宽）×0.7＋3×0.6（沟宽）×0.7）m^3＝5.80m^3

管沟回填土方量：5.80m^3

【注释】 3.14×（0.021×38.5＋0.0335×6＋0.042×18＋0.060×2）为明装管的表面积，其中 0.021、0.0335、0.042、0.060、0.083 为不同管 的外壁的外径的长度；38.5、6、18、2 分别为管的长度。

其清单、定额工程量见表 1-35。

清单工程量和定额工程量分项列表   表 1-35

序号	项目编码	项目名称	项目特征描述	计算单位	数量	定额编号	定额计量单位	数量	基价/元	人工费/元	材料费/元	机械费/元
1	031001001001	镀锌钢管	丝接 DN15	m	38.50	8-87	10m	3.85	65.45	42.49	22.96	
2	031001001002	镀锌钢管	丝接 DN25	m	6.00	8-89	10m	0.60	83.51	51.08	31.40	1.03
3	031001001003	镀锌钢管	丝接 DN32	m	18.00	8-90	10m	1.80	86.16	51.08	34.05	1.03
4	031001001004	镀锌钢管	丝接 DN50	m	6.40	8-92	10m	0.64	111.93	62.23	46.84	2.86
5	031001001005	镀锌钢管	丝接 DN75	m	10.80	8-93、8-94	10m	1.08	131.76	66.10	61.41	4.25
6	031001006001	塑料管	DN50	m	15.50	6-277	10m	1.55	28.12	19.76	1.83	6.53
7	031001006002	塑料管	DN75	m	12.00	6-278	10m	1.20	39.00	26.73	2.79	10.08
8	031001006003	塑料管	DN100	m	46.40	6-280	10m	4.64	58.27	37.85	3.57	16.85
9	031001006004	塑料管	DN150	m	11.20	6-282	10m	1.12	84.10	52.59	5.65	25.86
10	031004006001	大便器	蹲式	组	10	8-413	10组	1	1812.01	167.42	1644.59	
11	031004007001	小便器	立式	组	10	8-424	10组	1	3518.71	204.34	3314.37	
12	031004003001	洗脸盆		组	5	8-384	10组	0.5	1449.93	151.16	1298.77	
13	031004014001	给、排水附件	污水盆	组			10组	0.5				
14	031004014002	给、排水附件	地漏 DN50	个	5	8-447	10个	0.5	55.88	37.15	18.73	
15	031003013001	水表		组	1	8-363	组	1	106.39	24.38	82.01	
16	031003001001	螺纹阀门	止回阀	个	1		个	1				
17	031004014003	给、排水附件	通气帽	个	2		个	2				
18	031004014004	给、排水附件	检查口	个	10		个	10				
19	031004014005	给、排水附件	清扫口	个	10		10个	1				
20	031201009001	喷漆	镀锌管刷漆一遍	m²	5.92	11-51	10m²	0.59	7.34	6.27	0.96	
21	031201001001	管道刷油	镀锌管刷沥青油二遍	m²	3.64	11-66、11-67	10m²	0.36	15.68	12.77	2.91	
22	010101007001	管沟土方	排水管土方开挖	m³	9.41	1-8	100m³	0.0941				
23	010101007002	管沟土方	给水管土方开挖	m³	5.80	1-8	100m³	0.0580				

【例9】 如图 1-56、图 1-57 所示此卫生间为某男生集体卫生间，上下四层，每层设三

图 1-56 集体卫生间平面图

根排水立管,一个出户排出管。卫生间内设置4个延时自闭式蹲式大便器,一个小便槽、两个地漏、一个污水盆、一个盥槽、一个洗涤盆,每层设置相同。所有排水管道均用塑料管,所用管径为排水出户管 $DN150$,排水立管 $DN100$,PL-1、PL-3 横支管均为 $DN75$,PL-2 横支管及大便器排出管为 $DN100$,地漏排出管均为 $DN50$。

工程量计算如下:

(1) 管道工程量

① $DN50$:[1.0m(小便槽边地漏排
出管长度)+0.7m(污水
盆边地漏排出管长度)]
×4=6.80m

图 1-57 某集体卫生间排水系统图

定额工程量 0.68(10m),编号 6-277,基价:28.12 元;其中人工费 19.76 元,材料费 1.83 元,机械费 6.53 元。

② $DN75$:[1.8m(PL-1 排水横支管长度)+1.2m(盥洗槽排出管长度)+2.8m(PL-3 排水横支管长度)]×4=23.20m

定额工程量 2.32(10m),编号 6-278,基价:39.60 元;其中人工费 26.73 元,材料费 2.79 元,机械费 10.08 元。

③ $DN100$:3.0m×3×4(四层至一层)+1.2m(伸顶通气长度)×3+1.1m(立管埋深)×3+3.5m(PL-2 排水横支管长度)×4+0.3m(登高)×4×4=61.70m

定额工程量 6.17(10m),编号 6-280,基价:58.27 元;其中人工费 37.85 元,材料费 3.57 元,机械费 16.85 元。

④ $DN150$ 4.5m(PL-1、PL-2 之间埋地横管长度)+3.4m(PL-2、PL-3 之间埋地横管长度)+7m(出户排出管长度)=14.90m

定额工程量 1.49(10m),编号 6-282,基价:84.10 元;其中人工费 52.59 元,材料费 5.65 元,机械费 25.86 元。

(2) 排水设备及管件

① 延时自闭式大便器 4×4 套=16 套

定额工程量 1.6(10 套),编号 8-413,基价:1812.01 元;其中人工费 167.42 元,材料费 1644.59 元。

② 小便槽自动冲洗水箱 1×4 套=4 套

定额工程量 0.4(10 套),编号 8-433,基价:735.48 元;其中材料费 644.46 元,人工费 91.02 元。

③ 伸顶通气帽 3×1 个=3 个

④ 地漏 2×4 个=8 个

定额工程量 0.8(10 个),编号 8-447,基价:55.88 元;其中人工费 37.15 元,材料费 18.73 元。

⑤ 污水盆　　　　　　　1×4 组＝4 组

⑥ 洗涤盆　　　　　　　1×4 组＝4 组

定额工程量 0.4（10 组），编号 8-391，基价：596.56 元；其中人工费 100.54 元，材料费 496.02 元。

（3）土方工程量

排水管挖沟土方量：$(7.9×0.6×1.1+7×0.7×1.1)m^3＝10.60m^3$　定额编号 1-8

管沟回填（夯实）土方量：$11.57m^3$　定额编号 1-46

套管工程量：DN100 套管　　　　16 个　　　　DN150 套管　3 个

DN100 套管：定额工程量 16（个），编号 8-175，基价：4.34 元；其中人工费 2.09 元，材料费 2.25 元。

DN150 套管：定额工程量 3（个），编号 8-177，基价 5.30 元，其中人工费 2.55 元，材料费 2.75 元。

清单工程量计算见表 1-36。

清单工程量计算表 表 1-36

序号	项目编码	项目名称	项目特征描述	计量单位	工程量
1	031001006001	塑料管	DN50	m	6.80
	031001006002		DN75	m	23.20
	031001006003		DN100	m	61.70
	031001006004		DN150	m	14.90
2	031004006001	大便器	延时自闭式	组	16
3	031004014001	给、排水附件	地漏 DN50	个	8
4	031004004001	洗涤盆		组	4
5	010101007001	管沟土方	挖深 1.1m	m^3	10.60

【例 10】　如图 1-58 所示，此项目为六层住宅，厨房卫生间平面图，卫生间设浴盆 1 个，洗手盆 1 个，坐便器 1 个，地漏 1 个，淋浴器 1 个；厨房洗涤盆 1 个，地漏 1 个。给水系统如图 1-59 所示设两根给水立管，给水入户管管径 DN50，铺设管和泄水管 DN40，立管 DN32，横支管 DN25，小支管 DN15。

如图 1-61 所示为此厨房卫生间排水系统图，设 3 根排水立管。

PL-1、PL-3 为 DN75　　　PL-2 为 DN100

坐便器排出管 DN100，其它用水器具排出管 DN50；铺设埋地横管 DN100，排水出户管 DN150，均用塑料管。

【解】　（1）给水系统工程量

1）管道

① DN15：［1.3m（淋浴器支管长度）＋1.1m（洗手盆至横支管距离）］×6＝14.40m

定额工程量 1.44（10m），编号 8-87，基价：65.45 元；人工费 42.49 元，材料费 22.96 元。

图 1-58 厨卫平面图　　　　图 1-59 给水系统图

② $DN25$：[5.4m(GL-1 横支管长度)＋2.5m(GL-2 横支管长度)]×6＝47.40m

定额工程量 4.74(10m)，编号 8-89，基价：83.51 元；其中人工费 51.08 元，材料费 31.40 元，机械费 1.03 元。

③ $DN32$：[1.1m(横支管距地面高度)＋3.0m×5(六层至一层)＋0.8m(立管埋深)]

　　　　　×2＝33.80m

定额工程量 3.38(10m)，编号 8-90，基价：86.16 元；其中人工费 51.08 元，材料费 34.05 元，机械费 1.03 元。

④ $DN40$：3.8m(铺设埋地横管的长度)＋1.4m(泄水管长度)＝5.20m

定额工程量 0.52(10m)，编号 8-91，基价：93.85 元；其中人工费 60.84 元，材料费 31.98 元，机械费 1.03 元。

⑤ $DN50$：8.50m(给水入户管长度即小区管网节点与埋地横管节点之间的长度)

定额工程量 0.85(10m)，编号 8-92，基价：111.93 元；其中人工费 62.23 元，材料费 46.84 元，机械费 2.86 元。

2) 用水设备及管件

① 坐便器　　　　　1×6 套＝6 套

② 淋浴器　　　　　1×6 组＝6 组

③ 洗手盆　　　　　1×6 组＝6 组

④ 洗涤盆　　　　　1×6 组＝6 组

⑤ $DN32$ 截止阀　　6 个

　$DN40$ 截止阀门　1 个

      DN50 阀门　　　　　2个

      DN50 逆止阀　　　　1个

⑥ 水表　　　　　　　1组

3）刷油

给水管道全部使用镀锌钢管，明装部分刷一丹二银，暗装埋地部分刷沥青油二遍。

工程量计算：

明装部分　$S_1 = 3.14 \times [18.6 \times 0.021 + 47.4 \times 0.034 + (33.8 - 1.6) \times 0.042] \mathrm{m}^2$

                $= 10.53 \mathrm{m}^2$

定额工程量 1.05（10m^2），编号 11-51、11-56、11-57，基价：29.29 元；其中人工费 19.04元，材料费 10.25 元。

埋地部分　$S_2 = 3.14 \times (1.6 \times 0.042 + 5.2 \times 0.048 + 8.5 \times 0.060) \mathrm{m}^2 = 2.60 \mathrm{m}^2$

定额工程量 0.26（10m^2），编号 11-66、11-67，基价：15.68 元；其中人工费 12.77 元，材料费 2.91 元。

4）挖埋土方量

因室内给排水管道土方量较小，故本工程沟槽底宽按 0.7m 计算。

沟槽土方量　$(3.8 + 8.5) \mathrm{m} \times 0.7 \mathrm{m} \times 0.8 \mathrm{m} = 6.89 \mathrm{m}^3$

水表井土方量（水表井平面图如图 1-60 所示）

图 1-60　水表井平面图　　　　　图 1-61　排水系统图

$(1.48 + 0.6 - 0.7) \mathrm{m} \times 0.8 \mathrm{m} \times 2.28 \mathrm{m} = 2.52 \mathrm{m}^3$

挖土工程量小计　$(6.89 + 2.52) \mathrm{m}^3 = 9.41 \mathrm{m}^3$

埋土土方量　$(9.41-2.28\times1.48\times0.8)\text{m}^3=6.71\text{m}^3$

【注释】　$3.14\times[18.6\times0.021+47.4\times0.034+(33.8-1.6)\times0.042]$为管道明装部分的表面积，其中 18.6、47.4、32.2 为明装不同管的长度；0.021、0.034、0.042 为不同管的外壁的外径的长度。

（2）排水系统工程量

1）管道

① DN50：PL-1 上：2.2m（浴盆排水口至 PL-1 的距离）+0.9m（洗手盆排出管长度）
　　　　　　 $+0.3\times2=3.70$m

　　　　PL-2 上：1.00m（地漏排出管长度）

　　　　PL-3 上：1.2m（地漏排出管长度）+0.5m（洗涤盆排出管长度）+0.3
　　　　$=2.00$m

　　　　DN50 总长：$(3.7+1.0+2.0)\text{m}\times6=40.20$m

定额工程量 4.02(10m)，编号 6-277，基价：28.12 元；其中人工费 19.76 元，材料费 1.83 元，机械费 6.53 元。

② DN75：PL-1 上：3.0m×6（六层至一层）+1.0m（伸顶长度）+1.2m（立管埋深）
　　　　　$=20.20$m

　　　　PL-3 上：2.2m（排水横支管长度）×6+20.2m（立管长度）=33.40m

　　　　总 DN75 长：53.60m

定额工程量 5.36(10m)，编号 6-278，基价：39.60 元；其中人工费 26.73 元，材料费 2.79 元，机械费 10.08 元。

③ DN100：20.2m（PL-2 立管长度）+1.3m（坐便器排出口至立管的距离）×6+
　　　　　　(5.6m+1.6m)（两根埋地铺设管长度）=35.20m

定额工程量 3.52(10m)，编号 6-280，基价：58.27 元；其中人工费 37.85 元，材料费 3.57 元，机械费 16.85 元。

④ DN150：7.60m（排水出户管长度）

定额工程量 0.76(10m)，编号 6-282，基价：84.10 元；其中人工费 52.59 元，材料费 5.65 元，机械费 25.86 元。

2）排水设备及管件

① 地漏　　2×6 个＝12 个

② 坐便器　1×6 套＝6 套

③ 通气帽　3 个

④ 洗手盆　1×6 组＝6 组

⑤ 浴盆　　1×6 组＝6 组

⑥洗涤盆　1×6 组＝6 组

⑦清通口　18 个

工程量套用定额计价见表 1-37。

工程量套用定额计价表　　　　表 1-37

序号	分项工程	定额工程量	定额编号	基价/元	人工费/元	材料费/元	机械费/元
1	坐便器	0.6(10 套)	8-414	484.02	186.46	297.56	

续表

序号	分项工程	定额工程量	定额编号	基价/元	人工费/元	材料费/元	机械费/元
2	淋浴器	0.6(10组)	8-404	600.19	130.03	470.16	
3	洗手盆	0.6(10组)	8-390	348.58	60.37	288.21	
4	洗涤盆	0.6(10组)	8-391	596.56	100.54	496.02	
5	DN32 阀门	6(个)	8-244	8.57	3.48	5.09	
	DN40 阀门	1个	8-245	13.22	5.80	7.42	
	DN50 阀门	1+2个	8-246	15.06	5.80	9.26	
6	水表	1组	8-362	52.20	18.58	33.62	
7	地漏	1.2(10个)	8-447	55.88	37.15	18.73	
8	浴盆	0.6(10组)	8-376	1177.98	258.90	919.08	

3）土方工程量

本工程沟槽底宽按 0.8m 计算

挖土方工程量　0.8m×7.6m×1.2m＝7.30m³

【注释】　0.8m×7.6m×1.2 为沟槽底宽乘以沟槽的高度乘以沟槽的长度，因排水管径较小，其所占体积可忽略不计。

夯填土方量也为 7.30m³

清单工程量计算见表 1-38。

清单工程量计算表　　　　　　　　　　　　表 1-38

序号	项目编码	项目名称	项目特征描述	计量单位	工程量
1	031001001001	镀锌钢管	DN15	m	14.40
	031001001002		DN25	m	47.40
	031001001003		DN32	m	33.80
	031001001004		DN40	m	5.20
	031001001005		DN50	m	8.50
2	031001006001	塑料管	DN50	m	40.20
	031001006002		DN75	m	53.60
	031001006003		DN100	m	35.20
	031001006004		DN150	m	7.60
3	031004006001	大便器	坐式	组	6
4	031004010001	淋浴器	镀锌钢管	套	6
5	031004004001	洗涤盆		组	6
6	031004004002	洗涤盆		组	6
7	031004001001	浴缸	搪瓷	组	6
8	031004014001	给、排水附件	地漏 DN50	个	12
9	031003013001	水表	DN50	组	1
10	031003001001	螺纹阀门	DN32	个	6
11	031003001002	螺纹阀门	DN40	个	1
12	031003001003	螺纹阀门	DN50	个	3

【例11】 如图1-62所示为某集体卫生间平面图，男女卫生间各设热冷水淋浴器1个，延时自闭冲洗式蹲便器两个，污水盆1个，洗手盆1个，地漏1个；其中男卫生间设挂式小便斗2个，延时自闭冲洗式，卫生间共用1个卧挂贮水式电热水器，设在女卫生间。

图1-62 集体卫生间平面图

图1-63 给水系统图

此楼共四层，每层卫生间设置相同。

如图1-63所示为男女卫生间给水系统图，有冷热水两个给水管道，管径设置如图所示，冷热水给水管道均为镀锌钢管。

如图1-64所示为此男女集体卫生间的排水系统图，设两根排水立管，管径如图中所示，PL-1为两根横支管（每层），PL-2为1根横支管（每层）。四层楼的支管设置均相同，排水管道均为塑料管。

图 1-64 排水系统图

【解】 (1) 给水系统工程量

1) 管道工程量

① DN15 热水管：8.5m(热水给水横管长度)＋0.6m(热水管竖直管长度)×2＋0.7m(热水管入淋浴器支管长度)×2＝11.10m

冷水管：1.2m(淋浴器管道长度)×2＋0.8m(大便器冲洗管长度)×2×2＋0.3m×2(小便斗冲洗管)＋2.6m(电热水器给水管长度)＝8.80m

总 DN15 长度：(11.1＋8.8) m×4＝79.60m

②DN25：[5.0m(男女卫生间给水横支管长度)×2＋5.2m(小便器横支管长度)]×4＝60.80m

③ DN32

[3.0m×3(四层至一层)＋1.1m(立管高出四层地面高度)＋0.8m(埋深)]×2＝21.80m

④ DN40

9.20m(铺设埋地横管长度)

⑤ DN50

6.80m(给水入户管长度)

2) 给水设备及管件

① 卧挂贮水式电热水器   1×4 台＝4 台

② 水龙头   4×4 个＝16 个

③ 淋浴器   2×4 组＝8 组

④ DN15 自闭式冲洗阀　　6×4 个＝24 个

⑤ DN25 截止阀　　　　　2×4 个＝8 个

　　DN15 阀门　　　　　 1×4 个＝4 个

⑥DN50 水表　　　　　　1 组

　　DN50 蝶阀　　　　　 2 个

3) 土方工程量

① 给水入户管和铺设横管需挖管沟，其沟槽宽度按 0.7m 计。

挖沟槽土方量　　(9.2×0.7×0.8＋6.8×0.7×0.8)m³＝8.96m³

水表井土方量

如图 1-65 所示水表井平面图，水表井设为矩形，里面有水表 1 个，蝶阀两个，尺寸如图所示，深度为 1.0m，需挖土方。

[(1.48＋0.6)×(2.38＋0.6)×1.0－0.7×0.8×2.38]m³＝4.87m³

挖土方量共计　　(8.96＋4.87)m³＝13.83m³

② 填埋土方量

13.83m³－1.48×2.38×1.0m³＝10.31m³

4) 防腐

图 1-65　水表井

所有热水、冷水给水管道均为镀锌钢管，需刷油防腐。对于地上明装部分，需刷二银防腐。对于埋地部分需刷二油。

其工程量：S_1＝3.14×[79.6×0.021＋60.8×0.034＋(21.8－1.6)×0.042]

　　　　　＝14.40m²

　　　　S_2＝3.14×(1.6×0.042＋9.2×0.048＋6.8×0.060)m²

　　　　　＝2.88m²

【注释】　(9.2×0.7×0.8＋6.8×0.7×0.8)为给水入户管和铺设横管的长度乘以沟槽宽度乘以沟槽的高度；9.2、6.8 为管的长度，0.7 为沟槽宽度，0.8 为沟槽的高度；0.6 为定额工程量查表得，3.14×[79.6×0.021＋60.8×0.034＋(21.8－1.6)×0.042]为管道的表面积，其中 79.6、60.8、20.2 为不同明装的管的长度；0.021、0.034、0.042 为不同管的外壁的外径的长度。

(2) 排水系统工程量

1)管道

① DN50：[4.8m(小便斗横支管长度)＋0.3m(登高)×2]×4＝21.60m

② DN75：[2.6m(污水盆排水口至大便器节点长度)＋0.3m(登高)]×2×4＝23.20m

③ DN100：{3.0m×4＋0.8(通气帽伸顶高度)＋1.0(排水立管埋深)＋[2.7m(大便器
　　　　　　排水横支管长度)＋0.4m(登高)×2]×4}×2＝55.60m

④ DN150　9.2m(埋地横管长度)＋7.4m＝16.60m

2) 排水用设备及管件

① 伸顶通气帽　2 个

② 蹲便器　　　　4×4套＝16套
③ 地漏　　　　　2×4个＝8个
④ 污水盆　　　　2×4组＝8组
⑤ 洗手盆　　　　2×4组＝8组
⑥ 挂式小便斗　　2×4套＝8套
⑦ 清扫口　　　　4×2个＝8个
⑧ 沐浴器　　　　4×2个＝8组

工程量套用定额计价见表1-39。

工程量套用定额计价表　　　　　　　　　　　　　　　表1-39

序号	分项工程	定额工程量	定额编号	基价/元	人工费/元	材料费/元	机械费/元
1	DN15 镀锌钢管	7.96(10m)	8-87	64.45	42.49	22.96	
	DN25 镀锌钢管	6.08(10m)	8-89	83.51	51.08	31.40	1.03
	DN40 镀锌钢管	0.92(10m)	8-91	93.85	60.84	31.98	1.03
	DN50 镀锌钢管	0.68(10m)	8-92	111.93	62.23	46.84	2.86
2	DN50 塑料管	2.16(10m)	6-277	28.12	19.76	1.83	6.53
	DN75 塑料管	2.32(10m)	6-278	39.60	26.73	2.79	10.08
	DN100 塑料管	5.56(10m)	6-280	58.27	37.85	3.57	16.85
	DN150 塑料管	1.66(10m)	6-282	84.10	52.59	5.65	25.86
3	卧挂贮水式电热水器	4台	8-462	19.77	14.40	5.37	
4	水龙头	1.6(10个)	8-438	7.48	6.50	0.98	
5	淋浴器	0.8(10组)	8-404	600.19	130.03	470.16	
6	DN25 截止阀	8个	8-243	6.24	2.79	3.45	
	DN15 阀门	4个	8-241	4.43	2.32	2.11	
	DN50 水表	1组	8-362	52.20	18.58	33.62	
	DN50 蝶阀	2个					
7	蹲便器	1.6(10套)	8-413	1812.01	167.42	1644.59	
8	地漏	0.8(10个)	8-447	55.88	37.15	18.73	
9	洗手盆	0.8(10组)	8-390	348.58	60.37	288.21	
10	污水盆	0.8(10组)					
11	挂式小便斗	0.8(10套)	8-420	2421.54	183.67	2237.87	
12	清扫口	8					
13	检查口	8					
14	明装防腐	1.44(10m²)	11-56、11-57	21.95	12.77	9.18	
	埋地防腐	0.29(10m²)	11-66、11-67	15.68	12.77	2.91	

3）土方量

埋地管需挖沟槽来安装，沟槽宽度定为 0.8m

挖沟土方量：$0.8 \times 1.0 \times 16.6 \text{m}^3 = 13.28 \text{m}^3$

因管子较细，管子所占体积不计，且排出管由于坡度所增加的埋深也不计，因此挖埋土方量相等，均为 13.28m^3。

清单工程量计算见表表 1-40。

清单工程量计算表 表 1-40

序号	项目编码	项目名称	项目特征描述	计量单位	工程量
1	031001001001	镀锌钢管	DN5	m	79.60
	031001001002		DN25	m	60.80
	031001001003		DN32	m	21.80
	031001001004		DN40	m	9.20
	031001001005		DN50	m	6.80
2	031001006001	塑料管	DN50	m	21.60
	031001006002		DN75	m	23.20
	031001006003		DN100	m	55.60
	031001006004		DN150	m	16.60
3	031004014001	给、排水附件	水龙头 DN15	个	16
4	031004010001	淋浴器	镀锌钢管	套	8
5	031003001001	螺纹阀门	DN15	个	4
	031003001002		DN25	个	8
	031003001003		DN50	个	2
6	031003013001	水表	DN50	组	1
7	031004006001	大便器	蹲式	组	16
8	031004014002	给、排水附件	地漏 DN50	个	8
9	031004003001	洗手盆		组	8
10	031004007001	小便器	挂斗式	组	8
11	010101007001	管沟土方	深 0.8m	m³	13.83
12	031004017001	冷热水混合器制作安装	卧挂式、电能源	台	4

【例 12】 如图 1-66 所示为某住宅男女卫生间平面，男女卫生间设置相同各有浴盆 1 个，淋浴器 1 个，坐便器 1 个，洗手盆 1 个，此楼为六层，材质均为镀锌钢管。

如图 1-67 所示为此卫生间给水系统图，设置 1 根给水立管，每层有 3 根横支管，通向洗手盆和浴盆，横支管高于楼板 0.4m，浴盆横支管长 2.7m，立管埋深 0.7m，水龙头规格为 DN20。

计算工程量

【解】 （1）管道工程量

① DN40 的长度：0.3m（穿墙）＋3.2m（墙外至水表井）＝3.50m

定额工程量 0.35（10m），编号 8-91，基价：93.85 元；其中人工费 60.84 元，材料费 31.98 元，机械费 1.03 元。

② DN32 的长度：3.0m（层高）×5＋0.4m（高于楼板高度）＋0.7m（立管埋深）＝16.10m

定额工程量 1.61（10m），编号 8-90，基价：86.16 元；其中人工费 51.08 元，材料费 34.05 元，机械费 1.03 元。

图 1-66 某住宅男女卫生间平面图

图 1-67 男女卫生间给水系统图

③ DN25 的长度：2.7m(浴盆横支管长)×6＝16.20m

定额工程量 1.62(10m)，编号 8-89，基价 83.51 元，其中人工费 51.08 元，材料费 31.40 元，机械费 1.03 元。

④ $DN20$ 的长度：1.0m(洗手盆横支管长)×2+0.2m(穿墙)+0.6m(洗手盆支管上

升段)×2+(0.3m+0.5m)(坐便器支管)+2.0m(淋浴器支管长)

×2+0.2m(墙厚)=8.40m

小计：8.4m×6(层数)=50.40m

定额工程量 5.04(10m)，编号 8-88，基价：66.72 元；其中人工费 42.29 元，材料费

24.23 元。

工程量套用定额计价见表 1-41。

工程量套用定额计价表

表 1-41

定额工程量	定额编号	基价/元	人工费/元	材料费/元	机械费/元
2.4(10 个)	8-439	7.48	6.50	0.98	
1.2(10 组)	8-404	600.19	130.03	470.16	
24 个	8-242	5.00	2.32	2.68	
6 个	8-243	6.24	2.79	3.45	
1 个	8-244	8.57	3.48	5.09	
1 个	8-171	2.89	1.39	1.50	
6 个	8-170	2.89	1.39	1.50	
18 个	8-169	1.70	0.70	1.00	

(2) 给水器具及管件

① 水嘴 $DN20$ 4×6 个=24 个

② 淋浴器 $DN20$ 2×6 组=12 组

③ 阀门 $DN20$ 4×6 个=24 个

    阀门 $DN25$ 1×6 个=6 个

    阀门 $DN32$ 1 个

④ 套管 $DN40$ 1 个

    套管 $DN32$ 6 个

    套管 $DN25$ 3×6 个=18 个

(3) 防腐刷油

由于给水管材为镀锌钢管，需刷油防腐处理。

刷油分两部分：对于地上明装部分，刷银粉两遍；对于埋地铺设部分，刷沥青油

两遍。

明装部分工程量：

$$S_1 = 3.14 \times [0.027 \times 50.4 + 0.034 \times 16.2 + 0.042 \times (16.1-0.7)] \text{m}^2$$

$$= 3.14 \times 2.56 \text{m}^2 = 8.04 \text{m}^2$$

定额工程量 0.80(10m²)，编号 11-56、11-57，基价：21.95 元；其中人工费 12.77

元，材料费 9.18 元。

埋地铺设部分：

$$S_2 = 3.14 \times (0.042 \times 0.7 + 0.048 \times 3.5) \text{m}^2 = 3.14 \times 0.2 \text{m}^2 = 0.63 \text{m}^2$$

定额工程量 0.063(10m²)，编号 11-66、11-67，基价：15.68 元；其中人工费 12.77

元，材料费 2.91 元。

【注释】　$3.14 \times [0.027 \times 38.4 + 0.034 \times 16.2 + 0.042 \times (16.1 - 0.7)]$为明装部分管的表面积，其中 0.027、0.034、0.042 为不同管的外壁的外径的长度；50.4、16.2、15.4 为不同明装的管的明装长度。

（4）支架安装

根据支架间距的最小规定，计算支架个数。

$DN20$ 的管子的支架数目：38.4m/3.0m＝13 个

$DN25$ 的管子的支架数目：16.2m/3.5m＝5 个

$DN32$ 的管子的支架数目：16.1m/4.0m＝4 个

$DN40$ 为铺设管不用支架

支架铁件重量为：

$DN20$：0.49kg/个×13 个＝6.37kg

$DN25$：0.60kg/个×5 个＝3.00kg

$DN32$：0.77kg/个×4 个＝3.08kg

铁件重量共计：(6.37＋3.0＋3.08)kg＝12.45kg

定额工程量 0.125(100kg)，编号 8-178，基价 654.69 元，其中人工费 235.45 元，材料费 194.98 元，机械费 224.26 元。

（5）挖填土方量

铺设管长度为：3.5m－0.3m(墙厚)＝3.20m

设定：管子沟槽断面为梯形，沟槽底宽为 0.6m，n＝0.3。

则挖沟土方量：

$V = h(b + 0.3h)l = 0.7 \times (0.6 + 0.3 \times 0.7) \times 3.2 \text{m}^3 = 1.81 \text{m}^3$

因管径较小所占体积不计，故挖填土方量相等。

清单工程量计算见表 1-42。

清单工程量计算表　　　　　　　　　　　　　　　　表 1-42

序号	项目编码	项目名称	项目特征描述	计量单位	工程量
1	031001001001	镀锌钢管	$DN40$	m	3.50
	031001001002		$DN32$	m	16.10
	031001001003		$DN25$	m	16.20
	031001001004		$DN20$	m	50.40
2	031004014001	给、排水附件	水龙头 $DN20$	个	24
3	031004010001	淋浴器	$DN20$	套	12
4	031003001001	螺纹阀门	$DN20$	个	24
	031003001002		$DN25$	个	6
	031003001003		$DN32$	个	1
5	031002001001	管道支吊架制作安装		kg	12.45
6	010101007001	管沟土方	沟深 0.7m	m	3.20

【例13】 如图1-68所示为上题住宅楼卫生间排水系统图,图中设1根排水立管,每层3根排水横支管,2个卫生间的坐便器、浴盆共用1个排水横支管,各段管径如图表示,使用管材为塑料管,计算其工程量。

【解】 (1)管道工程量

① DN150:定额工程量0.19(10m),编号6-282,基价:84.10元;其中人工费52.59元,材料费5.65元,机械费25.86元

0.1m(PL与墙间隙)+0.3m(墙厚)+1.5m(墙外段)=1.90m

② DN100:定额工程量3.76(10m),编号6-280,基价:58.27元;其中人工费37.85元,材料费3.57元,机械费16.85元

图1-68 男女卫生间排水系统图

3.0m(层高)×6+1.0m(PL伸顶高度)+1.2m(埋深)+[(0.6m+0.9m)(坐便器排出管长)+1.4m(横支管至坐便器段长度)]×6=(20.2+2.9×6)m=37.60m 说明:其中男女卫生间坐便器排出管相差0.3m的墙厚故一个为0.6m另一个为0.9m.

③ DN75:定额工程量2.76(10m),编号6-278,基价:39.60元;其中人工费26.73元,材料费2.79元,机械费10.08元

[1.2m(横支管至地漏浴盆段长度)+(0.9m+1.2m)(两地漏排出管长度)+(0.5m+0.8m)(两浴盆排出管长度)]×6=27.60m

④ $DN50$：定额工程量 2.10(10m)，编号 6-277，基价：28.12 元；其中人工费 19.76 元，材料费 1.83 元，机械费 6.53 元

[(0.9m+1.2m)(洗手盆横支管长)+0.7m×2(洗手盆排出管长)]×6=(2.1m+1.4m)× 6=21.00m

（2）排水器具及管件

工程量套用定额计价见表 1-43。

工程量套用定额计价表 表 1-43

序号	项目名称	定额工程量	定额编号	基价/元	人工费/元	材料费/元	机械费/元
1	蹲便器	2×6=12 套	1.2(10 套)	8-413	1812.01	167.42	1644.59
2	地漏	2×6=12 个	1.2(10 个)	8-447	97.84	72.18	25.66
3	浴盆	2×6=12 组	1.2(10 套)	8-376	1177.98	258.90	919.08
4	伸顶通气帽	1 个					
5	洗手盆	2×6=12 组	1.2(10 套)	8-390	348.58	60.37	288.21
6	清通口	6 个					
7	检查口	3 个					

（3）土方工程量

铺设管长为：(1.9−0.3)m=1.60m

一层排水横支管也需埋地其长度：(1.2+1.4+0.9+1.2)m=4.70m

排水出户铺设管和横支管管沟断面为矩形，沟宽定为 0.8m。

出户管沟槽深度为 1.2m，横支管为 0.6m。

则排水出户管沟槽开挖土方量为：V_1=(1.6×1.2×0.8)m³=1.54m³

排水横支管沟槽开挖量：V_2=(4.7×0.8×0.6)m³=2.26m³

开挖量共计：(1.54+2.26)m³=3.80m³

管径所占体积不计：挖填土方量相等。

清单工程量计算见表 1-44。

清单工程量计算表 表 1-44

序号	项目编码	项目名称	项目特征描述	计量单位	工程量
1	031001006001	塑料管	$DN150$	m	1.90
	031001006002		$DN100$	m	37.60
	031001006003		$DN75$	m	27.60
	031001006004		$DN50$	m	21.00
2	031004006001	大便器	蹲式	组	12
3	031004014001	给、排水附件	地漏 $DN75$	个	12
4	031004001001	浴缸	搪瓷	组	12
5	031004003001	洗手盆		组	12

【例 14】 如图 1-69 所示为某四层住宅楼，厕所厨房给排水管道平面图，给水有自来水、热水给水两路管道，排水冷热水各 1 根立管，GL、RL 设在厨房内，PL 设在厕所内，GL 贴墙布置，RL、PL 距墙面 0.1m，冷热给水管用镀锌钢管丝接，排水管道用塑料管。

厨房内设有1个洗涤盆，厕所设有1个淋浴间，1个水箱冲洗蹲式大便器，1个洗手盆，1个污水盆。

如图1-70所示为此住宅楼自来水给水系统图，图中有1根给水立管，3根横支管，四层设置相同，各段管径如图所示。

图1-69 住宅厨房卫生间平面图

图1-70 厨房卫生间自来水给水系统图

如图 1-71 所示为住宅楼厨房卫生间热水给水系统图，图中热水设 1 根给水立管，每层有 3 根横支管，各段管道管径如图所示。

如图 1-72 所示为此住宅楼厨房卫生间排水系统图，图中设立 1 根排水立管，每层有 2 根排水横支管，管径如图中所示。

图 1-71　厨房卫生间热水给水系统图

图 1-72　厨房卫生间排水系统图

计算工程量。

【解】 (1)自来水给水系统工程量

1)管道工程量

① DN50：0.30m(墙厚)+4.2m(墙外至水表井)=4.50m

定额工程量0.45(10m)，编号8-92，基价：111.93元；其中人工费62.23元，材料费46.84元，机械费2.86元。

② DN40：3.0m(层高)+1.0m(横支管距楼板高度)+0.8m(立管埋深)=4.80m

定额工程量0.48(10m)，编号8-91，基价：93.85元；其中人工费60.84元，材料费31.98元，机械费1.03元。

③ DN32：3.0m(层高)×2=6.00m

定额工程量0.60(10m)，编号8-90，基价：86.16元；其中人工费51.08元，材料费34.05元，机械费1.03元。

④ DN25：[0.2m(墙厚)+2.0m(横支管至淋浴器段长)+1.7m(横支管至蹲便器段)]×4=(0.2m+2.0m+1.7m)×4=15.60m

定额工程量1.56(10m)，编号8-89，基价：83.51元；其中人工费51.08元，材料费31.40元，机械费1.03元。

⑤ DN20：(0.5m+1.3m)(横支管淋浴器至污水盆段)+0.6m(污水盆支管下降段)+1.7m(横支管蹲便器至洗手盆段)+1.9m(洗涤盆横支管长)+1.2m(淋浴器支管长)+1.4m(高位水箱支管长)=(0.5+1.3+0.6+1.7+1.9+1.2+1.4)m=8.60m

8.6m×4=34.40m

定额工程量3.44(10m)，编号8-88，基价：66.72元；其中人工费42.29元，材料费24.23元。

管道冲洗消毒工程量：

(34.4+15.6+6.0+4.8+4.5)m=65.30m(DN≤50)

定额工程量0.653(100m)，编号8-230，基价：20.49元；其中人工费12.07元，材料费8.42元。

2)给水器具及管件

工程量套用定额计价见表1-45。

工程量套用定额计价表   表1-45

序号	项目工程	计算式	定额工程量	定额编号	基价/元	人工费/元	材料费/元	机械费/元
1	淋浴器	1×4组=4组	0.4(10组)	8-404	600.19	130.03	470.16	—
2	水龙头 DN20	3×4个=12个	1.2(10个)	8-439	7.48	6.50	0.98	—
3	高位冲洗水箱	1×4套=4套	0.4(10套)	8-426	1910.93	126.08	1784.85	—
4	截止阀 DN40	1个	1个	8-245	13.22	5.80	7.42	—
	截止阀 DN25	2×4个=8个	8个	8-243	6.24	2.79	3.45	—
	截止阀 DN20	3×4个=12个	12个	8-242	5.00	2.32	2.68	—

序号	项目工程	计算式	定额工程量	定额编号	基价/元	人工费/元	材料费/元	机械费/元
5	镀锌铁皮套管 DN65	1个	1个	8—173	4.34	2.09	2.25	—
	镀锌铁皮套管 DN50	2个	2个	8—172	2.89	1.39	1.50	—
	镀锌铁皮套管 DN40	2个	2个	8—171	2.89	1.39	1.50	—
	镀锌铁皮套管 DN32	4个	4个	8—170	2.89	1.39	1.50	—

3）刷油防腐

给水管道为镀锌钢管，刷油方法分明装铺设两种，明装刷两道银粉，铺设部分刷两道沥青油。

明装部分：$S_1 = 3.14 \times$（34.4（管的明装长度）$\times$0.027（管的外壁的外径的长度）
$+15.6$（管的明装长度）$\times$0.034（管的外壁的外径的长度）$+$
$6.0 \times 0.042 + 0.048 \times 4.0$）$m^2$
$= 5.98 m^2$

定额工程量 0.60（$10m^2$），编号 11-56、11-57，基价：21.95 元；其中人工费 12.77 元，材料费 9.18 元。

铺设部分：$S_2 = 3.14 \times$（0.048（管的外壁的外径的长度）$\times$0.8（管铺设部分的长度）$+0.060 \times 4.5$）m^2
$= 0.97 m^2$

定额工程量 0.097（$10m^2$），编号 11-66、11-67，基价 15.68 元，其中人工费 12.77 元，材料费 2.91 元。

4）支架制作安装

利用支架间距要求计算支架数量

各管径管子长度：DN20　34.40m
　　　　　　　　　DN25　15.60m
　　　　　　　　　DN32　6.00m
　　　　　　　　　DN40　4.80m

34.4m/3.0m＝12个　15.6m/3.5m＝5个　6.0m/4.0m取2个　4.8m/4.5m取2个

支架铁件重量：

0.49kg/个×12个＋0.6kg/个×5个＋0.77kg/个×2个＋0.8kg/个×2个＝12.02kg

定额工程量 0.12（100kg），编号 8-178，基价：654.69 元；其中人工费 235.45 元，材料费 194.98 元，机械费 224.26 元。

5）土方量

设定给水沟槽为矩形，宽为 0.8m，深 0.8m，挖填土方相等，为：

0.8m×0.8m×（4.5m－0.3m）（沟槽开挖的长度）＝2.69m^3

（2）热水给水系统工程量

1）管道

热水给水管道也为镀锌钢管（丝接）

①DN40：0.1m（RL与墙距离）＋0.3m（墙厚）＋3.6m（墙外部分）＝4.00m

定额工程量0.40（10m²），编号8-91，基价：93.85元；其中人工费60.84元，材料费31.98元，机械费1.03元。

②DN32：3.0m（层高）×2（三层至一层）＋1.1m（横支管距楼板高度）＋0.7m（埋深）＝7.80m

定额工程量0.78（10m²），编号8-90，基价：86.16元；其中人工费51.08元，材料费34.05元，机械费1.03元。

③DN25：3.0m（四层至三层）＝3.00m

定额工程量0.30（10m²），编号8-89，基价：83.51元；其中人工费51.08元，材料费31.40元，机械费1.03元。

④DN20：[1.8m（洗涤盆热水横支管长）＋3.6m（洗手盆热水横支管长）＋0.1m＋
　　　　0.2m（墙厚）＋2.5m（淋浴器横支管长）]×4＝8.2m×4＝32.8m

定额工程量3.28（10m²），编号8-88，基价：66.72元；其中人工费42.29元，材料费24.23元。

2）管件

工程量套用定额计价见表1-46。

工程量套用定额计价表　　　　　　　　　　　　　　　　表1-46

序号	分项工程	定额工程量	定额编号	基价/元	人工费/元	材料费/元	机械费/元
1	热水水嘴DN20	2×4＝8个	0.8（10个）	8-439	7.48	6.50	0.98
2	截止阀DN32	1个	1个	8-244	8.57	3.48	5.09
3	截止阀DN20	4×4＝16个	16个	8-242	5.00	2.32	2.68
4	套管DN50	1个	1个	8-172	2.89	1.39	1.50
5	套管DN40	3个	3个	8-171	2.89	1.39	1.50
6	套管DN32	1个	1个	8-170	2.89	1.39	1.50
7	套管DN25	4个	4个	8-169	1.70	0.70	1.00
8	支架个数 （管道室内不保温）						

φ20：32.8m/3.0m＝11个　　　φ25：3.0m/3.5m取1个　　　φ32：7.8m/4.0m＝2个

支架铁件总重量：

　　0.49kg/个×11个＋0.6kg/个×1个＋0.77kg/个×2个＝7.53kg

定额工程量0.075（100kg），编号8-178，基价：654.69元；其中人工费235.45元，材料费194.98元，机械费224.26元。

3）刷油防腐

刷油方法同给水管道，明装部分刷银粉两遍，埋地部分刷两遍沥青油。

明装镀锌钢管工程量：

S_1 ＝3.14×0.027(管的外壁的外径的长度)×32.8(管的明装部分的长度)＋0.034(管
的外壁的外径的长度)×3.0＋0.042×7.1(管的明装部分的长度)m^2

＝4.04m^2

定额工程量0.404（10m^2），编号11-56、11-57，基价：21.95元；其中人工费12.77
元，材料费9.18元。

埋地镀锌钢管刷油工程量：

S_2 ＝3.14×(0.042(管的明装部分的长度)×0.7(管的埋地镀锌钢管部分的长度)＋
0.048×4.0)m^2

＝0.70m^2

定额工程量0.07（100m^2），编号11-66、11-67，基价：15.68元；其中人工费12.77
元，材料费2.91元。

热水管道冲洗消毒工程量为：

(4.0＋7.8＋3.0＋32.8) m＝47.60m（$DN{\leqslant}40$）

定额工程量0.48（100m^2），编号8-230，基价：20.49元；其中人工费12.07元，材
料费8.42元。

4）土方量

热水给水管道与自来水管道铺设在一个管沟内，因此热水管入户管不需另挖沟槽，其
挖填土方量也不用计算。

（3）排水系统工程量

1）塑料排管长

①$DN150$的管长：0.1m（PL与墙距离）＋0.3m（墙厚）＋6.4m（墙外至排水管
网）＝6.80m

定额工程量0.68（10m），编号6-282，基价：84.10元；其中人工费52.59元，材料
费25.86元。

②$DN100$：3.0m(层高)×4(层数)＋1.0m(伸顶高度)＋1.2m(立管埋深)＋(1.3m＋
0.3m)(蹲便器排出口至排水立管距离)×4＝14.2m＋1.6m×4＝20.60m

定额工程量2.06（10m），编号6-280，基价：58.27元；其中人工费37.85元，材料
费3.57元，机械费16.85元。

③$DN75$的管长：[(2.7m＋1.2m)(淋浴间地漏、污水盆排水横支管长度)＋0.3m(污
水盆登高)]×4＝(3.9m＋0.3m)×4＝16.80m

定额工程量1.68（10m），编号6-278，基价：39.60元；其中人工费26.73元，材料
费2.79元，机械费10.08元。

④$DN50$的管长：[(1.9m＋0.3m)(洗手盆至蹲便器排出管长)＋(0.4m＋0.4m＋
0.8m)(洗手盆、地漏、洗涤盆排出管长)]×4＝15.20m

定额工程量1.52（10m），编号6-277，基价：28.12元；其中人工费19.76元，材料
费1.83元，机械费6.53元。

2）排水器具及管件

定额工程量计价见表1-47。

定额工程量计价表 表 1-47

序号	分项项目	计算式	定额工程量	定额编号	基价/元	人工费/元	材料费/元	机械费/元
1	高位水箱冲洗式蹲便器	1×4＝4 套	0.4(10 套)	8-407	1033.39	224.31	809.08	
2	污水盆	4组	0.4(10 组)					
3	洗涤盆	4组	0.4(10 组)	8-391	596.56	100.54	496.02	
4	洗手盆	4组	0.4(10 组)	8-390	348.58	60.37	288.21	
5	地漏 DN50	4个	0.4(10 个)	8-447	55.88	37.15	18.73	
	地漏 DN75	4个	0.4(10 个)	8-448	97.84	72.18	25.66	
6	伸顶通气帽	1个						
7	清通口	2×4＝8个						

3) 土方量

排水管沟定为放坡管沟，放坡系数为 0.3，沟槽底宽 0.7m，则：

土方量：$V＝1.2×(0.7＋0.3×1.2)×6.5m^3＝8.27m^3$

挖填土方量视为相等都为 $8.27m^3$

本工程有冷水给水热水给水排水三套，现将其工程量汇总如下：

镀锌钢管 DN50   4.50m   10m   0.45

镀锌钢管 DN40   8.80m   10m   0.88

镀锌钢管 DN32   13.80m   10m   1.38

镀锌钢管 DN25   18.60m   10m   1.86

镀锌钢管 DN20   67.20m   10m   6.72

管道冲洗消毒 DN≤50   112.90m   100m   1.13

塑料管 DN50   15.20m   10m   1.52

塑料管 DN75   16.80m   10m   1.68

塑料管 DN100   20.60m   10m   2.06

塑料管 DN150   6.80m   10m   0.68

高位水箱蹲便器   4套   10套   0.4

洗涤盆   4组   10组   0.4

污水盆   4组   10组   0.4

淋浴器   4组   10组   0.4

地漏 DN50   4个   10个   0.4

地漏 DN75   4个   10个   0.4

刷油 刷银粉两遍 $10.02m^2$ $10m^2$ 1.00

刷油 刷沥青油两遍 $1.67m^2$ $10m^2$ 0.167

土方量 $10.96m^3$ $100m^3$ 0.11

支架制作安装 $\phi20$ 23个   11.27kg   100kg   0.11

支架制作安装 $\phi25$ 6个   3.60kg   100kg   0.036

支架制作安装 $\phi32$ 4个   3.08kg   100kg   0.0308

支架重量 19.55kg 100kg 0.20

镀锌铁皮套管 DN50 3个 个 3

镀锌铁皮套管 DN40 5个 个 5

镀锌铁皮套管 DN32 5个 个 5

镀锌铁皮套管 DN25 4个 个 4

镀锌铁皮套管 DN65 1个 个 1

截止阀 DN40 1个 个 1

截止阀 DN32 1个 个 1

截止阀 DN25 8个 个 8

截止阀 DN20 28个 个 28

清通口 8个 10个 0.8

检查口 2个

通气帽 1个

清单工程量计算见表 1-48。

清单工程量计算表 表 1-48

序号	项目编码	项目名称	项目特征描述	计量单位	工程量
1	031001001001	镀锌钢管	DN50	m	4.50
2	031001001002	镀锌钢管	DN40	m	8.80
3	031001001003	镀锌钢管	DN32	m	13.80
4	031001001004	镀锌钢管	DN25	m	18.60
5	031001001005	镀锌钢管	DN20	m	67.20
6	031001006001	塑料管	DN50	m	15.20
7	031001006002	塑料管	DN75	m	16.80
8	031001006003	塑料管	DN100	m	20.60
9	031001006004	塑料管	DN150	m	6.80
10	031004006001	大便器	高位水箱、蹲式	套	4
11	031004004001	洗涤盆		组	4
12	031004010001	淋浴器	镀锌钢管	套	4
13	031004014001	给、排水附件	地漏 DN50	个	4
14	031004014002	给、排水附件	地漏 DN75	个	4
15	031002001001	管道支吊架制作安装		kg	19.55
16	031003001001	螺纹阀门	DN40	个	1
17	031003001002	螺纹阀门	DN32	个	1
18	031003001003	螺纹阀门	DN25	个	8
19	031003001004	螺纹阀门	DN20	个	28

【例 15】 如图 1-73 所示为某浴室平面图，浴室为一层，分男女两室，共有淋浴器 28 个，男女厕所有蹲便器 2 个，洗手盆 1 个，男厕所有挂式小便器 2 个，入门厅内设有洗脸盆 2 个。

图 1-73 浴室平面图

如图 1-74 所示为浴室冷水给水系统图，设有 3 根冷水给水立管，男女浴室淋浴器设置相同，均为 14 个，给水管道均为镀锌钢管，试计算其工程量。

图 1-74 浴室冷水给水系统图

【解】 （1）浴室冷水给水工程量

1）管道工程量

①$DN15$：[1.2（淋浴器给水小支管长度）×28+0.8m（蹲便器冲洗管长度）×4+0.3m
（小便器冲洗管）×2]m＝37.40m

②DN20：男厕：4.0m(横支管蹲便器支管节点处至小便器处长度)+2.8m(洗手盆处
　　　　　至横支管蹲便器支管节点处)=6.80m

女厕：2.8m+1.8m（蹲便器小支管长度）=4.60m

DN20 小计：6.8m+4.6m+1.5m（门厅洗脸盆支管管段长度）=12.90m

③DN25：[(5.0+4.2)(GL-1 管淋浴段横支管长度)×2+4.8(GL-2 管穿墙入女浴室
　　　　管段长度)+4.5(GL-2 男浴室淋浴管段长度)+0.3(GL-2 穿墙到门厅洗脸
　　　　盆管段长度)]m=28.00m

④DN32：[1.8(立管长度)×3+11(GL-1、GL-3 立管埋地连接管长度)]m=16.40m

⑤DN40：5.00m(GL-2 立管和 GL-1、GL-3 之间横管的埋地连接管长度)

⑥DN50：[7.8(给水入户管长度)+2.3(入户管入户后折角部分长度)]m=10.10m

2）给水设备及管件

①淋浴器　　　　　　　　28 组

②水龙头　　　　　　　　4 个

③蹲便器冲洗阀　　　　　4 个

④挂式小便器冲洗阀　　　2 个

⑤DN40 截止阀　　　　　1 个

⑥DN32 阀门　　　　　　3 个

⑦DN25 阀门　　　　　　7 个

⑧DN20 阀门　　　　　　4 个

⑨DN50 蝶阀　　　　　　2 个

⑩DN50 水表　　　　　　1 组

3）挖沟槽土方量

沟槽底宽定为 0.7m

①挖沟土方：(11×0.7×0.8+5.0×0.7×0.8+10.1×0.7×0.8) m³=14.62m³

水表井安装需挖土方约为 4.87m³

挖土方共计：(14.62+4.87) m³=19.49m³

②填沟土方：(19.49-1.48×2.38×1.0) m³=15.97m³

【注释】　　11×0.7×0.8 为该段沟槽的长度乘以沟槽的底宽乘以沟槽的高度；其中 11
为该段沟槽的长度（m），0.8 为沟槽的高度（m）；工程量按设计图示尺寸以体积计算。

（2）此浴室为热水浴室，设有冷热水两路管道，为镀锌钢管，热水给水系统图如
图 1-75 所示。

1）管道计算

DN15：0.25（接淋浴器的管段长度）×28m=7.00m

DN25：[(3.5+4.5)(RG-2 上横支管长度)×2m+(4.3+4.5)(RG-1 上横支管长
　　　度)]m
　　　=24.80m

DN32：2.5m(热水立管长度)×3+11m(屋顶横管长度)=18.50m

DN40：5.80m(连接锅炉管道长度)

2）管件

图 1-75　浴室热水给水系统图

①DN25 截止阀　　6 个

②DN32 阀门　　　3 个

　DN40 阀门　　　1 个

3）刷油防腐

冷热水管均为镀锌钢管，刷油也一样为两遍银粉

其工程量：$S = \{3.14 \times [0.021$(管的外壁的外径的长度)$\times (7.0+37.4)$(镀锌钢管的长度)$+0.027 \times 12.9+0.034 \times (28+24.8)+0.042 \times (16.4+18.5)+0.048 \times (5.8+5.0)+0.060 \times 10.1]\} \text{m}^2$

$\qquad = 17.79 \text{m}^2$

（3）如图 1-76 所示为浴室排水系统图，排水系统设 5 根排水立管，3 根铺设横管，1 根出户管，所有管道均为塑料管，各个管径如图 1-77 所示。

图 1-76　浴室排水系统图

工程量：

1）管道

①DN50：[2.5(男厕小便器排出口至大便器排出管节点长度)+3.3(女厕洗手盆排出口至 PL-5 立管的距离)+1.5(入门厅内洗脸盆排水连接管的长度)+0.4

(洗脸盆排出管长度)×2]m＝8.10m

②DN75：[5.5(PL-1 横支管长度)＋3.9(PL-3 横支管长度)＋6.8(PL-2 两横支管长度)×2＋0.3×2(登高)＋0.4×2(洗手盆排出管长度)]m＝24.40m

③DN100：[1.0(排水立管长度)×5＋0.9(PL-3 与铺设管连接管段长度)＋(5.4＋4.2×2)(铺设两横管长度)＋1.7(蹲便器支管长度)×2＋0.4(登高)×4]m＝24.70m

④DN150：[(5.4＋7.2)(一铺设管和出户管长度)]m＝12.60m

2）排水设备及管件

①延时自闭冲洗蹲式大便器　　4 套

②洗手盆　　　　　　　　　　2 组

③挂式小便器　　　　　　　　2 套

④地漏　　　　　　　　　　　12 个

⑤洗脸盆　　　　　　　　　　2 组

工程量汇总见表 1-49。

工程量汇总　　　　　　　　　　　　　　　　表 1-49

分项工程	数量	定额计量单位	数量	定额编号	基价（元）	人工费（元）	材料费（元）	机械费（元）
DN15 镀锌钢管	44.40m	10m	4.44	8-87	65.45	42.49	22.96	
DN20 镀锌钢管	12.90m	10m	1.29	8-88	66.72	42.29	24.23	
DN25 镀锌钢管	52.80m	10m	5.28	8-89	83.51	51.08	31.40	1.03
DN32 镀锌钢管	34.90m	10m	3.49	8-90	86.16	51.08	34.05	1.03
DN40 镀锌钢管	10.80m	10m	1.08	8-91	93.85	60.84	31.98	1.03
DN50 镀锌钢管	10.10m	10m	1.01	8-92	111.93	62.23	46.84	2.86
DN50 塑料管	8.10m	10m	0.81	6-277	28.12	19.76	1.83	6.53
DN75 塑料管	24.40m	10m	2.44	6-278	39.60	26.73	2.79	10.08
DN100 塑料管	24.70m	10m	2.47	6-280	58.27	37.85	3.57	16.85
DN150 塑料管	12.60m	10m	1.26	6-282	84.10	52.59	5.65	25.86
延时自闭冲洗蹲便器	4 套	10 套	0.4	8-413	1812.01	167.42	1644.59	
洗手盆	2 组	10 组	0.2	8-390	348.58	60.37	288.21	
挂式小便器	2 套	10 套	0.2	8-419	1885.04	114.24	1770.80	
DN75 地漏	12 个	10 个	1.2	8-448	117.41	86.61	30.80	
洗脸盆	2 组	10 组	0.2	8-384	1449.93	151.16	1298.77	
淋浴器	28 组	10 组	2.8	8-404	600.19	130.03	470.16	
水嘴	4 个	10 个	0.4	3-439	7.48	6.50	0.98	
DN40 截止阀	1＋1 个	个	2	8-245	13.22	5.80	7.42	
DN32 阀门	3＋3 个	个	6	8-244	8.57	3.48	5.09	
DN25 阀门	6＋7 个	个	13	8-243	6.24	2.79	3.45	
DN20 阀门	4 个	个	4	8-242	5.00	2.32	2.68	
DN50 水表	1 组	组	1	8-362	52.20	18.58	33.62	
刷油防腐	17.79m²	10m²	1.78	11-56、11-57	21.95	12.77	9.18	
DN50 蝶阀	2 个	个	2					

3）土方工程量

排水铺设管道沟槽宽度定为 0.8m，由于管道长度较小，因此排水坡度所增加的铺设深度可不计。

挖沟土方：[1.3(深)×0.8×(14.7+12.6)(沟槽的长度)]m³=28.39m³

挖铺设排水横支管浅沟土方：

[0.3×0.8×(5.5+3.9+6.8×2+1.7×2+2.5+3.5+1.5)(铺设排水横支管的长度)]m³=8.14m³

挖土方共计：(28.39+8.14)m³=36.53m³

由于排水管径较小，其所占体积不计，故填土方(夯填)亦为 36.53m³

清单工程量计算见表 1-50。

清单工程量计算表　　　　　　　　　　　　　　　表 1-50

序号	项目编码	项目名称	项目特征描述	计量单位	工程量
1	031001001001	镀锌钢管	DN15	m	44.40
	031001001002		DN20	m	12.90
	031001001003		DN25	m	52.80
	031001001004		DN32	m	34.90
	031001001005		DN40	m	10.80
	031001001006		DN50	m	10.10
2	031001006001	塑料管	DN50	m	8.10
	031001006002		DN75	m	24.40
	031001006003		DN100	m	24.70
	031001006004		DN150	m	12.60
3	031004006001	大便器	延时自闭冲洗、蹲式	组	4
4	031004003001	洗手盆		组	2
5	031004007001	小便器	挂式	组	2
6	031004014001	给、排水附件	地漏 DN75	个	12
7	031004003002	洗脸盆		组	2
8	031004010001	淋浴器	镀锌	套	28
9	031004014002	给、排水附件	水龙头 DN20	个	4
10	031003013001	水表	DN50	组	1
11	031003001001	螺纹阀门	DN40	个	2
	031003001002		DN32	个	6
	031003001003		DN25	个	13
	031003001004		DN20	个	4
	031003001005		DN50	个	2

【例 16】 如图 1-77 所示为某三层办公楼男女卫生间给排水平面图，男卫生间设延时自闭冲洗式蹲便器 3 个，挂式小便器 2 个，女卫生间只有蹲便器 3 个，入门厅内设洗脸盆 2 个，拖布盆 1 个，如图 1-79 所示为此卫生间给水系统图，设 2 根给水立管，试计算

图 1-77　男女卫生间平面图

其清单与定额工程量。

【解】　（1）如图 1-78 所示给水系统图计算工程量：

图 1-78　卫生间给水系统图

1）管道

①DN15：0.25（小便器冲洗管长度）×2×3m＝1.50m

②DN20：[0.9（蹲便器冲洗管长度）×3×2×3＋3.1（挂式小便器横支管长度）×3＋

　　　　 2.2（厅内洗脸盆支管长度）×3]m＝32.10m

③DN25：{2.5（GL-1 上蹲便器横支管长度）×3＋[0.3（GL-2 横支管至厅内洗脸盆支

管节点的穿墙段长度)＋2.9(GL-2 横支管连接处至立柱处长度)＋0.5(立
柱处拐弯长度)＋2.2(横支管拐弯后长度)]×3}m＝25.20m

④DN32：{[1.0(三层的立管高出地面高度)＋3.0×2＋0.9(立管埋深)]×2＋(3.1＋
2.5)(室内两段铺设管长度)}m＝21.40m

⑤DN40：8.80m(入户管至 GL-2 处的长度)

2) 给水设备及管件

①水龙头　　　　　　　　　　　　　9 个

②DN20 蹲便器延时自闭式冲洗阀　　6×3 个＝18 个

③DN15 小便斗冲洗阀　　　　　　　2×3 个＝6 个

3) 刷油

所有给水管道均采用镀锌钢管，需刷银粉两遍，其表面积工程量：

S＝[3.14×(0.021×1.5(部分镀锌钢管的长度)＋0.027×32.1＋0.034×25.2＋0.042×
21.4＋0.048×8.8)]m²

＝9.66m²

4) 支架

根据常用管道支架间距规则标准可求得支架数量

DN20　　11 个　　　32.1/3.0

DN25　　7 个　　　25.2/3.5

据 N112-14 中不保温单管托架用料表

管道支架 DN25　0.6kg/个×7 个＝4.2kg　刷油重量：0.35kg/个×7 个＝2.45kg

　　　　　DN20　0.49kg/个×11 个＝5.39kg　刷油量：0.28kg/个×11 个＝3.08kg

铁件质量：9.59kg　　刷油质量：5.53kg

管道冲洗消毒工程量：89.00m

5) 土方工程量

需铺设管道的长度：(5.6＋8.8) m＝14.40m

设定沟槽底的宽度为 0.7m，则沟槽土方量：0.7×0.9 (沟槽的深度) ×14.4 (沟
槽的长度) m³＝9.07m³

如图 1-79 所示为水表井平面图，井深同沟
槽深，尺寸如平面图所示，在沟槽的基础上，
水表井的土方量为：

[(1.8＋0.24×2)(水表井的 长度)×(1.68
＋0.6－0.7)(水表井的 宽度－管沟的宽度)×
0.9(水表井的深度)]m＝3.24m³

挖土量共计：(9.07＋3.24) m³＝12.31m³

因管径较小其所占土方不计，填土方量：

(12.31－0.9×1.68×2.28) m³＝8.86m³

图 1-79　水表井平面图

(2) 排水系统工程量

如图 1-80 所示男女卫生间排水系统图，设 3 根排水立管，立管管径为 DN100，排
出管管径 DN150，大便器横支管管径 DN100，小便器横支管管径 DN75，洗脸盆支管

图 1-80 男女卫生间排水系统图

$DN50$，排水管道均使用塑料管，排水出户管长度 6.2m。

1）管道工程量

①$DN50$：{[2.2（门厅内洗脸盆支管长度）+0.3（洗脸盆、污水盆排出管长度）×3
 +0.3（小便斗处地漏排出管长度）×3]×3}m=12.00m

②$DN75$：{3.1（男卫生间小便器横支管长度）×3+0.3（门厅内洗脸盆支管至 PL-3
 穿墙段长度）×3}m=10.20m

③$DN100$：立管长：[3.0×3+0.8（伸顶通气帽长度）+1.1（立管埋深）]×3m
 =32.70m

横管及横支管：{3.2（PL-1、PL-2 之间铺设横管长度）+[2.6（蹲便器横支管长度）×2+
 0.4（蹲便器排出管长）×6]×3}m=26.00m

$DN100$ 共计：（26+32.7）m=58.70m

④$DN150$：2.6（PL-2、PL-3 间铺设管长度）+6.2m（排水出户管长度）=8.80m

2）排水设备及管件

①蹲便器　　　　6×3 套=18 套

②挂式小便斗　　2×3 套=6 套

③地漏　　　　　1×3 个=3 个

④污水盆　　　　1×3 组=3 组

⑤洗脸盆　　　　2×3 组=6 组

⑥通气帽　　　　3 个

⑦清扫口　　　　2×3 个=6 个

3）排水管土方量

埋地铺设管长度：（3.2+2.6+6.2-0.3（墙厚）×2）m=11.40m

沟槽宽度定为0.8m，深沟土方：（0.8×11.4×1.1）m＝10.03m³

一层排水横支管也需挖沟，其深度定为0.3m，其土方量：

[0.8×0.3×（2.6+2.6+3.1）] m³＝1.99m³

挖方共计：（10.03+1.99） m³＝12.02m³

挖填土方量相同，见表1-51。

工程量套用定额计价表　　　　　表1-51

序号	定额编号	分项工程名称	单位	数量	综合单价	人工费	材料费	机械费	合价
1	8-87	镀锌钢管 DN15	10m	0.15	65.45	42.49	22.96		9.82
2	8-88	镀锌钢管 DN20	10m	3.21	66.72	42.29	24.23		214.17
3	8-89	镀锌钢管 DN25	10m	2.52	83.51	51.08	31.40	1.03	210.45
4	8-90	镀锌钢管 DN32	10m	2.14	86.16	51.08	34.05	1.03	184.38
5	8-91	镀锌钢管 DN40	10m	0.88	93.85	60.84	31.98	1.03	82.59
6	8-409	普冲阀蹲便器安装	10套	1.8	733.44	133.75	599.69		1320.19
7	8-418	普通挂式小便器安装	10套	0.6	432.33	78.02	354.31		259.40
8	8-382	普通冷水嘴洗脸盆安装	10组	0.6	576.23	109.60	466.63		345.74
9	8-447	地漏安装	10个	0.3	55.88	37.15	18.73		16.76
10	8-453	扫除口安装	10个	0.6	24.22	22.52	1.70		14.53
11	8-361	水表组成安装	组	1	37.83	15.79	22.04		37.83

清单工程量计算见表1-52。

清单工程量计算表　　　　　表1-52

序号	项目编码	项目名称	项目特征描述	计量单位	工程量
1	031001001001	镀锌钢管	DN15	m	1.50
	031001001002		DN20	m	32.10
	031001001003		DN25	m	25.20
	031001001004		DN32、DN40	m	30.20
2	031004006001	塑料管	DN50	m	12.00
	031004006002		DN75	m	10.20
	031004006003		DN100	m	58.70
	031004006004		DN150	m	8.80
3	031004014001	给、排水附件水龙头		个	9
4	031002001001	管道支吊架制作安装		kg	9.59
5	030804012001	大便器	延时自闭冲洗、蹲式	套	18
6	030804013001	小便器	挂式	套	6
7	030804017001	地漏	DN50	个	3
8	030804003001	洗脸盆		组	6

【例17】　如图1-81所示为某五层集体宿舍卫生间平面图，此卫生间设有盥洗房和厕所，在盥洗房中的两边设有两个盥洗槽，分别有6个水嘴和1个污水盆，2个地漏；厕所中设5个蹲便器，1个小便槽，3个洗手盆，1个地漏，给水管道用镀锌钢管，排水管用PVC塑料管。

图 1-81　某集体卫生间平面图

如图 1-82 所示为此卫生间给水系统图，设有 3 根立管，3 段铺设管和 1 根入户管，各管段管径如图所示。

【解】（1）给排水系统工程量

1）管道

① DN20：[1.2(蹲便器冲洗管长度)×5＋2.4(GL-3 至洗脸盆距离)＋0.6(洗脸盆宽)×2＋0.3(半个洗脸盆宽度)＋(1.0＋0.4)(污水盆至水嘴管段水平长度和上升段长度)]×5m＝(1.2×5＋2.4＋0.6×2＋0.3＋1.4)×5m＝56.5m

② DN25：[1.2(大便器间距)×4＋0.6(半个蹲便宽)＋0.24(小便槽支管过墙段长度)＋1.8(小便槽支管过墙后横支管长度)＋0.2(末端带阀门下降段长度)]×5m＝(1.2×4＋0.6＋0.24＋1.8＋0.2)×5m＝38.2m

③ DN32：对 GL-1：0.6(水嘴间距)×5＋0.7m(GL-1 至第一个水嘴长度)＝3.7m

对 GL-2：0.6×4＋0.7m＝3.1m

对 GL-3：3.0m×2(五层至三层)＝6.0m

共计：(3.7×5＋3.1×5＋6.0)m＝40.00m

④ DN40：对 GL-1：[3.0(层高)×4＋1.2(横支管高出楼板长度)＋0.9(埋深)＋5.2－0.24(墙厚)]m＝19.06m

对 GL-2：(3.0×4＋1.2＋0.9)m＝14.10m

对 GL-3：[3.0m×2(三层至一层)＋1.2＋0.9＋5.0(埋地铺设管长度)＋0.24]m＝13.34m

共计：(19.06＋14.1＋13.34)m＝46.50m

⑤ DN50：6.24m(卫生间宽度)－0.24m(墙厚)＝6.00m(埋地管)

图 1-82 卫生间给水系统图

⑥DN65：[0.24(给水入户管过墙段长度)＋2.5(墙外至水表井长度)]m＝2.74m

2）给水设备及管件

①水嘴 DN20   4×5 个＝20 个

  水嘴 DN25   12×5 个＝60 个

②自闭式冲洗阀 DN20   5×5 个＝25 个

③小便管 DN15   2.50m

④蝶阀 DN65   2 个

  截止阀 DN50   1 个

  截止阀 DN40   3 个

  截止阀 DN32   2×5 个＝10 个

  截止阀 DN25   2×5 个＝10 个

  截止阀 DN20   1×5＝5 个

⑤水表 DN65   1 组

⑥镀锌铁皮套管 DN80   1 个

  镀锌铁皮套管 DN50   (5×2＋3＋1) 个＝14 个

镀锌铁皮套管 $DN40$　　　2 个

镀锌铁皮套管 $DN32$　　　1×5 个＝5 个

3）防腐

给水管道为镀锌钢管，需要刷油防腐处理，分明装、埋地两部分，明装部分刷银粉两道，埋地部分刷沥青油两道。

明装部分$DN20$：3.14×0.027×56.5（$DN20$ 管的明装部分的长度）m²＝4.79m²

　　　　　　$DN25$：3.14×0.034×38.2（$DN25$ 管的明装部分的长度）m²＝4.08m²

　　　　　　$DN32$：3.14×0.042×40m²＝5.28m²

　　　　　　$DN40$：3.14×0.048×（13.2＋13.2＋7.2）（$DN40$ 管的明装部分的长度）m²＝5.06m²

　　　　　　共计：（4.79＋4.08＋5.28＋5.06）m²＝19.21m²

埋地部分$DN40$：[0.9×3＋（5.2－0.24＋5.0）]m×0.15m²/m＝1.90m²

　　　　　　$DN50$：6.0m×0.19m²/m＝1.14m²

　　　　　　$DN65$：2.74m×0.24m²/m＝0.66m²

　　　　　　共计：（1.9＋1.14＋0.66）m²＝3.70m²

4）支架制作安装

表常用管道支架间距表，计算支架工程量。

$DN20$：56.5m/3.0m＝19 个

$DN25$：38.2m/3.5m＝11 个

$DN32$：40m/4m＝10 个

$DN40$：$\dfrac{(13.2＋13.2＋7.2) \text{ m}}{4.5\text{m}}$＝8 个

支架 $DN20$　　　0.49kg/个×19 个＝9.31kg　　　刷油质量：0.28kg×19＝5.32kg

管道支架 $DN25$　　0.6kg/个×11 个＝6.60kg　　　刷油质量：0.35kg×11＝3.85kg

管道支架 $DN32$　　0.77kg/个×10 个＝7.70kg　　　刷油质量：0.41kg×10＝4.10kg

管道支架 $DN40$　　0.81kg/个×8 个＝6.48kg　　　刷油质量：0.45kg×8＝3.60kg

5）土方量

铺设管道开挖管沟土方量为：沟底宽取0.6m，沟深为0.9m。

开挖土方量：$V_1 = h(b+0.3h)l$

$= [0.9×(0.6+0.3×0.9)$

$×(5.2-0.24+5.0+6.0$

$+2.74)]\text{m}^3$

$=14.64\text{m}^3$

水表井土方量：

如图 1-83 所示为水表井平面图，各部尺寸如

图 1-83　水表井平面图

图所示，0.4m 为开挖宽度。

开挖土方量：$V_2 = [(1.6+0.48+0.4)×(1.58+0.4-0.6)×0.9]\text{m}^3$

$=3.08\text{m}^3$

总开挖量：（14.64＋3.08）m³＝17.72m³

填土方量：（17.72－2.08×1.58×0.9）m³＝14.76m³

如图1-84所示为此集体卫生间排水系统图，设3根排水立管，4根铺设管，各段管管径如图所示，PL-1、PL-2管径 $DN100$，PL-3 管径 $DN150$，PL-1 的铺设管径 $DN100$，PL-2、PL-3 的出水埋地铺设管径 $DN150$、出户管 $DN200$、地漏 $DN50$。

图1-84　卫生间排水系统图

（2）排水系统工程量

1）管道

① $DN50$：[0.5(盥洗房地漏排出管长度)×2＋0.6(厕所地漏排出管长度)＋3.6(厕所洗脸盆排水横支管长度)＋0.3(登高)×3]×5m＝[(0.5×2＋0.6＋3.6＋0.3×3)×5]m＝30.50m

② $DN75$：对 PL-1：4.7m(污水盆排出口至 PL-1 的横支管长度)＋0.6m(盥洗槽排出管长度)＝5.30m

对 PL-2：[2.3(盥洗槽排出口至 PL-2 横支管长度)＋(0.4＋1.3＋0.44)(小便槽排出

口至 PL-2 距离)]m=4.44m

小计：(5.3+4.44)×5m=48.70m

③DN100：{[0.9(PL-1 伸顶高度)+3.0×5+1.2(埋深)]×2+5.2−0.24(墙厚)−0.2(PL-1、PL-2 与墙间隙)(此为 PL-1 排水铺设管长度)+[5.6(蹲便器横支管上清扫口至 PL-3 的长度)+0.3(登高)×5]×5}m=[(0.9+3.0×5+1.2)×2+(5.2−0.24−0.2)+(5.6+0.3×5)×5]m=74.46m

④DN150：[17.1(PL-3 的长度)+5.0(PL-3 排水埋地铺设管长度)+5.8(PL-2 排水铺设管长度)]m=27.90m

⑤DN200：[0.34(排水出户管过墙段长度)+1.5(墙外段长度)]m=1.84m

2) 排水设备及管件

① 蹲式大便器　　　5×5 套=25 套

② 洗脸盆　　　　　3×5 组=15 组

③ 污水盆　　　　　1×5 组=5 组

④ 伸顶通气帽　　　3 个

⑤ 地漏　　　　　　3×5 个=15 个

⑥ 清扫口　　　　　1×5 个=5 个

3) 排水铺设管挖沟，填沟土方量，沟槽宽度为 0.7m，深度 1.2m。

其土方量：$V_1 = (0.7+0.3×1.2)×1.2×(4.76+5.0+5.8+0.1+1.5)m^3$
$$= (1.06×1.2×17.16)m^3 = 21.83m^3$$

另外，一层的排水横支管也需挖沟铺设，其沟槽宽度定为 0.7m，深 0.8m。

其土方量：$V_2 = 0.7×0.8×[5.6+3.6+4.44+4.7−0.4(为污水盆排出管长度)]m^3$
$$= 0.7×0.8×17.94m^3 = 10.05m^3$$

共计：(21.83+10.05)m³=31.88m³

清单工程量计算见表 1-53。

工程量套用定额计价见表 1-54。

清单工程量计算表　　　　　　　　　　　　　　表 1-53

序号	项目编码	项目名称	项目特征描述	计量单位	工程量
1	031001001001	镀锌钢管	DN20	m	56.50
2	031001001002	镀锌钢管	DN25	m	38.20
3	031001001003	镀锌钢管	DN32	m	40.00
4	031001001004	镀锌钢管	DN40	m	46.50
5	031001001005	镀锌钢管	DN50	m	6.00
6	031001001006	镀锌钢管	DN65	m	2.74
7	031001006001	塑料管	DN50	m	30.50
8	031001006002	塑料管	DN75	m	48.70
9	031001006003	塑料管	DN100	m	74.46
10	031001006004	塑料管	DN150	m	27.90
11	031001006005	塑料管	DN200	m	1.84

序号	项目编码	项目名称	项目特征描述	计量单位	工程量
12	031004014001	给、排水附件	水龙头 DN20	个	20
13	031004014002	给、排水附件	水龙头 DN25	个	60
14	031003001001	螺纹阀门	DN65	个	2
15	031003001002	螺纹阀门	DN50	个	1
16	031003001003	螺纹阀门	DN40	个	3
17	031003001004	螺纹阀门	DN32	个	10
18	031003001005	螺纹阀门	DN25	个	10
19	031003001006	螺纹阀门	DN20	个	5
20	031003013001	水表	DN65	组	1
21	031002001001	管道支吊架制作安装		kg	30.09
22	031004006001	大便器	蹲式	组	25
23	031004004001	洗涤盆		组	15
24	031004014003	给、排水附件	地漏 DN50	个	15

工程量套用定额计价表　　　　表 1-54

序号	分项工程名称	定额工程量	定额编号	基价（元）	人工费（元）	材料费（元）	机械费（元）
1	DN20 镀锌钢管	5.65（10m）	8-88	66.72	42.29	24.23	
	DN25 镀锌钢管	3.82（10m）	8-89	83.51	51.08	31.40	1.03
	DN32 镀锌钢管	4.00（10m）	8-90	86.16	51.08	34.05	1.03
	DN40 镀锌钢管	4.65（10m）	8-91	93.85	60.84	31.98	1.03
	DN50 镀锌钢管	0.60（10m）	8-92	111.93	62.23	46.84	2.86
	DN65 镀锌钢管	0.27（10m）	8-93	124.29	63.63	56.56	4.11
2	DN50 塑料管	3.05（10m）	6-277	28.12	19.76	1.83	6.53
	DN75 塑料管	4.87（10m）	6-278	39.60	26.73	2.79	10.08
	DN100 塑料管	7.45（10m）	6-280	58.27	37.85	3.57	16.85
	DN150 塑料管	2.79（10m）	6-282	84.10	52.59	5.65	25.86
	DN200 塑料管	0.18（10m）	6-284	110.42	65.36	7.82	37.24
3	DN20 水龙头	2.0（10 个）	8-439	7.48	6.50	0.98	
	DN25 水龙头	6.0（10 个）	8-440	9.57	8.59	0.98	
4	DN65 蝶阀	2 个					
	DN50 截止阀	1 个	8-246	15.06	5.80	9.26	
	DN40 截止阀	3 个	8-245	13.22	5.80	7.42	
	DN32 截止阀	10 个	8-244	8.57	3.48	5.09	
	DN25 截止阀	10 个	8-243	6.24	2.79	3.45	
	DN20 截止阀	5 个	8-242	5.00	2.32	2.68	
5	DN65 水表	1 组	8-363	106.39	24.38	82.01	

序号	分项工程名称	定额工程量	定额编号	基价（元）	人工费（元）	材料费（元）	机械费（元）
6	DN80 铁皮套管	1 个	8-174	4.34	2.09	2.25	
	DN50 铁皮套管	14 个	8-172	2.89	1.39	1.50	
	DN40 铁皮套管	2 个	8-171	2.89	1.39	1.50	
	DN32 铁皮套管	5 个	8-170	2.89	1.39	1.50	
7	支架	0.30（100kg）	8-178	654.69	235.45	194.98	224.26
8	蹲式大便器	2.5 套（10 套）	8-413	1812.01	167.42	1644.59	
9	洗手盆	1.5（10 组）	8-384	1449.93	151.16	1298.77	
10	地漏	1.5（10 个）	8-447	55.88	37.15	18.73	
11	清扫口	0.5（10 个）	8-453	24.22	22.52	1.70	
12	明装防腐	1.92（10m²）	11-56、11-57	21.95	12.77	9.18	
	埋地防腐	0.37（10m²）	11-66、11-67	15.68	12.77	2.91	

【例 18】 如图 1-85 所示为某单位公共卫生间平面图，此项目有 4 层，每层分男卫生间和女卫生间，内各设有淋浴间，男卫内设 4 个蹲便器，1 个小便槽，2 个洗脸盆，4 个淋浴器，女卫也设 4 个蹲便，2 个洗脸盆，4 个淋浴（淋浴器间距为 0.8m）。

图 1-85 某公共卫生间平面图

如图 1-86 所示为此卫生间给水系统图，设 2 个给水立管，GL-1 通男卫小便槽和 2 个洗脸盆，GL-2 横支管较多，通男女淋浴大便器及女卫洗脸盆，各段管径如图所示，管材采用镀锌钢管。

图 1-86　卫生间给水系统图

计算此项目的工程量。

【解】 (1) 管道工程量

①DN15：1.1(淋浴器管子长度)×8×4m＝35.20m

定额工程量 3.52(10m)，编号 8-87，基价 65.45 元，其中人工费 42.49 元，材料费 22.96 元。

②DN20：{2.5(小便槽所在的横支管长度)+0.2(小便槽冲洗管阀门所在段长度)+0.9 (蹲便器冲洗管长度)×8+[2.8-0.1(半个墙厚)+1.5×2+0.8](即女卫洗脸盆支管长度)}m＝16.40m

16.4×4m＝65.60m

定额工程量 0.66(10m)，编号 8-88，基价：66.72 元；其中人工费 42.29 元，材料费 24.23 元。

③DN25：{(0.9×3+0.7)(蹲便器横支管长度)×2+0.2(穿墙段长度)+[0.8(淋浴器间距)×3+0.3](淋浴器支管长度)×2+(0.4+0.2)(过墙段长度)}m＝ (3.4×2+0.2+2.7×2+0.6)m＝13.00m

13m×4＝52.00m

定额工程量 5.20(10m)，编号 8-89，基价：83.51 元；其中人工费 51.08 元，材料费 31.40 元，机械费 1.03 元。

④DN32：[(3.0×3+1.0+0.8)(GL-1 长度)+3.2(GL-1 给水埋地铺设管长度)]m＝ (10.8+3.2)m＝14.00m

定额工程量 1.40(10m)，编号 8-90，基价：86.16 元；其中人工费 51.08 元，材料费

34.05 元，机械费 1.03 元。

⑤ DN40：$(3.0 \times 3 + 1.0 + 0.8)m = 10.80m$

定额工程量 1.08(10m)，编号 8-91，基价：93.85 元；其中人工费 60.84 元，材料费 31.98 元，机械费 1.03 元。

⑥ DN50：3.1（GL-2 给水铺设管户内部分长度）＋0.3（墙厚）＋1.5m（墙外段）
$= 4.90m$

定额工程量 0.49(10m)，编号 8-92，基价：111.93 元；其中人工费 62.23 元，材料费 46.84 元，机械费 2.86 元。

（2）给水器具及管件

工程量套用定额计价见表 1-55。

工程量套用定额计价表 表 1-55

序号	分项项目	计算式	定额工程量	定额编号	基价（元）	人工费（元）	材料费（元）	机械费（元）
1	淋浴器	8×4 组=32 组	3.2 (10 组)	8-404	600.19	130.03	470.16	
2	蹲便器冲洗阀	8×4 个=32 个						
3	洗脸盆水嘴	4×4 个=16 个	1.6 (10 个)	8-439	7.48	6.50	0.98	
4	小便槽冲洗管	2.4m×4=9.6m	0.96 (10m)	8-457	273.15	150.70	109.97	12.48
5	截止阀 DN40	1 个	1 个	8-245	13.22	5.80	7.42	
	截止阀 DN32	1 个	1 个	8-244	8.57	3.48	5.09	
	截止阀 DN25	4×4 个=16 个	16 个	8-243	6.24	2.79	3.45	
	截止阀 DN20	3×4 个=12 个	12 个	8-242	5.00	2.32	2.68	
	截止阀 DN15	8×4 个=32 个	32 个	8-241	4.43	2.32	2.11	
6	套管 DN65	2 个	2 个	8-173	4.34	2.09	2.25	
	套管 DN50	4 个	4 个	8-172	2.89	1.39	1.50	
	套管 DN40	4 个	4 个	8-171	2.89	1.39	1.50	
	套管 DN32	3×4 个=12 个	12 个	8-170	2.89	1.39	1.50	

（3）防腐

管道材质为镀锌钢管，需刷油漆防腐，因刷油漆不同，分明装和铺设两部分，分别计算刷油工程量。

	长度	外径
①明装部分：DN15	35.20m	0.021m
DN20	65.60m	0.027m
DN25	52.00m	0.034m
DN32	14.00m	0.042m
DN40	10.80m	0.048m

刷两遍银粉：$3.14 \times 0.021 \times 35.2$（管的部分长度）$m^2 = 2.32m^2$

$3.14 \times 0.027 \times 65.60m^2 = 5.56m^2$

$$3.14×0.034×52m^2/m=5.55m^2$$
$$3.14×0.042×14m^2/m=1.85m^2$$
$$3.14×0.048×10.8m^2/m=1.63m^2$$

共计：$S_1＝(2.32＋5.56＋5.55＋1.85＋1.63)m^2＝16.91m^2$

定额工程量 1.69（10m²），编号 11-56、11-57，基价 21.95 元，其中人工费 12.77元，材料费 9.18 元。

	长度	外径
②铺设部分：DN32	4m	0.042m
DN40	0.8m	0.048m
DN50	4.9m	0.060m

刷两遍沥青油：$S_2＝[3.14×(0.042×4（管的部分长度）＋0.048×0.8（管的部分长度）＋0.060×4.9)]m^2$
$$=1.57m^2$$

定额工程量 0.16（10m²），编号 11-66、11-67，基价：15.68 元；其中人工费 12.77元，材料费 2.91 元。

清洗消毒工程量为：182.50m

定额工程量 1.83（100m），编号 8-230，基价：20.49 元；其中人工费 12.07 元，材料费8.42元。

（4）管道支架

利用管道支架间距的规定，计算支架个数。

DN20　　65.6m/3.0m 取 22 个

DN25　　52m/3.5m 取 15 个

DN32　　14m/4.0m 取 4 个

DN40　　10.08m/4.5m 取 3 个

支架 DN20　　0.49kg/个×22 个＝10.78kg

刷油重量：0.28kg/个×22 个＝6.16kg

支架 DN25　　0.6kg/个×15 个＝9.00kg

刷油重量：0.35kg/个×15 个＝5.25kg

支架 DN32　　0.77kg/个×4 个＝3.08kg

刷油重量：0.41kg/个×4 个＝1.64kg

支架 DN40　　0.81kg/个×3 个＝2.43kg

刷油重量：0.45kg/个×3 个＝1.35kg

支架总重　　25.29kg

支架刷油总重：14.40kg

定额工程量 0.25（100kg），编号 8-178，基价：654.69 元；其中人工费 235.45 元，材料费 194.98 元，机械费 224.26 元。

（5）土方量

铺设管需挖有一定坡度的沟槽地行铺设，沟槽底宽定为 0.6m，需挖沟槽的长度：
$$L＝[3.2＋4.9－(0.2＋0.3)(墙厚)]m＝7.60m$$

挖沟槽土方量：$V = [0.8(\text{沟槽的深度}) \times (0.6 + 0.3 \times 0.8)(\text{沟槽上底与下底的平均}$
$\qquad \text{值}) \times 7.6(\text{沟槽的长度})]m^3$

$\qquad\qquad = 5.11m^3$

管径较小，所以挖填土方量相等，同为 $5.11m^3$。

清单工程量计算见表 1-56。

清单工程量计算表　　　　　　　　　　　　　　　　　　表 1-56

序号	项目编码	项目名称	项目特征描述	计量单位	工程量
1	031001001001	镀锌钢管	DN15	m	35.20
	031001001002		DN20	m	65.60
	031001001003		DN25	m	52.00
	031001001004		DN32	m	14.00
	031001001005		DN40	m	10.80
	031001001006		DN50	m	4.90
2	031004010001	淋浴器	镀锌	套	32
3	031004014001	给、排水附件	水龙头 DN20	个	16
4	031004015001	小便槽冲洗管制作安装		m	9.60
5	031003001001	螺纹阀门	截止阀	个	62
6	031002001001	管道支吊架		kg	25.29

【例 19】　如图 1-87 所示为上例卫生间排水系统图，设有 3 根排水立管，管材使用塑料 UPVC 管，各段管径如图所示。PL-1、PL-2、PL-3 管径分别为 $DN100$、$DN150$、$DN100$，PL-1 上连接有两个洗脸盆排出管，1 个地漏一个小便槽排出管，PL-2 横支管上连有男女厕 8 个蹲便器，淋浴间 2 个地漏，PL-3 横支管连接有 2 个洗脸盆，1 个地漏，

图 1-87　卫生间排水系统图

PL-2、PL-3 铺设管汇合后一起排出，计算其有关工程量。

说明：PL-3 横支管长度为 1m，PL-1 横支管长度为 2.2m。

【解】 (1) 管道

①DN50：[1.0(PL-3 横支管长度)＋0.4(地漏排出管)＋0.3×2(洗脸盆排出管)]×
4m＝(1.0＋0.4＋0.3×2)×4m＝8.00m

定额工程量 0.80(10m)，编号 6-277，基价：28.12 元；其中人工费 19.76 元，材料费 1.83 元，机械费 6.53 元。

②DN75

对 PL-1：[2.2(横支管长)＋0.3(小便槽排出管长)＋(0.4＋0.3×2)(洗脸盆地漏排出管长)]m＝3.50m

对 PL-2：[(0.5＋2.0＋0.7)(淋浴房横支管长度)＋0.3(地漏排出管)×2]m＝3.80m

共计：(3.5＋3.8)m×4m＝29.20m

定额工程量 2.92(10m)，编号 6-278，基价：39.60 元；其中人工费 26.73 元，材料费 2.79 元，机械费 10.08 元。

③DN100

对 PL-1：[(3.0×4＋1.0＋1.1)(PL-1 立管长)＋0.4(PL-1 排水出户管过墙段)＋3.8(墙外至排水管网)]m＝18.30m

对 PL-2：[3.3(蹲便器横支管长)×2＋0.4(女厕蹲便器横支管过墙段)＋0.8m(蹲便器排出管长)×8]×4m＝(7＋0.8×8)×4m＝53.60m

对 PL-3：3.0m×4＋1.0m(伸顶长度)＋1.1m(立管埋深)m＝14.10m

共计：(18.3＋53.6＋14.1)m＝86.00m

定额工程量 8.60(10m)，编号 6-280，基价：58.27 元；其中人工费 37.85 元，材料费 3.57 元，机械费 16.85 元。

④DN150

[(3.0×4＋1.0＋1.1)(PL-2 长)＋2.7(PL-2 排水出户管室内铺设段)＋0.3(穿墙)＋4.6(墙外至排水管网)]m＝(14.1＋3＋4.6)m＝21.70m

定额工程量 2.17(10m)，编号 6-282，基价：84.10 元；其中人工费 52.59 元，材料费 5.65 元，机械费 25.86 元。

(2) 排水器具及管件

工程量套用定额计价见表 1-57。

工程量套用定额计价表 表 1-57

序号	分项项目	计算式	定额工程量	定额编号	基价(元)	人工费(元)	材料费(元)	机械费(元)
1	蹲便器	8×4 套＝32 套	3.2 (10 套)	8-409	733.44	133.75	599.69	
2	地漏 DN50	4 个	0.4 (10 个)	8-447	55.88	37.15	18.73	
	地漏 DN75	3×4 个＝12 个	1.2 (10 个)	8-448	117.41	86.61	30.80	
3	清扫口	2×4 个＝8 个	0.8 (10 个)	8-453	24.22	22.52	1.70	
4	检查口	3×4 个＝12 个						
5	洗脸盆	4×4 组＝16 组	1.6 (10 组)	8-382	576.23	109.60	466.63	
6	伸顶通气帽	3 个						

（3）土方量

沟槽底宽定为 0.7m，深 1.1m，由于长度较小，因坡度而增加的埋深不计，排水出户铺设管总长：

$L=(3.8+4.6+2.7)m=11.10m$

其土方量：$V_1=h(b+0.3h)l=1.1\times(0.7+0.3\times1.1)$（沟槽上底与下底的平均值）

$\qquad\qquad\qquad\times11.1$

$\qquad\qquad=12.58m^3$

另外，一层排水横支管也需铺设埋地，其宽度为 0.6m，深 0.5m。

其长度：$(2.2+3.2+1.0+3.3\times2+0.4)m=13.40m$

其土方量：$V_2=0.6\times0.5\times13.4m^3=4.02m^3$

挖填土方相等共计：$(12.58+4.02)m^3=16.60m^3$

注：工程量按设计图示尺寸以体积计算。

清单工程量计算见表 1-58。

清单工程量计算表　　　　　　　　　　　　　　　　表 1-58

序号	项目编码	项目名称	项目特征描述	计量单位	工程量
1	031001006001	塑料管	PVC，DN50	m	8.00
2	031001006002	塑料管	PVC，DN75	m	29.20
3	031001006003	塑料管	PVC，DN100	m	86.00
4	031001006004	塑料管	PVC，DN150	m	21.70
5	031004006001	大便器	蹲式	组	32
6	031004014001	给、排水附件	地漏 DN50	个	4
7	031004014002	给、排水附件	地漏 DN75	个	12
8	031004014003	给、排水附件	地面的除口	个	8
9	031004003001	洗脸盆		组	16

【例 20】　如图 1-88 所示为某大型商场卫生间给排水平面图，此商场为两层，卫生间分男厕、女厕均设有 6 个蹲便器，女厕洗手间设有 5 个洗脸盆，1 个污水盆，男厕除上述设置相同外，另有 6 个挂式小便斗。

如图 1-89 所示为此卫生间给水系统图，设有 1 个给水入户管，3 个给水立管，水龙头均为 DN15，小便斗冲洗阀为 DN15 延时自闭式冲洗式，大便器冲洗阀为 DN20，也为自闭冲洗式，其余管径如图所示，管材均为镀锌钢管。

计算工程量。

【解】（1）管道

①DN20

GL-1：[0.9（大便器冲洗管长）×6＋0.2（洗手间支管过墙段）＋2.3m（过墙后支管长度）]m=7.90m

GL-2：0.9×6m=5.40m

GL-3：[0.2（穿墙）＋(2.5+1.6)（过墙后 2 段支管长)]m=4.30m

共计：$(7.9+5.4+4.3)\times2m=35.20m$

图 1-88 某商场卫生间给排水平面图

图 1-89 商场卫生间给水系统图

②DN15

[0.3(小便斗冲洗管长)×6+0.6(污水盆支管长)×2]m=(1.8+1.2)m=3.00m

③DN25

GL-1：1.0m×3=3.0m(蹲便器给水横支管)

GL-2：[3.0+2.5+0.2(穿墙)+1.6]m=7.30m

GL-3：(2.0+1.0×5)m(小便器横支管长)=7.00m

小计：(3.0+7.3+7.0)×2m=34.60m

④DN32

GL-1：(1.7+0.4+1.0×2)m(蹲便器横支管)=4.10m

GL-2：同上亦为4.10m

GL-3：[1.0(横支管高出地面长)+4.0(层高)+0.9(立管GL-3埋深)]m=5.90m

小计：(4.1×2×2+5.9)m=22.30m

⑤DN40

[(1.0+4.0+0.9)(立管长)×2+4.0(GL-3给水铺设管长)]m=15.80m

⑥DN65

[1.7+4.6+1+1.2+0.1+1.5(墙外段)]m=10.10m

给水管道消毒冲洗工程量：

(35.2+3+34.60+22.3+15.8+4.2+10.1)m=125.20m

(2) 给水器具及管件

①水龙头DN15   24个

②小便器冲洗阀DN15   6×2个=12个

③大便器冲洗阀   6×2×2个=24个

④截止阀DN65   2个

　截止阀DN50   1个

　截止阀DN40   2个

　截止阀DN32   2×2个=4个

　截止阀DN25   2×2个=4个

　截止阀DN20   2×2个=4个

⑤水表DN65   1组

⑥铁皮套管DN80   2个

　铁皮管套DN65   1个

　铁皮管套DN50   4个

　铁皮管套DN40   6个

　铁皮管套DN32   4个

　铁皮管套DN25   4个

(3) 防腐

本工程给水管材全部为镀锌钢管，分明装、铺设两部分，明装部分刷两遍银粉漆，铺设部分刷两遍沥青油。

明装部分：DN15：0.066m²/m×3（管的部分长度）m=0.20m²

$DN20$：$0.085m^2/m \times 35.2m = 2.99m^2$

$DN25$：$0.107m^2/m \times 34.6m = 3.70m^2$

$DN32$：$0.132m^2/m \times 22.3m = 2.94m^2$

$DN40$：$0.15m^2/m \times 10.1m = 1.52m^2$

小计：$11.35m^2$

铺设部分：$DN32$：$0.132m^2/m \times 0.9m = 0.12m^2$

$DN40$：$0.15m^2/m \times 5.8m = 0.87m^2$

$DN65$：$0.239m^2/m \times 10m = 2.39m^2$

小计：$3.38m^2$

（4）支架制作安装

根据管道支架间距要求，计算支架数量：

$DN15$　3m/2.5m 取 2 个

$DN20$　35.2m/3m 取 12 个

$DN25$　34.6m/3.5m 取 10 个

$DN32$　22.3m/4.0m 取 6 个

$DN40$　15.8m/4.5m 取 4 个

$DN50$　4.2m/5m 取 1 个

$DN65$　10m/6m 取 2 个

支架铁件重量：

$\begin{cases} DN15 \\ DN20 \end{cases}$　$0.49kg/个 \times 14 个 = 6.86kg$

$DN25$　$0.6kg/个 \times 10 个 = 6.00kg$

$DN32$　$0.77kg/个 \times 6 个 = 4.62kg$

$DN40$　$0.81kg/个 \times 4 个 = 3.24kg$

$DN50$　$0.87kg/个 \times 1 个 = 0.87kg$

工程量套用定额计价见表 1-59。

工程量套用定额计价表　　　　　　　　表 1-59

序号	分项工程名称	定额工程量	定额编号	基价（元）	人工费（元）	材料费（元）	机械费（元）
1	$DN15$ 镀锌钢管	0.30（10m）	8-87	65.45	42.49	22.96	
	$DN20$ 镀锌钢管	3.52（10m）	8-88	66.72	42.29	24.23	
	$DN25$ 镀锌钢管	3.46（10m）	8-89	83.51	51.08	31.40	1.03
	$DN32$ 镀锌钢管	2.23（10m）	8-90	86.16	51.08	34.05	1.03
	$DN40$ 镀锌钢管	1.58（10m）	8-91	93.85	60.84	31.98	1.03
	$DN50$ 镀锌钢管	0.42（10m）	8-92	111.93	62.23	46.84	2.86
	$DN65$ 镀锌钢管	1.01（10m）	8-93	124.29	63.62	56.56	4.11
2	管道消毒冲洗	1.25（100m）	8-231	29.26	15.79	13.47	
3	$DN15$ 水嘴	2.4（10 个）	8-438	7.48	6.50	0.98	

序号	分项工程名称	定额工程量	定额编号	基价（元）	人工费（元）	材料费（元）	机械费（元）
4	DN65 截止阀	2 个	8-247	26.79	8.59	18.20	
	DN50 截止阀	1 个	8-246	15.06	5.80	9.26	
	DN40 截止阀	2 个	8-245	13.22	5.80	7.42	
	DN32 截止阀	4 个	8-244	8.57	3.48	5.09	
	DN25 截止阀	4 个	8-243	6.24	2.79	3.45	
	DN20 截止阀	4 个	8-242	5.00	2.32	2.68	
5	DN65 水表	1 组	8-363	106.39	24.38	82.01	
6	DN80 铁皮套管	2 个	8-174	4.34	2.09	2.25	
	DN65 铁皮套管	1 个	8-173	4.34	2.09	2.25	
	DN50 铁皮套管	4 个	8-172	2.89	1.39	1.50	
	DN40 铁皮套管	6 个	8-171	2.89	1.39	1.50	
	DN32 铁皮套管	4 个	8-170	2.89	1.39	1.50	
	DN25 铁皮套管	4 个	8-169	1.70	0.70	1.00	
7	明装防腐	1.14（10m²）	11-56、11-57	21.95	12.77	9.18	
	埋地防腐	0.34（10m²）	11-66、11-67	15.68	12.77	2.91	
8	支架	0.22（100kg）					

（5）土方量

铺设管道总长：$(4.0+4.0+10-0.4-0.2)$ m＝17.40m

管沟底槽宽定为 0.6m，则给水管管沟开挖土方量：

$V_1 =0.9$(沟槽的深度)$\times(0.6+0.3\times0.9)$(沟槽的上底与下底的平均值，0.3 为坡度系数)$\times17.4$m³

$=13.62$m³

水表井长为 1.4m，宽为 0.8m，其土方量：

$V_2 =0.9$(沟槽的深度)$\times[1.4+0.24$(墙厚)$\times2+0.4]$(为水表井的井的开挖长度)$\times(0.8+0.24\times2+0.4)$(水表井的开挖宽度)m³

$=3.45$m³

总挖土方：$(13.62+3.45)$m³＝17.07m³

填土方量：$V_3 =[17.07-0.9\times(1.4+0.24\times2)\times(0.8+0.24\times2)]$m³＝14.90m³

【注释】 工程量计算规则按设计图示尺寸以体积计算。

清单工程量计算见表 1-60。

清单工程量计算表 表 1-60

序号	项目编码	项目名称	项目特征描述	计量单位	工程量
1	031001001001	镀锌钢管	DN15	m	3.00
	031001001002		DN20	m	35.20
	031001001003		DN25	m	34.60
	031001001004		DN32	m	22.30
	031001001005		DN40	m	15.80
	031001001006		DN50	m	4.20
	031001001007		DN65	m	10.10

序号	项目编码	项目名称	项目特征描述	计量单位	工程量
2	031004014001	给、排水附件	水龙头 DN15	个	24
3	0310103013001	水表	DN65	组	1
4	031002001001	管道支吊架		kg	21.59
5	031003001001	螺纹阀门	截止阀	个	17

【例21】 如图 1-90 所示为上例商场卫生间排水系统图,设置 4 条排水立管,每条污水立管单独排放,排水管材均为塑料管。计算工程量。

【解】 (1) 管道

①DN50

PL-1:[0.5(洗脸盆排出管)×3+0.4(地漏排出管)]m=1.90m

PL-2:[0.5(洗脸盆排出管)×5+0.4(地漏排出管)+0.3(污水盆排出管)]m=3.20m

PL-4:[0.5(洗脸盆排出管)×2+0.3(污水盆排出管)+0.4(地漏排出管)]m=1.70m

合计:(1.9+3.2+1.7)×2m=13.60m

②DN75

PL-4:[0.4(小便器排出管)×6+2.5(洗手间宽度)+0.2(墙厚)+0.1(立管与墙间隙)+ 1.8(洗脸盆段横支管长)]m=7.00m

PL-1:[0.1(立管与墙间隙)+1.5+0.2×2(墙厚)+1.7]m=3.70m

PL-2:[0.2(墙厚)+1.8+1.9]m=3.90m

合计:(7.0+3.7+3.9)m×2=29.20m

③DN100

PL-1:[0.8(大便器排出管长)×6+5.3(蹲便器横支管长)]m=10.10m

PL-2:[4.0(层高)×2+0.8(通气帽伸顶高度)+1.3(立管埋深)+1.8(排出管长)]m =11.90m

PL-3:(0.8×6+5.3)(同 PL-1)m=10.10m

PL-4:[10.1+7.0(小便器横支管长)×2+1.8(排出管长)]m=25.90m

合计:[10.1×2+11.9+10.1×2+25.9]m=78.20m

④DN150

PL-1:[(4.0×2+0.8+1.3)(PL-1 长)+2.0(排出管长)]m=12.10m

PL-3:[(4.0×2+0.8+1.3)(PL-3 长)+4.5(铺设排出管长)]m=14.60m

合计:(12.1+14.6)m=26.70m

(2) 排水器具及管件

①伸顶通气帽　　4 个

②蹲便器　　　　6×4 套=24 套

③洗脸盆　　　　20 组

④污水盆　　　　4 组

⑤地漏 DN50　　8 个

　地漏 DN75　　2 个

⑥小便器　　　　6×2 套=12 套

图 1-90   商场卫生间排水系统图

工程量套用定额计价见表 1-61。

工程量套用定额计价表　　　　　表 1-61

序号	分项工程名称	定额工程量	定额编号	基价(元)	人工费(元)	材料费(元)	机械费(元)
1	DN50 塑料管	1.36(10m)	6-277	28.12	19.76	1.83	6.53
	DN75 塑料管	2.92(10m)	6-278	39.60	26.73	2.79	10.08
	DN100 塑料管	7.82(10m)	6-280	58.27	37.85	3.57	16.85
	DN150 塑料管	2.67(10m)	6-282	84.10	52.59	5.65	25.86
2	蹲便器	2.4(10 套)	8-412	1621.52	157.43	1464.09	
3	洗脸盆	2.0(10 个)	8-382	576.23	109.60	466.63	
4	DN50 地漏	0.8(10 个)	8-447	55.88	37.15	18.73	
	DN75 地漏	0.2(10 个)	8-448	117.41	86.61	30.80	
	小便器	1.2(10 套)	8-419	1885.04	114.24	1770.80	

（3）土方量

铺设管长：$(2.0+1.8+4.5+1.8)m=10.10m$

铺设横支管长：$[(3.7+5.3)(\text{PL-1 铺设支管长})+3.9(\text{PL-2 铺设支管长})+5.3(\text{PL-3}$
　　　　　　　铺设支管长$)+(7.0+4.6)(\text{PL-4 铺设横支管长})]m=29.80m$

铺设管管沟底宽定为 0.7m，深 1.3m，横支管埋深 0.8m，土方量：

$V_1=1.3\times(0.7+0.3\times1.3)$(铺设管管沟上底长度加下底长度的平均值，0.3 为坡度
　　系数)$\times10.1$(铺设管的长度)m^3

　　$=14.31m^3$

$V_2=[0.8\times(0.7+0.3\times0.8)\times29.8]m^3=22.41m^3$

合计：$(14.31+22.41)m^3=36.72m^3$

因管径较小可忽略，因此挖填土方量相等。

【注释】　工程量计算规则按设计图示尺寸以体积计算。

清单工程量计算见表 1-62。

清单工程量计算表　　　　　表 1-62

序号	项目编码	项目名称	项目特征描述	计量单位	工程量
1	031001006001	塑料管	DN50	m	13.60
	031001006002		DN75	m	29.20
	031001006003		DN100	m	78.20
	031001006004		DN150	m	26.70
2	031004006001	大便器	蹲式	套	24
3	031004003001	洗脸盆		组	20
4	031004007001	小便器	挂式	套	12
5	031004014001	给、排水附件	地漏 DN50	个	8
	031004014002		地漏 DN75	个	2
6	010101007001	管沟土方	三类土	m	39.90

图 1-91 给排水平面布置图

【例 22】 本工程为某住宅楼项目，共 6 层，先计算给水工程量，给水管道采用镀锌钢管，排水管道采用排水 PVC 管，在卫生间内有洗浴盆一个，坐便器一个，和淋浴器一台，另外还有洗脸盆两个，如图 1-91 所示为给水排水平面布置图，如图 1-92 所示为给水系统图，如图 1-93 所示为排水系统图。给排水进出户部分均为 3m。

计算工程量。

【解】 （1）给水系统工程量

1）给水管道工程量

①DN50：［3（室外入户部分）+0.4（竖干管埋地部分）+6.3（从一层地面至三层支管处）］m=9.70m

②DN32：6.00m（三层支管至五层支管处）

③DN25：［3m（从五层支管处至六层支管处）+（1.0+0.4-0.3（一个墙厚）+1.9+1.2）（从淋浴器分支管至干管处）×6m］=（3+4.2×6）m=28.20m

图 1-92 给水系统图

图 1-93 排水系统图

④$DN15$：$[(1.0+0.9+0.5)$m（从最末端洗脸盆分支管到淋浴分支管处的支管长度）

　　　　$+2.0$m（洗涤盆分支管至干管处）$+(0.8+0.5+2.0+0.2+0.8+0.8)$m

　　　　（各卫生器具到支管处的连接管）$]×6=57.00$m

2）设备及卫生器具

①$DN80$：铁皮套管 2 个（一至三层穿板竖管）

　$DN50$：铁皮套管 2 个（三至五层穿板竖管）

　$DN32$：铁皮套管 1 个（六层穿板竖管）$+1$（去卫生间穿墙）$×6=7$ 个

②截止阀 $DN25$：1 个（各层水表前）$×6=6$ 个

　截止阀 $DN50$：1 个（竖管下端一层处）

　水龙头 $DN15$：4 个（每户四个）$×6=24$ 个

　淋浴喷头 $DN15$：1 个（每户一个）$×6=6$ 个

　水表 $DN25$：1 组（每户一个，旋翼式）$×6=6$ 组

　洗脸盆：2 组（每层卫生间中）$×6=12$ 组

　洗涤盆：1 组（每层厨房中）$×6=6$ 组

　低位水箱坐式大便器：1（每层一套）$×6=6$ 套

　浴盆：1 组（每户卫生间内）$×6=6$ 组

　淋浴红外感应器：1（每户一组）$×6=6$ 组

3）管道刷油

给水 $DN50$：$S_1 = \dfrac{18.85}{100} × 9.7\text{m}^2 = 1.83\text{m}^2$（长度 9.7m）

给水 $DN35$：$S_2 = \dfrac{13.27}{100} × 6\text{m}^2 = 0.80\text{m}^2$（长度 6.0m）

给水 $DN25$：$S_3 = \dfrac{10.52}{100} × 28.2\text{m}^2 = 2.97\text{m}^2$（长度 28.2m）

给水 $DN15$：$S_4 = \dfrac{6.68}{100} × 57\text{m}^2 = 3.81\text{m}^2$（长度 57m）

合计：9.41m²

（2）排水采用排水塑料管，由图可看出每单元仅有一个独立排水系统，在进行排水工程量计算时，可按系统进行，也可按地上、地下进行，本例考虑到地下部分很少，故按系统进行：

1）排水管

$DN150$：$[1.9$（埋地部分从竖管到分支管处）$+3$（从分支管处出户）$]$m$=4.90$m

$DN100$：$[19.2$（竖管地面以上部分）$+0.4$（竖管地面以下部分）$+1.9$（二至六层长支

　　　管）$×5+(1.0+1.0)$（分支管上从浴盆接口到大便器接口）$×6]$m$=41.10$m

$DN50$：$[0.5$（从洗涤盆到竖管）$+(0.9+0.5)$（从末端洗脸盆到大便器接口处分支管

　　　长度）$]×6$m$=11.40$m

2）地漏安装：$DN50$ 地漏　$1×6$ 个$=6$ 个

3）排水栓安装：$DN50$ 排水栓　$1×6$ 组$=6$ 组

4）焊接钢管安装（用于地漏丝扣连接）$DN50$ 管　0.2m$×6=1.20$m

5）低水箱坐式大便器，每户一套　$1×6$ 套$=6$ 套

工程量套用定额计价见表1-63。

工程量套用定额计价表　　　　　　　　　　表1-63

序号	分项工程名称	定额工程量	定额编号	基价(元)	人工费(元)	材料费(元)	机械费(元)
1	DN50 镀锌钢管	0.97(10m)	8-92	111.93	62.23	46.84	2.86
	DN32 镀锌钢管	0.60(10m)	8-90	86.16	51.08	34.05	1.03
	DN25 镀锌钢管	2.82(10m)	8-89	83.51	51.08	31.40	1.03
	DN15 镀锌钢管	5.70(10m)	8-87	65.45	42.49	22.96	
2	DN80 铁皮套管	2个	8-174	4.34	2.09	2.25	
	DN50 铁皮套管	2个	8-172	2.89	1.39	1.50	
	DN32 铁皮套管	1个	8-170	2.89	1.39	1.50	
3	DN25 截止阀	6个	8-243	6.24	2.79	3.45	
	DN50 截止阀	1个	8-246	15.06	5.80	9.26	
4	DN15 水嘴	2.4(10个)	8-438	7.48	6.50	0.98	
5	DN25 水表	6组	8-359	25.85	11.15	14.70	
6	淋浴器	0.6(10组)	8-404	600.19	130.03	470.16	
7	洗脸盆	1.2(10组)	8-382	576.23	109.60	466.63	
8	洗涤盆	0.6(10组)	8-391	596.56	100.54	496.02	
9	低位水箱坐便器	0.6(10套)	8-414	484.02	186.46	297.56	
10	浴盆	0.6(10组)	8-376	1177.98	258.90	919.08	
11	淋浴红外感应器	6					
12	管道刷油	0.94(10m²)	11-56、11-57	21.95	12.77	9.18	
13	DN150 塑料管	0.49(10m)	6-282	84.10	52.59	5.65	25.86
	DN100 塑料管	4.11(10m)	6-280	58.27	37.85	3.57	16.85
	DN50 塑料管	1.14(10m)	6-277	28.12	19.76	1.83	6.53
14	地漏	0.6(10个)	8-447	55.88	37.15	18.73	
15	DN50 排水栓	0.6(10组)	8-443	121.41	44.12	77.29	
16	DN50 焊接钢管	0.12(10m)	8-111	63.68	46.21	11.10	6.37

总结：计算过程中可以把握从上到下，从干到支再到分支管的计算过程，或是从下到上，从分支到支管再到干管，不管采用何种方法，关键在于勿漏算，勿重复算，勿无条理

算，对于底层埋地部分与出户管连通者，一定区分一层和其他层计算。

清单工程量计算见表1-64。

清单工程量计算表 表1-64

序号	项目编码	项目名称	项目特征描述	计量单位	工程量
1	031001001001	镀锌钢管	$DN50$	m	9.70
2	031001001002	镀锌钢管	$DN32$	m	6.00
3	031001001003	镀锌钢管	$DN25$	m	28.20
4	031001001004	镀锌钢管	$DN15$	m	57.00
5	031001006001	塑料管	$DN150$，PVC	m	4.90
6	031001006002	塑料管	$DN100$，PVC	m	41.10
7	031001006003	塑料管	$DN50$，PVC	m	11.40
8	031003001001	螺纹阀门	截止阀	个	7
9	031003013001	水表	$DN25$	组	6
10	031004014001	给、排水附件	水龙头$DN15$	个	24
11	031004010001	淋浴器	镀锌	套	6
12	031004003001	洗脸盆	普通冷水嘴	组	12
13	031004004001	洗涤盆		组	6
14	031004006001	大便器	低水位箱，坐式	组	6
15	031004001001	浴缸	搪瓷	组	6
16	031004014001	给、排水附件	地漏$DN50$	个	6
17	031004014002	给、排水附件	排水栓$DN50$	组	6
18	031001002001	钢管	焊接，$DN50$	m	1.20

【例23】 本例为某宿舍楼项目在卫生间中共有自闭式冲洗阀蹲式大便器5组，洗涤池两组，每组有水嘴6个，另有水平地漏1个，楼层高度为6层18m，属于低层建筑，给水管道采用镀锌钢管丝接，排水采用铸铁管承插，计算其工程量。

附图：如图1-94所示平面布置图、如图1-95所示为gL_1（gL_2相同）系统图、如图1-96所示为gL_3系统图、如图1-97所示为PL_1系统图1-98所示为PL_3系统图。

【解】 工程量计算如下：

（1）gL_1、gL_2管道系统工程量

由于gL_1系统与gL_2系统相同，故可只计算一个系统之后，各项乘以2即可，另外六层楼每层布置也相同，所以只计算其中一层乘以6即可。

图 1-94　平面布置图

图 1-95　gL₁ 系统图　　　　　　　图 1-96　gL₃ 系统图

图 1-97 PL₁ 系统图

图 1-98 PL₃ 系统图

1）管道工程量

DN50：[0.4（竖管埋地部分）＋7（一层地面到三层支管接口处）]×2＝14.80m

DN32：6m（三层支管接口到五层支管接口处）×2＝12.00m

DN25：[3（五层支管接口处到六层接口处）×2＋（0.6＋0.6＋0.6＋1.0）m（从倒数第
　　　　三个水嘴接口处到竖管的分支管长度）×6×2]m＝（6＋16.8×2）m＝39.60m

DN15：1.2m（最后三个水嘴间距）×6×2＝7.2m×2＝14.40m

2）管道刷油

DN50 管：（14.8m×0.19m²/m）＝2.81m²

DN32 管：（12m×0.15m²/m）＝1.80m²

DN25 管：（39.6m×0.11m²/m）＝4.36m²

DN15 管：（14.4m×0.08m²/m）＝1.15m²

小计：10.12m²

3）管件计算

水嘴安装 $DN15$：12(每层十二个)×6 个＝72 个

截止阀 $DN50$：3(一、二、三层)×2 个＝6 个

截止阀 $DN32$：2(四、五层)×2 个＝4 个

截止阀 $DN25$：1(六层)×2 个＝2 个

埋地管刷沥青两遍

每遍工程量为 $DN50$：0.4m(每个系统埋地部分)×2＝0.80m

$\qquad\qquad\qquad\quad$ 0.8m×0.19m²/m＝0.15m²

钢套管安装

$DN75$：2 个(二～三、一～二层竖管)×2＝4 个

$DN50$：2 个(三～四、四～五层竖管)×2＝4 个

$DN32$：1 个(五～六)×2＝2 个

(2) gL_3 管道系统工程量

1) 管道工程量

$DN25$：[1.100×5(五个大便间宽度)$-\dfrac{1.100}{2}$(半个大便间宽度)＋0.2(至检查口)＋

$\qquad$ 0.5(大便间墙至竖管)]×6m＝33.90m

$DN32$：6.00m(四层～六层支管接口处)

$DN50$：10m(地面～四层支管处)＋0.4m(埋地竖管)＝10.40m

2) 管件计算

自闭式冲洗阀安装

$DN25$mm：5(每层五个)×6 个＝30 个

截止阀安装

$DN50$mm：4(一～四层)个＝4 个

$DN32$mm：2(五～六层)个＝2 个

钢套管

$DN75$mm：3 个(一～二，二～三，三～四竖管穿板)

$DN50$：(四～五，五～六竖管穿板)$\quad$ 2 个

3) 管道刷油

$DN50$：10.4(管的长度)m×0.19m²/m＝1.98m²

$DN32$：6m×0.15m²/m＝0.90m²

$DN25$：33.9m×0.11m²/m＝3.73m²

合计：6.61m²

【例 24】 排水管工程量计算：系统平面图同[例 23]，因为 PL_1、PL_2 系统布置除了 PL_1 在支管处多一个地漏外，并无其他不同，故在计算工程量时，对于 PL_1、PL_2 可一起计算，在计算 PL_2 后乘以 2 再加上漏斗的工程量即可。

【解】 (1) PL_1、PL_2 排水铸铁管工程量

1) 管道

①$DN100$：[19.2(一根竖管长度)＋0.5(竖管埋地部分)]×2m＋2.5(PL_1～PL_2 系统

$\qquad$ 之间埋地部分)m＝41.90m

②$DN50$：0.9m(洗涤槽出水口到竖管距离不含存水弯)×6×2+0.8m(地漏到竖管处
　　　含弯头)×6=(10.8+4.8)m=15.60m

2）排水管件及设备

地漏安装：$DN50$ 地漏　1 个(每层一个)×6=6 个

伸顶通气帽：$DN100$　2 个

排水栓：$DN100$　6(每层每个系统一组)×2 组=12 组

焊接钢管安装(用于地漏丝扣连接)

$DN50$ 钢管　0.2×6m=1.20m(每个地漏用 0.2m)

3）管道防腐

埋地铸铁管防腐

二布三油$DN100$：(0.5×2+2.5)m=3.50m
　　　　　$DN50$：(0.9×2+0.8)m=2.60m

换算为面积：[(0.11(埋地铸铁管的外壁的外径的长度)×3.5+0.059×2.6)π]m²
　　　　　=[0.5384×3.14]m²=1.69m²

4）外露铸铁管刷沥青

$DN100$：19.2×2m=38.40m

$DN50$：[(0.9+0.9)×5+0.8×5]m=9+4m=13.00m

换算为面积：外径×长度×π
　　　　　=(0.11×38.4+0.059×13.0)πm²
　　　　　=(4.224+0.767)πm²
　　　　　=15.68m²

(2) PL_3 排水铸铁管工程量

1）管道

$DN100$：{19.2(地面到通气帽处竖管)+0.5(竖管埋地部分)+2.5(PL_2～PL_3 埋地接部
　　　分)+4(出户部分)+[6.0(轴Ⓑ到轴Ⓐ处)-0.24(墙厚)]×6+0.3(支管到大便
　　　器处，不含存水弯)×5×6}m=(19.2+0.5+6.5+34.56+9)m=69.76m

2）管件及设备

蹲式大便器 5(每层 5 套)×6=30 套

伸顶通气帽 1(PL_3 顶端)=1 个

3）埋地铸铁管防腐

二布三油$DN100$：2.5+4+0.5m=7.00m
　　　　　$DN50$：0

换算为面积：(0.11×7)×3.14m²=2.42m²

4）埋地管道挖土方长度

$DN100$：(2.5+4.0)m=6.50m
　　　　　(6.0-0.24)m=5.76m

小计：(6.5+5.76)m=12.26m

5）外露铸铁管刷沥青

$DN100$：[19.2+(6.0-0.24)×5+0.3×5×5]m=(19.2+28.8+7.5)m=55.50m

换算为面积：$(0.11 \times 55.5) \pi m^2 = 19.18 m^2$

● 给排水清单工程量计算见表 1-65。

清单工程量计算表　　　　　　　　　　　　　　　　　表 1-65

序号	项目编码	项目名称	项目特征描述	计量单位	工程量
1	031001001001	镀锌钢管	DN50、丝接	m	25.20
	031001001002		DN32、丝接	m	18.00
	031001001003		DN25、丝接	m	73.50
	031001001004		DN15、丝接	m	14.40
2	031003001001	螺纹阀门	丝扣、截止阀	个	18
3	031004014001	给、排水附件	水龙头 DN15	个	72
4	031001005001	铸铁管	承插 DN100	m	111.66
	031001005002		承插 DN50	m	15.60
5	031004014002	给、排水附件	地漏 DN50	个	6
6	031004014003	给、排水附件	排水栓 DN100	组	12
7	031001002001	钢管	焊接	m	1.20
8	031004006001	大便器	蹲式	套	30

其给排水定额工程量，见表 1-66。

某宿舍楼给排水项目工程量　　　　　　　　　　　　　　　表 1-66

工程名称：给水排水工程

序号	定额编号	工程项目	规格	计量单位	数量	基价（元）	人工费（元）	材料费（元）	机械费（元）
1	8-92	丝接镀锌钢管	DN50	10m	2.52	111.93	62.23	46.84	2.86
2	8-90	丝接镀锌钢管	DN32	10m	1.80	86.16	51.08	34.05	1.03
3	8-89	丝接镀锌钢管	DN25	10m	7.35	83.51	51.08	31.40	1.03
4	8-87	丝接镀锌钢管	DN15	10m	1.44	65.45	42.49	22.96	—
5	8-246	丝扣截止阀安装	DN50	个	10	15.06	5.80	9.26	—
6	8-244		DN32	个	6	8.57	3.48	5.09	
7	8-243		DN25	个	2	6.24	2.79	3.45	
8	8-438	铁水龙头	DN15	10个	7.2	7.48	6.50	0.98	
9	8-174	镀锌铁皮套管	DN80	个	7	4.34	2.09	2.25	
10	8-172		DN50	个	6	2.89	1.39	1.50	
11	8-170		DN32	个	2	2.89	1.39	1.50	
12		自闭式冲洗阀	DN25	个	30				
13	8-140	铸铁管（承插）	DN100	10m	11.17	378.68	80.34	298.34	—

续表

序号	定额编号	工程项目	规格	计量单位	数量	基价(元)	人工费(元)	材料费(元)	机械费(元)
14	8-138		DN50	10m	1.56	139.29	52.01	87.24	—
15	8-447	地漏	DN50	10个	0.6	55.88	37.15	18.73	—
16		伸顶通气帽	DN100	个	3				
17	8-443	排水栓	DN100	10组	1.8	121.41	44.12	77.29	—
18	8-103	焊接钢管安装	DN50	10m	0.12	101.55	62.23	36.06	3.26
19	8-407	蹲式大便器		10套	3	1033.39	224.31	809.08	—
20		存水弯	DN50	个	1821			DN100	个
21		管道挖土方	略	略					
22		管道刷油	略	略					

【例25】 本项目为某单位职工单身宿舍共6层,每层共有4个房间,由于各个房间中的给排水布置都相同,故图中仅显示了两个房间的布置图,图中所示在卫生间内有低位水箱坐式大便器一台,淋浴器一个,洗面盆一个,另有地漏一个,在走廊中布置有两个消火栓,在两个房间之间专设了管道间。试计算给水排水工程量如图1-99~图1-101所示。

图1-99 给水排水平面图

说明:本项目计算过程中,可认为是两个系统进行。给水系统中,每个系统有竖管两根,一根为消防给水,另一根为生活给水,消防给水中每层仅有一个消火栓,而生活给水中较为复杂，有大便器、淋浴器及洗面盆，而且管道弯头较多。计算中应十分注意小的管段，一个系统计算完后，乘以 2 即为总的工程量。

【解】 （1）给水系统工程量

1）管道部分

镀锌钢管（丝接）$DN75$：［9.5（两根给水立管之间的埋地管）+6（从埋地横管到户外部分）］m＝15.50m

图 1-100　给水系统图　　　　　　　　图 1-101　排水系统图

$DN50$：［16.0（消防立管高度）+（1.2+0.35）（消防立管埋地部分及接埋地干管部分）］×2+0.35（消防立管连接消火栓处）×6×2+（1.2+7.0）（gL_1 管埋地部分与地面到三楼支管处）×2m＝55.70m

$DN32$：6m（三层～五层竖管之长度）×2＝12.00m

$DN25$：3m（五层到六层竖管之长度）×2＝6.00m

$DN15$：［1.05（水龙头到支管长度）+1.20（从大便器到分支管处）+0.35（竖管到分支管间的支管长度）+1.3（淋浴器升高高度）+1.0（支管长度）］×4×6m＝117.60m

消防设备：消火栓 6×2 套＝12 套（包括水带）

2）设备及管件

$DN50$ 截止阀：3 个(一、二、三层安装于竖管)×2＝6 个

$DN32$ 截止阀：2 个(四、五层安装于竖管)×2＝4 个

$DN25$ 截止阀：1 个(六层安装于竖管)×2＝2 个

$DN15$ 水嘴：2 个(每个系统二个)×2×6＝24 个

$DN15$ 淋浴器：2 组(每个系统二组)×2×6＝24 组

3) 管道刷油

埋地管道刷沥青二遍每遍工程量为：

$DN75$：$(9.5+6)m=15.50m$；$15.5×0.236m^2/m=3.66m^2$

$DN50$：$[(1.2+0.35)×2+1.2×2]m=5.50m$；

$\qquad 5.5m×0.157m^2/m=0.86m^2$

明管刷两遍银粉，每遍工程量为：

$DN50$：$[(16.0×2+7.0×2)+(0.35×6×2)]m=(46+4.2)m=50.20m$

$\qquad 50.2m×0.19m^2/m=9.54m^2$

$DN32$ 管：$12m×0.13m^2/m=1.56m^2$

$DN25$ 管：$6m×0.11m^2/m=0.66m^2$

$DN15$ 管：$117.6m×0.08m^2/m=9.41m^2$

小计：$21.17m^2$

(2) 排水管道

如图 1-100 所示，可以看出每个单元有二个独立排水系统，共有两个单元且排水系统相同，故可只计算一个系统，即乘以 2。

1) 铸铁排水管(按系统计算)

$DN100$ 管：$[(1+0.7+0.6)(各层大便器至立管距离)×6×2]×2+[19.2(6 层楼高＋伸顶部分)+0.6(埋地深)]×2+6(出户管)×2=55.2m+39.6m+12m$

$\qquad =106.80m$

$DN50$：$[0.8m(从洗涤盆经地漏到支管长度)×6×2]×2=19.20m$

2) 地漏安装：$DN50mm$ 地漏　$2×6×2$ 个＝24 个

3) 排水栓安装：$DN50mm$ 排水栓　$2×6×2$ 组＝24 组

4) 焊接钢管安装(用于地漏丝扣连接)：

$DN50$ 管　$0.2m×24=4.80m$(每个地漏用 0.2m)

清单工程量计算见表 1-67。定额工程量汇总见表 1-68。

清单工程量计算表 　　　　表 1-67

序号	项目编码	项目名称	项目特征描述	计量单位	工程量
1	031001001001	镀锌钢管	$DN75$、丝接	m	15.50
	031001001002		$DN32$、丝接	m	12.00
	031001001003		$DN25$、丝接	m	6.00
	031001001004		$DN15$、丝接	m	117.60
2	030901002001	消火栓镀锌钢管	$DN50$	m	55.70
3	031001005001	铸铁管	承插 $DN100$	m	106.80
	031001005002		承插 $DN50$	m	19.20

续表

序号	项目编码	项目名称	项目特征描述	计量单位	工程量
4	030901010001	室内消火栓	室内安装	套	12
5	031003001001	螺纹阀门	截止阀	个	12
6	031004014001	给、排水附件	$DN15$ 水嘴	个	24
7	031004010001	淋浴器	$DN15$	套	24
8	031004014002	给、排水附件	地漏 $DN50$	个	24
9	031004014003	给、排水附件	排水栓 $DN50$	组	24
10	031001002001	钢管	$DN50$、焊接	m	4.80

定额工程量汇总　　　　　　　　　表 1-68

序号	定额编号	项目名称	计量单位	工程量	基价(元)	人工费(元)	材料费(元)	机械费(元)
1	8-94	镀锌钢管 $DN75$	10m	1.55	135.50	67.34	63.83	4.33
2	8-90	$DN32$	10m	1.20	86.16	51.08	34.05	1.03
3	8-89	$DN25$	10m	0.60	83.51	51.08	31.40	1.03
4	8-87	$DN15$	10m	11.76	65.45	42.49	22.96	—
5	7-70	$DN50$(消防用)	10m	5.57	74.04	52.01	12.86	9.17
6	8-140	铸铁排水管 $DN100$	10m	10.68	378.68	80.34	298.34	—
7	8-138	铸铁排水管 $DN50$	10m	1.92	139.25	52.01	87.24	—
8	7-105	消火栓	套	12	31.47	21.83	8.97	0.67
9	8-246	截止阀 $DN50$	个	6	15.06	5.80	9.26	—
10	8-244	$DN32$	个	4	8.57	3.48	5.09	—
11	8-243	$DN25$	个	2	6.24	2.79	3.45	—
12	8-438	$DN15$ 水嘴	10 个	2.4	7.48	6.50	0.98	—
13	8-403	$DN15$ 淋浴器	10 组	2.4	332.00	52.01	279.99	—
14	8-447	$DN50$ 地漏	10 个	2.4	55.88	37.15	18.73	—
15	8-443	$DN50$ 排水栓	10 组	2.4	121.41	44.12	77.29	—
16	8-103	$DN50$ 焊接钢管	10m	0.48	101.55	62.23	36.06	3.26
17	11-66(第一遍)	刷沥青	10m²	0.45	8.04	6.50	1.54	—
18	11-67(第二遍)		10m²	0.45	7.64	6.27	1.37	—
19	11-122(第一遍)	刷银粉	10m²	2.12	16.00	5.11	3.93	6.96
20	11-123(第二遍)		10m²	2.12	15.25	5.11	3.18	6.96

【例 26】　本项目为某高级住宅楼给水排水工程，系统设计为一根给水立竖管，和 3 根排水竖管，给水管道采用镀锌钢管，排水管道采用排水塑料管，给水管埋深 0.4m，排水管埋深 1.2m，楼层六层。其平面图及给水系统图如图 1-102、图 1-103 所示。

给水排水工程说明：

1. 给水管道采用镀锌钢管，丝接。

2. 明装给水管道，刷樟丹防锈漆一遍，银粉两遍。

3. 排水管道采用塑料管。

4. 给水管道埋地部分刷冷底子油一遍。

5. 未尽事宜按国家标准执行。

图 1-102　平面图

图 1-103　给水系统图

【解】　(1) 给水系统工程量

1) 镀锌钢管丝接

DN15：[1.3(从自闭式冲洗大便器到供水横管长度)＋1.3(从洗面盆到供水横管长度)＋2.00＋0.20(半个洗涤盆长度)＋(1.3－0.2)(从低位水箱蹲式大便器到供水横管长度)]×6m＝(1.3＋1.3＋2＋0.2＋1.3－0.2)×6m＝35.40m

DN20：[2.5(从轴①到轴 1/2)－0.12＋0.12(半个墙厚)＋0.15(预留)＋0.15(预留)＋

0.24(一个墙厚)+0.15(预留)]×6m=(2.5+0.15+0.15+0.15+0.24)m×6
=19.14m

$DN25$：[(0.24+0.15)m(一个墙厚+预留)+2.00m(从轴②到轴 1/2)+0.15m(预留)]×6=2.54×6m=15.24m

$DN32$：6m(从标高 10m 到 16m)×1=6.00m

$DN50$：6m(从标高 10m 到 4m)×1=6.00m

$DN70$：[4m(从地面 0.00 到标高 4.00m)+0.4m(管道埋深)+2.0m(水表前埋地管)+3m(水表后埋地管)]=(4.4+2+3)m=9.40m

$DN15$：3 组(洗涤盆+2 洗面盆)×6=18 组

$DN20$：1 组(洗浴盆)×6=6 组

2）阀门

自闭式冲洗阀 $DN15$：1×6 个=6 个

$DN32$ 截止阀：2×1 个=2 个

$DN50$ 截止阀：2×1 个=2 个

$DN70$ 截止阀：4×1 个=4 个

$DN70$ 逆止阀：1 个

$DN70$ 水表：1 组

3）管道刷油

①$DN15$：$S_1 = \dfrac{6.68}{100} \times 35.4 \text{m}^2 = 2.36 \text{m}^2$

②$DN20$：$S_2 = \dfrac{8.4}{100} \times 19.14 \text{m}^2 = 1.61 \text{m}^2$

③$DN25$：$S_3 = \dfrac{10.52}{100} \times 15.24 \text{m}^2 = 1.60 \text{m}^2$

④$DN32$：$S_4 = \dfrac{13.27}{100} \times 6 \text{m}^2 = 0.80 \text{m}^2$

⑤$DN50$：$S_5 = \dfrac{18.85}{100} \times 6 \text{m}^2 = 1.13 \text{m}^2$

⑥$DN70$：$S_6 = \dfrac{23.72}{100} \times 9.4 \text{m}^2 = 2.23 \text{m}^2$

管道刷冷底子油：$DN70$，埋地长度 5.4m。

$S_7 = \dfrac{23.72 \text{m}}{100} \times 5.4 \text{m}(\text{埋地部分}) = 1.28 \text{m}^2$

（2）排水塑料管计算其排水系统图如图 1-104 所示。

排水管道工程量

1）排水塑料管

①$DN100$：{(19.2×2)(竖管①③地上部分)+(1.2×2)(竖管①③地下部分)+6×3(三根竖管的出户管)+[2.3(轴 A 到 B)-0.24(一个墙厚)-0.35(半个浴盆厚度)]×6+[1.300(坐式大便器到轴 A)-0.25(半个坐式大便器宽度)-0.12(半个墙厚度)]×6+(0.24+0.1)(轴②两立管间距)×6}m=76.68m

②$DN75$：[19.2m(竖管的地面以上)+1.2m(②地面以下部分)]=20.40m

$DN50$：$\{[1.3(洗面盆到轴Ⓐ)-0.12(半个墙厚度)+0.8(地漏到分支管)]\times6+$
　　　$[2.3(轴Ⓐ到轴Ⓑ)-0.24(一个墙厚)-0.25(半个洗涤盆宽度)]\times6+0.5(地$
　　　漏2至支管)\times6\}m=[(1.3-0.12+0.8)\times6+(2.3-0.24-0.25)\times6+0.5\times$
　　　$6]m=(1.98\times6+1.81\times6+3)m=(11.88+10.86+3)m=(22.74+3)m$
　　　$=25.74m$

图1-104　排水系统图

2）管件及卫生设备工程量

蹲式大便器：1×6套＝6套

坐式大便器：1×6套＝6套

地漏 $DN50$：2×6个＝12个

透气帽制作：3个

镀锌铁皮套管　$DN150$：2×6个＝12个（①③管穿板）

　　　　　　　$DN100$：1×6个＝6个（②管穿板）

　　　　　　　1×6个＝6个（从卫生间到厨房）

$DN100$ 小计：12个

排水栓安装：3×6组＝18组

扫除口安装：1×3个＝3个

洗浴盆：1×6 组＝6 组

洗面盆：2×6 组＝12 组

洗涤盆：1×6 组＝6 组

清单工程量计算见表 1-69。

清单工程量计算表　　　　　　　　　　　　　　表 1-69

序号	项目编码	项目名称	项目特征描述	计量单位	工程量
1	031001001001	镀锌钢管	DN15、丝接	m	35.40
2	031001001002	镀锌钢管	DN20、丝接	m	19.14
3	031001001003	镀锌钢管	DN25、丝接	m	15.24
4	031001001004	镀锌钢管	DN32、丝接	m	6.00
5	031001001005	镀锌钢管	DN50、丝接	m	6.00
6	031001001006	镀锌钢管	DN70、丝接	m	9.40
7	031001006001	塑料管	DN50	m	25.74
8	031001006002	塑料管	DN75	m	20.40
9	031001006003	塑料管	DN100	m	76.68
10	031004014001	给、排水附件	DN15 水嘴	个	18
11	031004014002	给、排水附件	DN20 水嘴	个	6
12	031003001001	螺纹阀门	截止阀	个	8
13	031003001002	螺纹阀门	逆止阀	个	1
14	031003013001	水表	DN70，施翼式	组	1
15	031004006001	大便器	坐式	组	6
16	031004006002	大便器	蹲式	组	6
17	031004014003	给、排水附件	地漏 DN50	个	12
18	031004014004	给、排水附件	塑料排水栓	组	18
19	031004001001	浴缸	搪瓷	组	6
20	031004003001	洗脸盆		组	12
21	031004004001	洗涤盆		组	6

工程量汇总见表 1-70。

工程量汇总表　　　　　　　　　　　　　　表 1-70

序号	定额编号	工程项目	规格	单位	数量	基价（元）	人工费（元）	材料费（元）	机械费（元）
1	8-87	镀锌钢管（丝接）	DN15	10m	3.54	65.45	42.49	22.96	—
2	8-88	镀锌钢管（丝接）	DN20	10m	1.91	66.72	42.49	24.23	—

续表

序号	定额编号	工程项目	规格	单位	数量	基价（元）	人工费（元）	材料费（元）	机械费（元）
3	8-89	镀锌钢管（丝接）	DN25	10m	1.52	83.51	51.08	31.40	1.03
4	8-90	镀锌钢管（丝接）	DN32	10m	0.60	86.16	51.08	34.05	1.03
5	8-92	镀锌钢管（丝接）	DN50	10m	0.60	111.93	62.23	46.84	2.86
6	8-93	镀锌钢管（丝接）	DN70	10m	0.94	124.29	63.62	56.56	4.11
7	8-155	排水塑料管	DN50	10m	2.57	52.04	35.53	16.26	0.25
8	8-156	排水塑料管	DN75	10m	2.04	71.70	48.30	23.15	0.25
9	8-157	排水塑料管	DN100	10m	7.67	92.93	53.87	38.81	0.25
10	8-438	水嘴	DN15	个	18	7.48	6.50	0.98	—
11	8-439	水嘴	DN20	个	6	7.48	6.50	0.98	—
12	8-241	自闭式冲洗阀	DN15	个	6	7.48	6.50	0.98	—
13	8-244	截止阀	DN32	个	2	8.57	3.48	5.09	
14	8-246	截止阀	DN50	个	2	15.06	5.80	9.26	
15	8-247	截止阀	DN70	个	4	26.79	8.59	18.20	
16	8-247	逆止阀	DN70	个	1	26.79	8.59	18.20	
17	8-363	水表（旋翼式）	DN70	组	1	106.39	24.38	82.01	—
18	8-407	蹲式大便器		套	0.6	1033.39	224.31	8090.08	
19	8-414	坐式大便器		套	0.6	484.02	186.46	297.56	
20	8-447	地漏	DN50	个	1.2	55.88	37.15	18.73	—
21		透气帽		个	3				
22	8-177	镀锌铁皮套管	DN150	个	12	5.30	2.55	2.75	—
23	8-175	镀锌铁皮套管	DN100	个	12	4.34	2.09	2.25	—
24	8-443	排水栓		10组	1.8	121.41	44.12	77.29	—
25	8-451	扫除口		10个	0.3	18.77	17.41	1.36	—
26	8-374	洗浴盆		10组	0.6	1076.16	189.94	886.22	—
27	8-382	洗面盆		10组	1.2	576.23	109.60	466.63	—
28	8-391	洗涤盆		10组	0.6	596.56	100.54	496.02	—
29	11-80	管道刷冷底子油		10m²	0.13	19.47	6.50	12.97	—
30	11-51	刷红丹防锈漆		10m²	0.97	7.34	6.27	1.07	—
31	11-56 11-57	刷银粉两道		10m²	0.97	11.31 10.64	6.56 6.27	4.81 4.37	

【例 27】 该项目为某住宅工程的给水排水工程。如图 1-105 所示为给水排水工程平面图，其中包括卫生间内的一个洗脸盆，一个低位水箱坐式大便器，和一个浴盆及地漏一个；厨房内仅有洗涤盆和地漏各一个，给水排水管道均采用塑料管。试计算其工程量（楼高四层）。

【解】 工程量：

（1）如图 1-106 所示为给水系统图，在计算工程量时，按照先上后下，先大管径后小管径之规则进行。

图 1-105　给排水平面图　　　　　　图 1-106　给水系统图

1）给水管道工程量

DN50：[6.3（从屋内一层地面到三层的支管处）+0.6（竖管埋地部分）+1.2（水表到竖管处）+3.5（水表到户外）]m=11.60m

DN35：3.00m（从三楼支管处到四楼支管处的竖管长度）

DN25：[1（从大便器到竖管的支管长度）+1.6（从浴盆到大便器的支管长度）]×4m=(1+1.6)m×4=10.40m

DN15：[1.0（从洗脸盆到竖管处的支管长度）+1.0（从洗涤盆到浴盆的支管长度）+0.7（连接洗脸盆的分支管）+0.2（连接大便器的分支管长度）+0.2（连接浴盆的分支管长度）+0.7（连接洗涤盆的分支管长度）]×4m=(1.0+1.0+0.7+0.2+0.2+0.7)m×4=15.20m

套用定额：DN50 定额编号 6-277，工程量 1.16(10m)，基价：28.12 元；其中人工费 19.76 元，材料费 1.83 元，机械费 6.53 元。

DN135 定额编号 6-275，工程量 0.30(10m)，基价：17.70 元；其中人工费 13.03 元，材料费 0.55 元，机械费 4.12 元。

　　DN25 定额编号 6-274，工程量 1.04(10m)，基价：15.62 元；其中人工费 11.91 元，材料费 0.47 元，机械费 3.24 元。

　　DN15 定额编号 6-273，工程量 1.52(10m)，基价：14.19 元；其中人工费 11.12 元，材料费 0.42 元，机械费 2.65 元。

　　2）设备及管件工程量

　　旋翼式水表 DN50mm：1 组(安装于总管处)

　　逆止阀 DN50mm：1 个(安装于总管处)

　　定额编号 8-246，工程量 1(个)，基价：15.06 元；其中人工费 5.80 元，材料费 9.26 元。

　　截止阀 DN50mm：

　　2 个(安装于总管处)＋2 个(安装于一层、二层之支管之上)＝4 个

　　定额编号 8-246，工程量 4(个)，基价：15.06 元；其中人工费 5.80 元，材料费 9.26 元。

　　DN35mm：1 个(安装于三层支管之上)

　　定额编号 8-244，工程量 1(个)，基价：8.57 元；其中人工费 3.48 元，材料费 5.09 元。

　　镀锌铁皮套管 DN80mm：2 个(用于一层～三层竖管穿板)

　　定额编号 8-174，工程量 2(个)，基价：4.34 元；其中人工费 2.09 元，材料费 2.25 元。

　　DN50mm：1 个(用于四层竖管穿板)

　　定额编号 8-172，工程量 1(个)，基价：2.89 元；其中人工费 1.39 元，材料费 1.50 元。

　　DN25mm：1 个(用于去厨房支管穿墙)×4＝4 个

　　定额编号 8-169，工程量 4(个)，基价：1.70 元；其中人工费 0.70 元，材料费 1.00 元。

　　水龙头 DN15mm：3 个(洗脸盆、洗涤盆、洗浴盆各一个)×4＝12 个

　　定额编号 8-438，工程量 1.2(10 个)，基价：7.48 元；其中人工费 6.50 元，材料费 0.98 元。

　　弯头(各种型号)：5 个(每层用)×4＝20 个

　　三通(各种型号)：3 个(每层用)×4＝12 个

　　(2) 排水系统工程量，其排水系统图如图 1-107 所示。

　　1）管道工程量

　　DN100：[13.20(排水竖管地面以上部分)＋0.9(排水竖管地面以下部分)＋6(排水干管出户管)]m＝(13.20＋0.9＋6)m＝20.10m

图 1-107　排水系统图

[1.0(从大便器到排水竖管处)+0.6(从浴盆到排水竖管处)]×4m=1.6m×4=6.40m

小计:(20.1+6.4)m=26.50m

定额编号 8-157,工程量 2.65(10m),基价:92.93 元;其中人工费 53.87 元,材料费 38.81 元,机械费 0.25 元。

DN50:[1.4(从厨房地漏到浴盆处支管长度)+0.5(厨房洗涤盆连接支管之分支管长度)+1.0(从②轴到大便器处支管长度减去半个墙厚度)+1.0(轴③到卫生间洗脸盆处)+0.5(卫生间洗脸盆连接支管之分支管长度)]×4m=(1.4+0.5+1.0+1.0+0.5)×4m=4.4×4m=17.60m

定额编号 8-155,工程量 1.76(10m),基价:52.04 元;其中人工费 35.53 元,材料费 16.26 元,机械费 0.25 元。

2)设备及管件计算

低位水箱坐式大便器:1×4 套=4 套

定额编号 8-414,工程量 0.4(10 套),基价:484.02 元;其中人工费 186.46 元,材料费 297.56 元。

洗脸盆:1×4 组=4 组

定额编号 8-382,工程量 0.4(10 组),基价:576.23 元;其中人工费 109.60 元,材料费 466.63 元。

洗涤盆:1×4 组=4 组

定额编号 8-391,工程量 0.4(10 组),基价:596.56 元;其中人工费 100.54 元,材料费 496.02 元。

浴 盆:1×4 组=4 组

定额编号 8-375,工程量 0.4(10 组),基价:1127.85 元;其中人工费 222.68 元,材料费 905.17 元。

地 漏:2×4 个=8 个

定额编号 8-447,工程量 0.8(10 个),基价:55.88 元;其中人工费 37.15 元,材料费 18.73 元。

伸顶通气帽:1×1 个=1 个

排水栓安装 DN50mm:3×4 组=12 组

定额编号 8-443,工程量 1.2(10 组),基价:121.41 元;其中人工费 44.12 元,材料费 77.29 元。

镀锌铁皮套管 DN150:4 个(每层楼板被竖管穿过处)

定额编号 8-177,工程量 4(个),基价:5.30 元;其中人工费 2.55 元,材料费 2.75 元。

DN80:4 个(每层排水支管穿过到厨房)

定额编号 8-174,工程量 4(个),基价:4.34 元;其中人工费 2.09 元,材料费 2.25 元。

3)管沟开挖量:套用定额(土建)1-8

给水管道埋地部分:(1.2+3.5)m=4.70m

$V=4.7\times0.6\times0.6\text{m}^3=1.69\text{m}^3$（管沟宽度 0.6m）

排水管道埋地部分：6m

$V=6\times0.9\times0.6\text{m}^3=3.24\text{m}^3$（管沟宽度 0.6m）

清单工程量计算见表 1-71。

清单工程量计算表　　　　　　　　　　　表 1-71

序号	项目编码	项目名称	项目特征描述	计量单位	工程量
1	031001006001	塑料管	$DN50$	m	11.60
	031001006002		$DN35$	m	3.00
	031001006003		$DN25$	m	10.40
	031001006004		$DN15$	m	15.20
2	031003013001	水表	旋翼式 $DN50$	组	1
3	031003001001	螺纹阀门	逆止阀、$DN50$	个	1
	031003001002		截止阀、$DN50$	个	4+1
4	031004014001	给、排水附件	水龙头 $DN15$	个	12
5	031001006005	塑料管	排水、$DN100$	m	26.50
	031001006006		$DN50$	m	17.60
6	031004006001	大便器	低位水箱、坐式	组	4
7	031004003001	洗脸盆		组	4
8	031004004001	洗涤盆		组	4
9	031004001001	浴缸	搪瓷	组	4
10	031004014002	给、排水附件	地漏 $DN50$	个	8
11	031004014003	给、排水附件	排水栓 $DN50$	组	12

【例28】 本项目为某住宅工程的厨卫间，其给水排水工程的平面布置图如图 1-107 所示图中给水系统共有一根立管，在给水系统中每户入户管处设水表井，给水管道采用镀锌钢管（丝接）。排水系统采用两根立管 PL₁、PL₂，排水管设排水栓和检查口，排水管道伸顶设通气帽，超出屋面 1.2m。另外，给水管道埋深 1.2m，排水管道埋深 1.2m，排水管道出户 5m 后进入化粪池；给水管道出户 4m 后与室外管道相接（本楼共 6 层）试计算其工程量。

工程说明：在给水系统中卫生间内设有浴盆一个，淋浴一个，洗脸台一个，坐式大便器一套，污水盆一个。

【解】 工程量：

（1）给水系统工程量，其给水系统图如图 1-109 所示。

如图 1-108、图 1-109 所示。

图 1-108　给水排水平面图　　　　　　图 1-109　给水系统图

1）镀锌钢管丝接：

$DN70$：［6.3（地面至三层支管处）＋1.2（竖管埋地）＋5.0（卫生间长度）＋0.12（半个墙厚）＋4（出户后与市政管连接管）］m＝（6.3＋1.2＋5.0＋0.12＋4）m ＝16.62m

$DN50$：6.00m（从三层支管处到五层支管处的竖管）

$DN32$：3.00m（从五层支管处到六层支管处的竖管）

$DN25$：［5.0（从轴①到轴②处）－0.24（一个墙厚）＋4.5（从轴 A 到轴 C 处）－0.24（一个墙厚）］×6m＝（5.0－0.24＋4.5－0.24）m×6＝54.12m

$DN20$：［0.24（C 轴所在墙厚度）＋5.0（轴①到轴②处）－0.12×2－1.7（从轴①到给水管穿墙处）－0.3m（半个洗涤盆宽度）］×6m＝（0.24＋5.0－1.7－0.3－0.12×2）m×6 ＝18.00m

$DN15$：［3.3（从轴②到卫生间洗污盆处）－0.12（半个墙厚）＋（0.6＋0.2＋0.2＋1.7＋0.6＋0.6＋0.6＋0.6）（依次为：卫生间内污水盆、浴盆、大便器、淋浴盆、洗脸台、厨房内污水盆、洗涤盆两水嘴与给水管道的连接管长度）］×6m ＝（3.3＋0.6＋0.2＋0.2＋1.7＋1.8＋0.6－0.12）m×6＝（3.3＋4.98）×6m ＝49.68m

2）管件及设备

不锈钢水龙头 $DN15$：6 个（每层 6 个）×6＝36 个

$DN25$ 逆止阀：	1 个(装于水表后，防止水倒流)×6＝6 个	
$DN25$ 截止阀：	1 个(装于水表前，检修用)×6＝6 个	
$DN70$ 闸阀：	1 个(装于 1 层竖管处，检修用)	
$DN25$ 旋翼式水表：	1 组(装于每户入户管上)×6＝6 组	
$DN15$ 淋浴器：	1 组(每层 1 个)×6＝6 组	

3)管道刷油

给水管 $DN15$：长度 49.68m；$S_1 = \dfrac{6.68}{100} \times 49.68\text{m}^2 = 3.32\text{m}^2$

给水管 $DN20$：长度 18.00m；$S_2 = \dfrac{8.4}{100} \times 18.00\text{m}^2 = 1.512\text{m}^2$

给水管 $DN25$：长度 54.12m；$S_3 = \dfrac{10.52}{100} \times 54.12\text{m}^2 = 5.69\text{m}^2$

给水管 $DN32$：长度 3m；$S_4 = \dfrac{13.27}{100} \times 3\text{m}^2 = 0.40\text{m}^2$

给水管 $DN50$：长度 6m；$S_5 = \dfrac{18.85}{100} \times 6\text{m}^2 = 1.13\text{m}^2$

给水管 $DN70$：长度 16.62m；$S_6 = \dfrac{23.72}{100} \times 16.62\text{m}^2 = 3.94\text{m}^2$

埋地管道刷冷底子油

给水管 $DN70$：长度(5.0＋0.12＋4＋1.2)m＝10.32m；$S_7 = \dfrac{23.72}{100} \times 10.32\text{m}^2 = 2.45\text{m}^2$

(2) 排水系统工程量计算说明：

在排水系统中分为两个独立的竖管，两管互不影响，而且两个竖管上支管及其设备的布置也不同，竖管如图 1-110 (a)所示二到六层布置相同，而一层埋地部分直接接在干管之上；竖管如图 1-110 (b)所示也是这样的道理。计算中应注意。

工程量：

1) 排水铸铁管

$DN50$：[5.0(轴①到轴②处)－1.5－0.12(半墙厚度)＋0.30(洗涤盆一半的宽度)＋
　　　0.24(一个墙厚)]×6＋[5.0(轴①到轴②处)－0.24(一个墙厚)－0.4]×5m
　　　＝[(5.0－1.5－0.12＋0.30＋0.24)×6＋(5.0－0.24－0.4)×5]m
　　　＝(23.52＋21.8)m＝45.32m

$DN100$：{19.2(竖管长度，不包括地下部分)×2＋1.2(地下部分的竖管)×2＋(5.0
　　　＋5.0)(竖管埋入地下后水平铺设的长度)＋[5.0(从轴①到轴②)－0.24(一
　　　个墙厚)]×5＋2.0(从轴 A 到大便器距离)×6}m＝[19.2×2＋1.2×2＋10
　　　＋(5.0－0.24)×5＋2.0×6]m＝(38.4＋2.4＋10＋23.8＋12)m＝86.60m

2) 管件及设备

坐式大便器：	1×6 套＝6 套
地漏 $DN50$：	1×6 个＝6 个
排水栓 $DN100$：	6×5 组＝30 组
扫除口 $DN50$：	2×1 个＝2 个
伸顶通气帽：	2×1 个＝2 个

图 1-110　排水系统图

浴盆：　　　　　　　　1×6 组＝6 组

洗脸盆：　　　　　　　1×6 组＝6 组

洗涤盆：　　　　　　　1×6 组＝6 组

污水盆：　　　　　　　2×6 组＝12 组

镀锌铁皮套管 $DN100$：　2×6 个＝12 个(穿板)

　　　　　　　$DN50$：　1×6＝6 个(穿墙)

3）管道刷油

排水管 $DN50$：长度 45.32m；$S'_1 = \dfrac{31.42}{100} \times 45.32\text{m}^2 = 14.24\text{m}^2$

　　$DN100\text{mm}$：长度 86.6m；$S'_2 = \dfrac{48.38}{100} \times 86.6\text{m}^2 = 41.90\text{m}^2$

清单工程量计算见表 1-72。定额工程量汇总见表 1-73。

清单工程量计算表　　　　　　　　　　　　　　　　表 1-72

序号	项目编码	项目名称	项目特征描述	计量单位	工程量
1	031001001001	镀锌钢管	$DN70$、丝接	m	16.62
2	031001001002	镀锌钢管	$DN50$、丝接	m	6.00

续表

序号	项目编码	项目名称	项目特征描述	计量单位	工程量
3	031001001003	镀锌钢管	DN32、丝接	m	3.00
4	031001001004	镀锌钢管	DN25、丝接	m	54.12
5	031001001005	镀锌钢管	DN20、丝接	m	18.00
6	031001001006	镀锌钢管	DN15、丝接	m	49.68
7	031001005001	铸铁管	承插 DN50	m	45.32
8	031001005002	铸铁管	承插 DN100	m	86.60
9	031004014001	给、排水附件	水龙头 DN15	m	36
10	031003001001	螺纹阀门	逆止阀，DN25	个	6
11	031003001002	螺纹阀门	截止阀，DN25	个	6
12	031003001003	螺纹阀门	闸阀，DN70	个	1
13	031003013001	水表	DN25	组	6
14	031004010001	淋浴器	DN15	套	6
15	031004006001	大便器	坐式	组	6
16	031004014002	给、排水附件	地漏 DN50	个	6
17	031004014003	给、排水附件	排水栓 DN100	组	30
18	031004014004	给、排水附件	地面扫除口 DN50	个	2
19	031004001001	浴缸	搪瓷	组	6
20	031004003001	洗脸盆		组	6
21	031004004001	洗涤盆		组	6

定额工程量汇总　　　　　　　　　　　　　　　　表 1-73

序号	定额编号	项目名称	计量单位	工程量	基价（元）	人工费（元）	材料费（元）	机械费（元）
1	8-94	镀锌钢管 DN70	10m	1.66	135.50	67.34	63.83	4.33
2	8-92	镀锌钢管 DN50	10m	0.60	111.93	62.23	46.84	2.86
3	8-90	镀锌钢管 DN32	10m	0.30	86.16	51.08	34.05	1.03
4	8-89	镀锌钢管 DN25	10m	5.41	83.51	51.08	31.40	1.03
5	8-88	镀锌钢管 DN20	10m	1.80	66.72	42.49	24.23	—
6	8-87	镀锌钢管 DN15	10m	4.97	65.45	42.49	22.96	—
7	8-138	排水铸铁管 DN50	10m	4.53	139.25	52.01	87.24	—
8	8-140	排水铸铁管 DN100	10m	8.66	378.68	80.34	298.34	—
9	8-438	DN15 水嘴	10个	3.6	7.48	6.50	0.98	—
10	8-243	DN25 逆止阀	个	6	6.24	2.79	3.45	—
11	8-243	DN25 截止阀	个	6	6.24	2.79	3.45	—
12	8-247	DN70 闸阀	个	1	26.79	8.59	18.20	—
13	8-359	DN15 水表	组	6	25.85	11.15	14.70	—

序号	定额编号	项目名称	计量单位	工程量	基价（元）	人工费（元）	材料费（元）	机械费（元）
14	8-403	DN15 淋浴器	10 组	0.6	332.00	52.01	279.99	—
15	8-414	坐式大便器	10 套	0.6	484.02	186.46	297.56	—
16	8-447	地漏 DN50	10 个	0.6	55.88	37.15	18.73	—
17	8-443	排水栓 DN100	10 组	3	121.41	44.12	77.29	—
18	8-451	扫除口 DN50	10 个	0.2	18.77	17.41	1.36	—
19	8-374	浴盆	10 组	0.6	1076.16	189.94	886.22	—
20	8-382	洗脸盆	10 组	0.6	576.23	109.60	466.63	—
21	8-391	洗涤盆	10 组	0.6	596.56	100.54	496.02	—
22	8-175	镀锌铁皮套管 DN100	个	12	4.34	2.09	2.25	—
23	8-172	镀锌铁皮套管 DN50	个	6	2.89	1.39	1.50	—
24	11-80(第 1 遍)	给水管刷冷底子油	10m²	0.245	19.47	6.50	12.97	—
25	11-81(第 2 遍)	给水管刷冷底子油	10m²	0.245	16.38	6.27	10.11	—
26	11-56(第 1 遍)	给水管刷银粉漆	10m²	1.60	11.31	6.50	4.81	—
27	11-57(第 2 遍)	给水管刷银粉漆	10m²	1.60	10.64	6.27	4.37	—
28	11-200(第 1 遍)	排水管刷银粉漆	10m²	5.61	13.23	7.89	5.34	—
29	11-201(第 2 遍)	排水管刷银粉漆	10m²	5.61	12.37	7.66	4.71	—

【例 29】 本工程为某学院男生宿舍楼，地上五层设有男卫生间及男盥洗室，生活污水排出室外流入学院总化粪池。给水管道采用镀锌钢管（丝接），排水管道采用铸铁管承插，石棉水泥抹口，试计算其清单及定额工程量。

如图 1-111 所示为该工程卫生间及盥洗间平面布置图；如图 1-112 所示为给水管道系统图；如图 1-113 所示为排水管道系统图。

【解】 一、给水系统

（一）管道安装

1. 镀锌钢管

（1）本工程共有 4 根立管，①②号立管布置相同，可一并计算如下：

1）DN50：4.50m（从标高 2.50 到标高 7.00 竖管长度）×2＝4.5m×2＝9.00m

2）DN32：{1.5（从标高 1.0 到标高 2.50 的立管长度）×2＋3.0（从标高 10.00 到标高 13.00 的立管长度）×2＋[(0.9＋0.85)（从轴②到第二个水嘴处）－0.12（半个墙厚)]×5×2}m＝[3.0＋6＋(1.75－0.12)×10]m＝(9＋16.3)m＝25.30m

3）DN40：3.0m（从标高 7.00 到标高 10.00 处的立管长度）×2＝3×2m＝6.00m

4）DN25：1.70m（从第二个水嘴到第四个水嘴处）×5×2＝1.7×5×2m＝17.00m

5）DN20：0.85m（从第四个水嘴到第五个水嘴处）×5×2＝8.50m

6）DN15：0.85m（从第五个水嘴到第六个水嘴处）×5×2＝8.50m

（2）立管③④布置不同故应分开计算先计算③管：

图 1-111 平面布置图

1）DN40：4.5m（从标高 2.50 到标高 7.0 处的立管长度）＝4.50m

2）DN32：3.0m（从标高 7.0 到标高 10.0 处立管长度）＝3.00m

3）DN25：［3.0（从标高 10.0m 到标高 13.0m）＋1.5（从标高 1.0m 到标高 2.5m 处立管长度）］m＝4.50m

图 1-112　给水系统图

4) $DN20$：[4.0(小便槽冲洗管长度)＋2.5(小便槽冲洗管中点到立管③长度)＋1.5
(立管③到轴②处)－0.12(半个墙厚)－0.35(半个污水盆宽度)]×5m＝(4.0
＋2.5＋1.5－0.12－0.35)×5m＝7.53×5m＝37.65m

(3) 立管④上连接有自闭式冲洗阀蹲式大便器，工程量计算如下：

1) $DN65$：4.5m(从标高到 2.50 到标高 7.00 处立管长度)＝4.50m

2) $DN50$：6.0m(从标高到 7.0 到标高 13.0 处立管长度)＝6.00m

[1.5(从标高 1.00 到标高 2.50 处立管长度)＋(1.45(从轴③到第一个大便器处)
－0.12(半个墙厚))×5]m＝[1.5＋(1.45－0.12)×5]m＝(1.5＋1.33×5)m＝8.15m

小计：(3＋3.0＋8.15)m＝(11.15＋3)m＝14.15m

3) $DN32$：1.8m(从第二个大便器到第四个大便器处)×5＝1.8×5m＝9.00m

4) $DN25$：0.8m(连接横管与大便器的管道)×6×5＝24.00m

1.8m(两个大便间宽度)×5＝1.8×5m＝9.00m

小计：33.00m

(4) 各立管之间的连接干管工程量计算如下：

1) $DN65$：[2.00(从轴②到轴③处)＋3.5(从轴 A 到轴 B 处)×2＋1.5(从轴③到 GL3
处)]m＝(2.0＋7.0＋1.5)m＝10.50m

2) $DN100$：[6.00(从轴③到轴④处)＋0.24(一个墙厚)＋2.5(从标高 0.00 到标高

图 1-113 排水系统图

2.50 处)]m＝(6＋0.24＋2.5)m＝8.74m

3) DN100(埋地部分)：[0.24(轴④所在墙厚度)＋1.50(从外墙皮到户外 1.5m 处)＋
0.9(管道埋深)]m＝(0.24＋1.5＋0.9)m＝2.64m

2. 管件及设备工程量

1) 水嘴安装 DN15：(6×2×5＋2×5)个＝70 个

2) 水表安装 DN100 螺翼式水表：1 组

3) 阀门安装：

DN100 截止阀：　　　　　　1 个(装于水表之前)

DN100 止回阀：　　　　　　1 个(装于水表之后)

DN50 截止阀：　　　　　　(2＋3)×1 个＝5(DN50 支管端处)个

DN32 截止阀：　　　　　　1×10 个＝10(DN32 支管端处)个

DN20 截止阀：　　　　　　1×10 个＝10(DN20 支管端处)个

4) DN25 自闭式冲洗阀：　　1×6×5 个＝30(每个大便器 1 个)个

5) 镀锌铁皮套管：

DN80 镀锌铁皮套管：　　　2 个(DN65 管道穿板用)

DN65 镀锌铁皮套管：　　　6 个(DN50 管道穿墙穿板)

DN50 镀锌铁皮套管：　　　4 个(DN40 管道穿板用)

DN40 镀锌铁皮套管：　　　3 个(DN32 管道穿板用)

$DN32$ 镀锌铁皮套管：　　　　1 个($DN25$ 管道穿板用)

3. 管道刷油

(1) 明装管道刷油

$DN100$ 镀锌钢管刷两遍银粉，每遍工程量为：

8.74m($DN100$ 镀锌钢管明装的部分长度)$\times 0.339m^2/m = 2.96m^2$

$DN65$ 镀锌钢管刷两遍银粉，每遍工程量为：

(10.5+4.5)($DN65$ 镀锌钢管明装的部分长度)m$\times 0.229m^2/m = 3.44m^2$

$DN50$ 镀锌钢管刷两遍银粉，每遍工程量为：

(9.0+14.15)m$\times 0.179m^2/m = 4.14m^2$

$DN40$ 镀锌钢管刷两遍银粉，每遍工程量为：

(6.0+4.5)m$\times 0.141m^2/m = 1.48m^2$

$DN32$ 镀锌钢管刷两遍银粉，每遍工程量为：

(25.3+3.0+9.0)m$\times 0.119m^2/m = 4.44m^2$

$DN25$ 镀锌钢管刷两遍银粉，每遍工程量为：

(17.0+4.5+33.0)m$\times 0.1005m^2/m = 5.48m^2$

$DN20$ 镀锌钢管刷两遍银粉，每遍工程量为：

(8.5+37.65)m$\times 0.078m^2/m = 3.60m^2$

$DN15$ 镀锌钢管刷两遍银粉，每遍工程量为：

8.5m$\times 0.066m^2/m = 0.56m^2$

(2) 暗装管道刷油

$DN100$ 镀锌钢管刷两遍沥青，每遍工程量为：

2.64m$\times 0.339m^2/m = 0.90m^2$

刷油工程量小计：

明装镀锌钢管刷银粉，每遍工程量为：

(2.96+3.44+4.14+1.48+4.44+5.48+3.60+0.56)$m^2 = 26.10m^2$

暗装镀锌钢管刷沥青，每遍工程量为：

$0.90m^2$

4. 管沟土方

开挖量：$V_1 = [0.9 \times (0.7+0.3 \times 0.9) \times 1.74]m^3 = 1.52m^3$

回填土方：$V'_1 = 1.52m^3$

【注释】　0.9 为深度，0.7 为管沟的宽度，1.74 为管沟的长度，(0.7+0.3×0.9)为管沟的上底加下底的平均长度；工程量计算规则按设计图示尺寸以体积计算。

二、排水系统

1. 管道安装工程量

如图 1-113 所示可以看出排水系统有四根互相独立的立管系统，其中 PL_1、PL_2 竖管管道布置相同，而 PL_3、PL_4 则不同，故在计算工程量时可将 PL_1、PL_2 一并计算，PL_3、PL_4 分别计算。

(1) PL_1、PL_2 管道安装工程量

$DN100$ 铸铁管：[16.2(立管的地面以上部分)$\times 2+1.4$(立管的埋地部分)$\times 2+4.0$

（立管转弯出户部分）×2]m＝(16.2×2＋1.4×2＋4.0×2)m
＝43.20m

$DN75$ 铸铁管：[5.0(从轴①到盥洗池集水口)－0.12(半个墙厚)]×5×2m＝4.88m×
5×2＝48.80m

(2) PL₃ 管道工程量

$DN100$ 铸铁管：16.2m(立管地面以上部分)＋1.4m(立管埋地部分)＋4.0m(立管转
弯出户部分)＝(16.2＋1.4＋4.0)m＝21.60m

$DN75$ 铸铁管：[6.0(从轴③到轴④处)－0.24(一个墙厚)－0.30(半个污水盆宽度)]
×5＝(6.0－0.24－0.3)×5m＝(5.46×5)m＝27.30m

(3) PL₄ 管道工程量

$DN150$ 铸铁管：4.00m(埋地横管出户)

$DN100$ 铸铁管：{(16.2＋1.4)(立管全长)＋[6.0(从轴②到轴④处)－0.24m(一个墙
厚)－0.45(半个大便器宽度)]×5}m＝[17.6＋(6.0－0.24－0.45)
×5]m＝(17.6＋26.55)m＝44.15m

2. 管件及卫生器具

$DN75$ 扫除口：	1×2×5 个＝10 个(铜盖)
$DN100$ 扫除口：	1×5 个＝5 个(铜盖)
$DN75$ 地漏：	3×5 个＝15 个
$DN75$ 排水栓(带存水弯)：	4×5 组＝20 组
蹲式大便器：	6×5 套＝30 套
污水盆：	2×5 组＝10 组
$DN125$ 镀锌铁皮套管：	4×5 个＝20 个
$DN100$ 检查口：	5×4 个＝20 个

3. 管道刷油

承插铸铁管明装刷油

$DN100$ 刷一遍红丹防锈漆：

$S_1＝(16.2×4＋26.55)(该管径的长度)×0.357m^2＝32.61m^2$

$DN75$ 刷一遍红丹防锈漆：

$S_2＝(48.8＋27.30)×0.276m^2＝21.00m^2$

$DN100$ 刷两遍银粉，每遍工程量为：

$S_1＝32.61m^2$

$DN75$ 刷两遍银粉，每遍工程量为：

$S_2＝21.00m^2$

承插铸铁管暗装刷油

$DN150$ 刷两道沥青，每道面积为：

$S'_1＝4.0×0.506m^2＝2.02m^2$

$DN100$ 刷两道沥青，每道面积为：

$S'_2＝(5.4×3＋1.4)×0.357m^2＝6.28m^2$

4. 管沟土方

DN150 管沟土方开挖量

$V_1 = 1.4$(开挖的深度)$\times(0.7 + 0.3 \times 1.4)$(开挖的管沟的上底加下底的平均长度)$\times 4$(DN150 管沟的长度)$m^3 = 4.48 \times 1.4 m^3 = 6.27 m^3$

DN100 管沟土方开挖量:

$V_2 = 1.4 \times (0.7 + 0.3 \times 1.4) \times 12$(DN100 管沟土方开挖的长度)$m^3 = 18.82 m^3$

DN150 管沟回填土方量:

$V_1' = 6.27 m^3$

DN100 管沟土方回填量

$V_2' = 18.82 m^3$

小计:开挖量:$(6.27 + 18.82) m^3 = 25.09 m^3$

回填量:$(6.27 + 18.82) m^3 = 25.09 m^3$

其工程量汇总,见表 1-74。

工程量汇总表 表 1-74

编号	项目名称	项目编码	项目特征	单位	数量	定额编号	定额单位	基价(元)	人工费(元)	材料费(元)	机械费(元)
1	镀锌钢管	031001001001	DN100	m	11.38	8-95	10m	167.17	76.39	82.64	8.14
2	镀锌钢管	031001001002	DN65	m	15.00	8-93	10m	124.29	63.62	56.56	4.11
3	镀锌钢管	031001001003	DN50	m	23.15	8-92	10m	111.93	62.23	46.84	2.86
4	镀锌钢管	031001001004	DN40	m	10.50	8-91	10m	93.85	60.84	31.98	1.03
5	镀锌钢管	031001001005	DN32	m	37.30	8-90	10m	86.16	51.08	34.05	1.03
6	镀锌钢管	031001001006	DN25	m	54.50	8-89	10m	83.51	51.08	31.40	1.03
7	镀锌钢管	031001001007	DN20	m	46.15	8-88	10m	66.72	42.49	24.23	
8	镀锌钢管	031001001008	DN15	m	8.50	8-87	10m	65.45	42.49	22.96	
9	(承插)铸铁管	031001005001	DN150	m	4.00	8-141	10m	350.11	85.22	264.89	
10	(承插)铸铁管	031001005002	DN100	m	108.95	8-140	10m	378.68	80.34	298.34	
11	(承插)铸铁管	031001005003	DN75	m	76.10	8-139	10m	261.74	62.23	199.51	
12	给、排水附件	031004014001	DN15 水嘴	个	70	8-438	10 个	7.48	6.50	0.98	
13	给、排水附件	031004014002	排水栓 DN75	组	20	8-443	10 组	121.41	44.12	77.29	
14	给、排水附件	031004014003	地漏 DN75	个	15	8-448	10 个	117.41	86.61	30.80	
15	给、排水附件	031004014004	扫除口 DN75	个	10	8-452	10 个	23.59	22.06	1.53	
16	给、排水附件	031004014005	扫除口 DN100	个	5	8-453	10 个	24.22	22.52	1.70	
17	给、排水附件	031004014006	污水盆	组	10						
18	大便器	031004006001	蹲式	组	30	8-407	10 套	1033.39	224.31	809.08	
19	镀锌钢管	031001001009	套管 DN125	个	20	8-176	个	5.30	2.55	2.75	

编号	项目名称	项目编码	项目特征	单位	数量	定额编号	定额单位	基价（元）	人工费（元）	材料费（元）	机械费（元）
20	镀锌钢管	031001001010	套管DN80	个	2	8-174	个	4.34	2.09	2.25	
21	镀锌钢管	031001001011	套管DN65	个	6	8-173	个	4.34	2.09	2.25	
22	镀锌钢管	031001001012	套管DN50	个	4	8-172	个	2.89	1.39	1.50	
23	镀锌钢管	031001001013	套管DN40	个	3	8-171	个	2.89	1.39	1.50	
24	镀锌钢管	031001001014	套管DN32	个	1	8-170	个	2.89	1.39	1.50	
25	螺纹阀门	031003001001	截止阀DN100	个	1	8-249	个	63.06	22.52	40.54	
26	螺纹阀门	031003001002	截止阀DN50	个	5	8-246	个	15.06	5.80	9.26	
27	螺纹阀门	031003001003	截止阀DN32	个	10	8-244	个	8.57	3.48	5.09	
28	螺纹阀门	031003001004	截止阀DN20	个	10	8-242	个	5.00	2.32	2.68	
29	螺纹阀门	031003001005	逆止阀DN100	个	1	8-249	个	63.06	22.52	40.54	
30	水表	031003013001	（螺翼）DN100	组	1	8-364	组	149.26	27.17	122.09	
31	给、排水附件	031004014007	检查口DN100	个	20						
32	喷漆	031201009001	给水管道刷银粉（两遍）	m²	26.10	11-56 11-57	10m²	11.31 10.64	6.50 6.27	4.81 4.37	
33	喷漆	031201009002	给水管道刷沥青（两遍）	m²	0.90	11-66 11-77	10m²	8.04 7.64	6.50 6.27	1.54 1.37	
34	喷漆	031201009003	排水管道刷红丹防锈漆（两遍）	m²	53.16	11-198	10m²	8.85	7.66	1.19	
35	喷漆	031201009004	排水管道刷银粉（两遍）	m²	53.16	11-200 11-201	10m²	13.23 12.37	7.89 7.66	5.34 4.71	
36	喷漆	031201009005	排水管道刷沥青（两遍）	m²	8.30	11-202 11-203	10m²	9.90 9.50	8.36 8.13	1.54 1.37	

【例 30】 本项目为某单位综合办公楼的卫生间给排水系统，给水管道采用镀锌钢管，排水管道采用塑料 PVC 管，另外本项目在卫生间旁边有专门的收集垃圾房间。试计算其工程量，并汇总。如图 1-114 所示为平面布置图；如图 1-115 所示为给水系统图；如图 1-116 所示为排水系统图。

图 1-114　平面布置图

【解】 1. 给水系统工程量

（1）管道工程量

①DN50 镀锌钢管：

（埋地）：6.6m（轴①到轴③处）－0.24m（一个墙厚）＋0.48m（轴 C 所在墙厚度×2）＋
　　　　　0.9m（立管埋地部分）×2＝(6.6－0.24＋0.48＋0.9×2)m＝8.64m

（明装）：7.0m（从地面到三楼支管处）×2＝7.0×2m＝14.00m

小计：(14＋8.64)m＝22.64m

②DN40 镀锌钢管：

6.0m（从三楼支管处到五楼支管处）×2＝12.00m

③ DN32 镀锌钢管：

[1.2m（从轴⑧到轴⑥处）＋1.5m（从标高 1.00 到标高 2.50 处）×2＋3.30m（从轴①到轴②处）－0.24m（一个墙厚）]×2×5＝(1.2＋1.5×2＋3.3－0.24)×10m＝72.60m

④ DN25 镀锌钢管：

[4.5m（从轴⑧到轴Ⓐ处）－1.0m（从轴Ⓐ到最后一个大便器的距离）]×2×5＝3.5×2×5m＝7.0m×5＝35.00m

图 1-115　给水系统图

⑤ DN20 镀锌钢管：

[4.5m(从轴Ⓑ到轴Ⓐ处)－1.5m(半个小便槽长度)－0.24m]×5＝(4.5－1.5－0.24)×5m＝2.76×5m＝13.80m

⑥ DN15 镀锌钢管：

[4.5m(从轴Ⓐ到轴Ⓑ处)－0.24m(一个墙厚)－0.25m(半个洗涤盆宽度)＋0.6m(从轴Ⓑ到轴Ⓒ除以2)×2]×5＋(0.6m＋0.24m＋0.5m＋0.5m)(热水器各部分长度)×5＝[(4.5－0.24－0.25＋0.6×2)×5＋1.84×5]m＝(26.05＋9.2)m＝35.25m

⑦ 套用定额：DN50　定额编号：8-92，计量单位：10m，工程量$\frac{22.64}{10}$＝2.264，基价：111.93 元；其中人工费 62.23 元，材料费 46.84 元，机械费 2.86 元。

DN40　定额编号：8-91，计量单位：10m，工程量$\frac{12}{10}$＝1.2，基价：93.85 元；其中人工费60.84元，材料费31.98元，机械费1.03元。

DN32　定额编号：8-90，计量单位：10m，工程量$\frac{72.6}{10}$＝7.26，基价：86.16 元；

图 1-116　排水系统图

其中人工费51.08元，材料费 34.05 元，机械费1.03 元。

　　DN25　定额编号：8-89，计量单位：10m，工程量$\frac{35}{10}$＝3.5，基价：83.51 元；其中人工费51.08元，材料费 31.04 元，机械费1.03 元。

　　DN20　定额编号：8-88，计量单位：10m，工程量$\frac{13.8}{10}$＝1.38，基价：66.72 元；其中人工费42.49元，材料费 24.23 元。

　　DN15　定额编号：8-87，计量单位：10m，工程量$\frac{35.25}{10}$＝3.525，基价：65.45 元；其中人工费 42.49 元，材料费 22.96 元。

　　(2) 给水设备及管件

　　DN15 水龙头：(3＋3)×5 个＝30 个

　　定额编号：8-438，计量单位：10 个，工程量$\frac{30}{10}$＝3，基价：7.48 元；其中人工费6.5 元，材料费 30.98 元。

　　DN20 水龙头：1×5 个＝5 个

　　定额编号：8-439，计量单位：10 个，工程量$\frac{5}{10}$＝0.5，基价：7.48 元；其中人工费6.50 元，材料费 0.98 元。

　　截止阀 DN32：4×5 个＝20 个

　　定额编号：8-244，计量单位：10 个，工程量$\frac{20}{10}$＝2，基价：8.57 元；其中人工费

3.48元，材料费5.09元。

截止阀 *DN*25：2×5个＝10个

定额编号：8-243，计量单位：10个，工程量$\frac{10}{10}=1$，基价：6.24元；其中人工费

2.79元，材料费3.45元。

截止阀 *DN*20：1×5个＝5个

定额编号：8-242，计量单位：10个，工程量$\frac{5}{10}=0.5$，基价：5.00元；其中人工费

2.32元，材料费2.68元。

截止阀 *DN*15：1×5个＝5个

定额编号：8-241，计量单位：10个，工程量$\frac{5}{10}=0.5$，基价：4.43元；其中人工费

2.32元，材料费2.11元。

镀锌铁皮套管 *DN*65：3×2个＝6个

定额编号：8-173，计量单位：个，工程量6，基价：4.43元；其中人工费2.09元，
材料费2.25元。

镀锌铁皮套管 *DN*50：2×2个＝4个

定额编号：8-172，计量单位：个，工程量4，基价：2.89元；其中人工费1.39元，
材料费1.50元。

镀锌铁皮套管 *DN*40：2×5个＝10个

定额编号：8-171，计量单位：个，工程量10，基价：2.89元；其中人工费1.39元，
材料费1.50元。

镀锌铁皮套管 *DN*32：2×5个＝10个

定额编号：8-170，计量单位：个，工程量10，基价：2.89元；其中人工费1.39元，
材料费1.50元。

小便槽冲洗管：[3.0m(小便槽冲洗管长)＋0.15m(控制阀门的短管长度)]×5＝3.15
　　　　　　　×5m＝15.75m

定额编号：8-456，计量单位：10m，工程量$\frac{15.75}{10}=1.575$，基价：246.24元；其中

人工费150.70元，材料费83.06元，机械费12.48元。

管道支架：

a. 数量

*DN*50 管道支架：14m/5m≈3个

*DN*40 管道支架：12m/4.5m≈3个

*DN*32 管道支架：72.6m/4m≈19个

*DN*25 管道支架：35m/3.5m＝10个

*DN*20 管道支架：13.8m/3.0m≈5个

*DN*15 管道支架：35.25m/2.5m≈15个

b. 工程量

铁件：0.87kg×3＋0.82kg×3＋0.77kg×19＋0.6kg×10＋0.49kg×20

$$=2.61kg+2.46kg+14.63kg+6kg+9.8kg$$
$$=35.50kg$$

刷油：$0.51kg×3+0.46kg×3+0.41kg×19+0.35kg×10+0.28kg×20$
$$=1.53kg+1.38kg+7.79kg+3.5kg+5.6kg$$
$$=19.80kg$$

小计：铁件重量：35.50kg；刷油重量：19.80kg

c. 套用定额

管道支架 8-178 工程量$\frac{35.5}{100}=0.355$，基价：654.69 元；其中人工费 235.45 元，材料费 194.98 元，机械费 224.36 元。

刷油第一遍 11-117 工程量$\frac{19.8}{100}=0.198$，基价：13.17 元；其中人工费 5.34 元，材料费 0.87 元，机械费 6.69 元。

第二遍 11-118 工程量$\frac{19.8}{100}=0.198$，基价：12.82 元；其中人工费 5.11 元，材料费 0.75 元，机械费 6.69 元。

(3) 管道刷油

(明装)：DN50 镀锌钢管刷两遍银粉，每遍工程量为：
$$14m×0.19m^2/m=2.66m^2$$

(暗装)：DN50 镀锌钢管刷两遍沥青，每遍工程量为：
$$8.64m×0.19m^2/m=1.64m^2$$

DN40 镀锌钢管刷两遍银粉，每遍工程量为：
$$12m×0.15m^2/m=1.80m^2$$

DN32 镀锌钢管刷两遍银粉，每遍工程量为：
$$72.6m×0.13m^2/m=9.44m^2$$

DN25 镀锌钢管刷两遍银粉，每遍工程量为：
$$35m×0.11m^2/m=3.85m^2$$

DN20 镀锌钢管刷两遍银粉，每遍工程量为：
$$13.8m×0.084m^2/m=1.16m^2$$

DN15 镀锌钢管刷两遍银粉，每遍工程量为：
$$35.25m×0.08m^2/m=2.82m^2$$

小计：刷银粉每遍：21.73m² 刷沥青每遍：1.64m²

套用定额：

刷银粉漆第一遍 定额编号：11-56 计量单位：10m² 工程量$\frac{21.73}{10}=2.173$，基价：11.31元；其中人工费 6.50 元，材料费 4.81 元。

第一遍 定额编号：11-57 计量单位：10m² 工程量 2.173，基价：10.64 元；其中人工费6.27元，材料费4.37元。

刷沥青漆第一遍 定额编号：11-66 计量单位：10m² 工程量$\frac{1.64}{10}=0.164$，基价：

8.04 元；其中人工费 6.50 元，材料费 1.54 元。

第二遍　定额编号：11-67　计量单位：10m²　工程量 $\frac{1.64}{10}=0.164$，基价：7.64 元；其中人工费 6.27 元，材料费 1.37 元。

（4）管沟土方

开挖量：$V=h(b+0.3h)l=0.9\text{m}$（管沟的深度）$\times(0.60\text{m}+0.3\times0.9\text{m})$（管沟的上加下底的长度的平均值，0.3 为坡度系数）$\times6.6$（管沟的长度）$=5.17\text{m}^3$　套用定额（土建）1-8

（说明：管沟开挖量计算公式：$V=h(b+0.3h)l$，其中 h 为沟深，b 为沟底宽（可查表），l 为沟长，0.3 为放坡系数。）

回填量：$V=5.17\text{m}^3$　套用定额（土建）1-46

（说明：$DN500$ 以下管沟回填土方量不扣除管道所占体积）

（5）给水管道冲洗、消毒工程量

$(14.0+8.64+12+72.6+35+13.8+35.25)\text{m}=191.29\text{m}$

套用定额 8-230，计量单位：100m，工程量 $\frac{191.29}{100}=1.9129$，基价：20.49 元；其中人工费 20.49 元，材料费 12.07 元，机械费 8.42 元。

2. 排水系统工程量计算

（1）管道计算

如图 1-117 所示可以看出排水系统有两个独立的排水立管组成，在进行工程量计算时，可先计算 PL_1 或 PL_2，再计算另外一根立管，也可以按照所用管材的大小，由 $DN150$ 开始，整个系统一起计算。

① 立管 PL_1 工程量计算

$DN100$ 塑料 PVC 管：定额编号 8-157，计量单位：10m，基价：92.93 元；其中人工费 53.87 元，材料费 38.81 元，机械费 0.25 元。

[4.5m（从轴Ⓐ到轴Ⓑ处）－0.24m（一个墙厚）－0.5m（半个大便器间距宽度）]×5＋16.2m（立管地上部分）＋1.4m（立管埋地部分）＝[(4.5－0.24－0.5)×5＋16.2＋1.4]m ＝(3.76×5＋17.6)m＝36.40m

$DN75$ 塑料 PVC 管：定额编号 8-156，计量单位：10m，基价：71.70 元；其中人工费 48.30 元，材料费 23.15 元，机械费 0.25 元。

[3.3m（从轴①到轴②）－0.24m（一个墙厚）－0.30m（半个污水盆宽度）＋0.90m（从轴Ⓐ到地漏处）－0.12m（半个墙厚）]×5＝(3.3－0.24－0.30＋0.90－0.12)×5m ＝17.70m

$DN50$ 塑料 PVC 管：定额编号 8-155，计量单位：10m，基价：52.04 元；其中人工费 35.53 元，材料费 16.26 元，机械费 0.25 元。

[0.5m（半个大便间宽度）＋0.24m（Ⓑ轴所在墙厚度）＋0.6m（从轴Ⓑ到轴Ⓒ除以 2）＋0.2m（从洗脸盆到地漏）]×5＝(0.5＋0.24＋0.6＋0.2)×5m＝1.54×5m＝7.70m

自闭式冲洗阀蹲式大便器：4×5 套＝20 套

定额编号 8-413，计量单位：10 套，基价：1812.01 元；其中人工费 167.42 元，材料费 1644.59 元。

洗脸盆：1×5 组＝5 组

定额编号 8-382，计量单位：10 组，基价：576.23 元；其中人工费 109.60 元，材料费 466.63 元。

DN75 地漏：5 个

定额编号 8-448，计量单位：10 个，基价：117.41 元；其中人工费 86.61 元，材料费 30.80 元。

DN50 地漏：5 个

定额编号 8-447，计量单位：10 个，基价：35.88 元；其中人工费 37.15 元，材料费 18.73 元。

污水盆：1×5 组＝5 组

镀锌铁皮套管 DN125：1×5 个＝5 个（立管穿板） 定额编号 8-176，计量单位：个，基价5.30元，其中人工费 2.255 元，材料费 2.75。元

DN100：1×5 个＝5 个（穿轴 B 所在墙）

定额编号 8-175，计量单位：个，基价：4.34 元；其中人工费 2.09 元，材料费 2.25 元。

伸顶通气帽：DN100：1 个

② 立管 PL_2 工程量计算：

DN100 塑料管道：定额编号 8-157，计量单位：10m，基价：92.93 元；其中人工费 53.87 元，材料费 38.81 元，机械费 0.25 元。

[4.5m（从轴Ⓐ到轴Ⓑ处）－0.24m（一个墙厚）－0.12m（立管与墙距离）－0.5m（半个大便间宽度）]×5+[3.3m（从轴②到轴③处）－0.24m（一个墙厚）－0.12m（立管与墙距离）]×5＝[(4.5－0.24－0.12－0.5)×5+(3.3－0.24－0.12)×5]m＝(3.64×5+2.94×5)m＝(18.20+14.70)m＝32.90m

32.9m+16.2m（立管地上部分）+1.4m（立管地下部分）＝50.50m

DN75 塑料 PVC 管： 定额编号 8-156，计量单位：10m，基价：71.70 元；其中人工费 48.30 元，材料费 23.15 元，机械费 0.25 元。

[1.5m（半个小便槽长度）－0.24m（半个墙壁厚度＋管道与墙间距）]×5+[2.67m（从轴③到清通口处）+0.12m（半个墙厚度）]×5＝[(1.5－0.24)×5+(2.67+0.12)×5]m＝(6.3+13.95)m＝20.25m

DN50 塑料 PVC 管：定额编号 8-155，计量单位：10m，基价：52.04 元；其中人工费 35.53 元，材料费 16.26 元，机械费 0.25 元。

[0.5m（半个大便间宽度）+0.24m（轴 B 所在墙厚度）+0.6m（轴 B 到轴 C 处除以 2）+0.2m（从洗脸盆到地漏处）]×5＝7.70m

[2.3m（从小便槽出水口处到地漏处）+0.7m（垃圾房内地漏到管道距离）]×5＝(2.3+0.7)×5＝15.00m

小计：22.70m

自闭式冲洗阀蹲式大便器：4×5 套＝20 套

定额编号 8-413，计量单位：10 套，基价：1812.01 元；其中人工费 167.42 元，材料费 1644.59 元。

洗脸盆：1×5 组＝5 组

定额编号 8-382，计量单位：10 组，基价：576.23 元；其中人工费 109.60 元，材料费 466.63 元。

地漏 $DN50$：4×5 个＝20 个

定额编号 8-447，计量单位：10 个，基价：35.88 元；其中人工费 37.15 元，材料费 18.73 元。

污水盆：1×5 组＝5 组

镀锌铁皮套管 $DN125$：5 个(立管穿板)

定额编号 8-176，计量单位：个，基价：5.30 元；其中人工费 2.255 元，材料费 2.75 元。

$DN100$：1×5 个＝5 个(横管穿墙)

定额编号 8-175，计量单位：个，基价：4.34 元；其中人工费 2.09 元，材料费 2.25 元。

$DN80$：1×5 个＝5 个(横管穿墙)

定额编号 8-174，计量单位：个，基价：4.34 元；其中人工费 2.09 元，材料费 2.25 元。

清通口 $DN75$：1×5 个＝5 个

伸顶通气帽 $DN100$：1 个

(2) 管道刷油

由于排水管道采用塑料 PVC 管，不必进行刷油只需对给水镀锌钢管进行刷油。

$DN150$ 埋地铺设管计算：

(4＋0.24＋0.12)×2m＝4.36×2m＝8.72m

(3) 管沟土方

埋地干管土方开挖量：

$$V_1 = h(b+0.3h) \times l$$
$$= 1.4(管沟的深度) \times (0.7+0.3 \times 1.4)(管沟的上底加下底的长度的平均值)$$
$$\times 8.72(管沟的开挖的长度)m^3$$
$$= 1.4 \times 1.12 \times 8.72 m^3$$
$$= 13.67 m^3 \quad 套用定额(土建)1-8$$

回填量：13.67m³　套用定额(土建)1-46

一层支管土方开挖量：

$$V_2 = 0.9(一层支管土方开挖的深度) \times (0.6+0.3 \times 0.9)(支管土方开挖上底加下底的$$
$$长度的平均值，0.3 为坡度系数) \times (3.76+3.54+1.54+3.64+1.54+2.94+1.26$$
$$+2.79+3.0)(一层支管土方开挖的长度)m^3$$
$$= 0.9 \times 0.87 \times 24.01 m^3 = 18.80 m^3 \quad 套用定额(土建)1-8$$

回填量：18.80m³　套用定额(土建)1-46

清单工程量计算见表 1-75。

清单工程量计算表　　　　　　　　　　　表 1-75

序号	项目编码	项目名称	项目特征描述	计量单位	工程量
1	031001001001	镀锌钢管	$DN50$	m	22.64
2	031001001002	镀锌钢管	$DN40$	m	12.00
3	031001001003	镀锌钢管	$DN32$	m	72.60
4	031001001004	镀锌钢管	$DN25$	m	35.00
5	031001001005	镀锌钢管	$DN20$	m	13.80
6	031001001006	镀锌钢管	$DN15$	m	35.25
7	031001006001	塑料管	PVC，$DN100$	m	86.90
8	031001006002	塑料管	PVC，$DN75$	m	37.95
9	031001006003	塑料管	PVC，$DN50$	m	30.40
10	031004014001	给、排水附件	水龙头 $DN15$	个	30
11	031004014002	给、排水附件	水龙头 $DN20$	个	5
12	031003001001	螺纹阀门	截止阀	个	40
13	031004015001	小便槽冲洗管制作安装		m	15.75
14	031002001001	管道支架制作安装		kg	34.24
15	031004006001	大便器	自闭式冲洗阀、蹲式	组	40
16	031004003001	洗脸盆		组	10
17	031004014003	给、排水附件	地漏 $DN75$	个	5
18	031004014004	给、排水附件	地漏 $DN50$	个	25

【例31】　如图 1-117 所示为某综合商场的卫生间平面布置图，男卫生间内设 6 套自闭式冲洗阀蹲式大便器，5 组立式小便器，女卫生间内设 6 套自闭式冲洗阀蹲式大便器，在外间设 5 组台式洗脸盆和一组污水盆。本工程给水管道用镀锌钢管，埋地部分用加强级沥青防腐，排水管道用塑料 PVC 管。

【解】　一、管道安装

在工程预算中，人们通常把给水管道分为铺设管（埋于地±0.00 以下的管道）和立支管两部分，把排水管道分为铺设管和立托管两部分。

1. 镀锌钢管（铺设管）

$DN65$：3.5m（从轴Ⓑ到轴Ⓐ处）－0.12m（轴Ⓑ墙 1/2 厚度）＋0.18m（轴Ⓐ墙 1/2 厚度）＋1.5m（外墙皮至 1.5m 处）＋0.9m（立管埋地部分）＝(3.5－0.12＋0.18＋1.5＋0.9)m＝5.96m

2. 镀锌钢管（立管）

本工程只有一根给水立管，其工程量计算如下：

图 1-117　卫生间平面图

(1) $DN65$：1.00m(从一层地面到本层小便器支管处立管长度)

(2) $DN50$：6.00m(从一层小便器支管处到三层小便器支管处立管长度)

(3) $DN40$：5.80m(从三层小便器支管处到四层干管顶端)

3. 镀锌钢管(支管)

由于本工程支管项目较复杂故将支管编号如图 1-118 所示，分别计算：

(1) ① 支管工程量：

$DN25$：[1.8m(从轴②到第二个小便器接口处)－0.12m(轴②墙 1/2 厚度)]×4＝
(1.8－0.12)×4m＝6.72m

$DN20$：1.80m(从第二个到第四个小便器接口处)×4＝7.20m

$DN15$：0.9m(从第四个小便器到第五个小便器)×4＝3.60m

(2)②③支管工程量：(由于②③支管布置相同)

① $DN32$：{7.0m(从轴④到轴⑥处)－0.36m(一个墙厚)＋1.8m(从标高 7.0 到标高
8.80)×2＋[1.362m(从轴②到第二个大便器)－0.12m(半个墙厚度)]×
2}×4＝[7.0－0.36＋1.8×2＋(1.36－0.12)×2]×4m＝(6.64＋3.6＋
2.48)×4m＝50.88m

② $DN25$：2.7m(从第二个到第五个大便器处)×2×4＝2.7×8m＝21.60m

③ $DN20$：0.9m(从第五个到第六个大便器处)×2×4＝0.9×8m＝7.20m

图 1-118　给水系统图

(3)④支管工程量：

① DN32：[3.5m(从轴①到轴②处)－0.18＋1.8m(从标高 7.00 到标高 8.8 处)]×4
＝(3.5＋1.8－0.18)×4m＝(5.3－0.18)×4m＝20.48m

② DN25：3.0m(第二个洗脸盆到第五个洗脸盆处)×4＝12.00m

③ DN15：2.0m(最端处两个水嘴到相邻水嘴处)×4＝8.00m

4. 镀锌钢管工程量汇总，见表1-76。

镀锌钢管工程量汇总表　　　　　　　　　　　表 1-76

定额编号	安装部分	规　格	计量单位	数　量	基价/元	人工费/元	材料费/元	机械费/元
8-93	铺设管	DN65	10m	0.60	124.29	63.62	56.56	4.11
8-93	立支管	DN65`	10m	0.10	124.29	63.62	56.56	4.11
8-92	立支管	DN50	10m	0.60	111.93	62.23	46.84	2.86
8-91	立支管	DN40	10m	0.58	93.85	60.84	31.98	1.03
8-90	立支管	DN32	10m	7.14	86.16	51.08	34.05	1.03
8-89	立支管	DN25	10m	4.03	83.51	51.08	31.40	1.03
8-88	立支管	DN20	10m	1.44	66.72	42.49	24.23	—
8-87	立支管	DN15	10m	1.16	65.45	42.49	22.96	—

补充说明：蹲式大便器普通阀门冲洗定额包括的材料，有 DN20 自闭阀一个，DN20 镀锌钢管等，即给水管应算至阀门中心，本工程阀门装于将近1m(离地处)，故阀门以上部分没有计算。

图 1-119　排水系统图

5. 排水塑料 PVC 管道(铺设管)

$DN150$：1.5m(室内外管道分界)＋0.36m(外墙厚度)＋0.12m(如图 1-120 所示)＋
　　　　1.2m(管道埋深)＝(1.5＋0.36＋0.12＋1.2)m＝3.18m

$DN100$ (一层横管部分)：7.0m(轴Ⓐ到轴Ⓒ处)－0.18(轴Ⓐ墙 1/2 厚)－0.12m(轴Ⓒ
　　　　墙 1/2 厚)－0.5m(半个大便间)×2＋[9.5m－0.36(从轴①到③处)－0.5/2m
　　　　(半个洗脸盆宽)－0.12m(管子墙距)]×2＋6.0m(轴②到轴③处)－0.24m(两
　　　　侧间隙)＝[(7.0－0.18－0.12－0.5×2)＋(9.5－0.36－0.5/2－0.12)×2＋(6－
　　　　0.24)]m＝(5.7＋17.54＋5.76)m＝29.00m

※连接每个大便器的排水支管长度如图 1-120 所示：(0.505＋0.5)m＝1.005m

则一层连接管长度为：1.005×12m＝12.06m

$DN75$(一层横管部分)：6.0m(各个洗脸盆之间长度)

※连接每个小便器的排水支管长度如图 1-119 所示：(0.5＋0.505)m＝1.005m

则一层连接管长度为：1.005×5m＝5.025m

立管计算：

$DN150$：8.5m(从标高 0.00 到 8.50 处)

托管计算(二～四层一并)

因为一～四层的排水系统布置都一样，故可用一层计算数量：

$DN100$：(12.06＋29)×3m＝123.18m

$DN75$：(6＋5.025)×3m＝33.08m

图 1-120　连接大便器的排水支管图

排水塑料 PVC 管工程量汇总见表 1-77。

排水塑料 PVC 管工程量汇总表　　　　　　表 1-77

定额编号	安装部分	规　格	计量单位	数　量	基价/元	人工费/元	材料费/元	机械费/元
8-158	铺设管	DN150	10m	0.32	112.08	75.93	35.90	0.25
8-157	铺设管	DN100	10m	2.90	92.93	53.87	38.81	0.25
8-156	铺设管	DN75	10m	0.60	71.70	48.30	23.15	0.25
8-158	托吊管	DN150	10m	0.85	112.08	75.93	35.90	0.25
8-157	托吊管	DN100	10m	12.32	92.93	53.87	38.81	0.25
8-156	托吊管	DN75	10m	3.31	71.70	48.30	23.15	0.25

二、卫生器具安装

1. 蹲式大便器（自闭式冲洗阀）：6×2×4 套＝48 套

定额编号：8-413，计量单位：10 套，工程量 $\frac{48}{10}$＝4.8，基价：1812.01 元；其中人工费 167.42 元，材料费 1644.59 元。

2. 洗脸盆：5×4 组＝20 组

定额编号：8-382，计量单位：10 组，基价：576.23 元；其中人工费 109.60 元，材料费 466.63 元。

3. 污水盆：1×4 组＝4 组

4. DN75 地漏：2×4 个＝8 个

定额编号：8-448，计量单位：10 个，基价：117.41 元；其中人工费 86.61 元，材料费

30.80 元。

5. DN100 扫除口：3×4 个＝12 个

定额编号：8-453，计量单位：10 个，基价：24.22 元；其中人工费 22.52 元，材料费 1.70 元。

6. DN75 排水栓（带存水弯）：6×4 组＝24 组

定额编号：8-443，计量单位：10 组，基价：121.41 元；其中人工费 44.12 元，材料费 77.29 元。

7. 立式小便器：5×4 套＝20 套

定额编号：8-442，计量单位：10 套，基价：813.94 元；其中人工费 93.34 元，材料费 720.60 元。

三、套管安装

DN200 套管：4 个（立管穿板）

定额编号：8-177，计量单位：个，基价：5.30 元；其中人工费 2.55 元，材料费 2.75 元。

DN125 套管：3 个（横管穿墙）×4＝12 个

定额编号：8-176，计量单位：个，基价：5.30 元；其中人工费 2.55 元，材料费 2.75 元。

DN65 套管：2 个（给水立管穿板）

定额编号：8-173，计量单位：个，基价：4.34 元；其中人工费 2.09 元，材料费 2.25 元。

DN50 套管：1 个（给水立管穿板）

定额编号：8-172，计量单位：个，基价：2.89 元；其中人工费 1.39 元，材料费 1.50 元。

DN40 套管：2（给水横管穿墙）×4 个＝8 个

定额编号：8-171，计量单位：个，基价：2.89 元；其中人工费 1.39 元，材料费 1.50 元。

四、阀门水嘴安装工程量计算如下表：

阀门水嘴安装工程量，见表 1-78。

阀门水嘴安装工程量表　　　　　　表 1-78

定额编号	数量/个　　规格　　安装部位	截止阀（铁壳铜杆铜芯）		DN20 铁长脖水嘴	DN20 铁壳碳钢水嘴	基价/元	人工费/元	材料费/元	机械费/元
		DN65	DN32						
8-247	立　管	1	—	—	—	26.79	8.59	18.20	—
8-244	各层支管	—	3×4	—	—	8.57	3.48	5.09	—
8-382	各层洗脸盆	—	—	5×4	—	576.23	109.60	466.63	—
	各层污水盆	—	—	—	1×4				
	合　计	1	12	20	4				

五、管道刷油

给水管道采用镀锌钢管，铺设管需刷沥青两遍，立支管刷银粉两遍；排水管采用塑料PVC 管，不需进行防腐处理。

（1）铺设管道刷油

DN65 镀锌钢管刷两遍沥青，每遍工程量为：

5.96m(DN65 镀锌钢管的长度)×0.236m²/m＝1.41m²

（2）立支管道刷油

DN65 镀锌钢管刷两遍银粉，每遍工程量为：

1m(DN65 镀锌钢管铺设的长度)×0.236m²/m＝0.236m²

DN50 每遍银粉工程量为：

6(DN50 每遍银粉的长度)m×0.19m²/m＝1.14m²

DN40 每遍银粉工程量为：

5.8m×0.15m²/m＝0.87m²

DN32 每遍银粉工程量为：

71.36m×0.13m²/m＝9.28m²

DN25 每遍银粉工程量为：

40.32m×0.11m²/m＝4.44m²

DN20 每遍银粉工程量为：

14.4m×0.084m²/m＝1.21m²

DN15 每遍银粉工程量为：

11.6m×0.08m²/m＝0.928m²

合计：每遍沥青：1.41m²　　每遍银粉：18.10m²

（3）套用定额

刷沥青第一遍　定额编号：11-66　计量单位：10m²　工程量$\frac{1.41}{10}＝0.14$，基价：8.04 元；其中人工费 6.50 元，材料费 1.54 元。

第二遍　定额编号：11-67　计量单位：10m²　工程量$\frac{1.41}{10}＝0.14$，基价：7.64 元；其中人工费 6.27 元，材料费 1.37 元。

刷银粉第一遍　定额编号：11-56　计量单位：10m²　工程量$\frac{18.10}{10}＝1.810$，基价：11.31 元；其中人工费 6.50 元，材料费 4.81 元。

第一遍　定额编号：11-57　计量单位：10m²　工程量$\frac{18.10}{10}＝1.810$，基价：10.64元；其中人工费 6.27 元，材料费 4.37 元。

六、管道支吊架

（1）给水镀锌钢管支吊架工程量

DN50 管：6/5×0.87kg≈1×0.87kg＝0.87kg

DN40 管：5.8/4.5×0.82kg≈1×0.82kg＝0.82kg

DN32 管：71.36/4×0.77kg≈18×0.77kg＝13.86kg

$DN25$ 管：$40.32/3.5\times0.6kg\approx12\times0.6kg=7.20kg$

$DN20$ 管：$14.4/3\times0.49kg\approx5\times0.49kg=2.45kg$

$DN15$ 管：$11.6/2.5\times0.49kg\approx5\times0.49kg=2.45kg$

小计：27.65kg

（2）套用定额

定额编号 8-178，计量单位：100kg，工程量$\dfrac{27.65}{100}=0.2765$，基价：654.69 元；其中人工费 235.45 元，材料费 194.98 元，机械费 224.26 元。

七、管道挖填土方工程量

（1）给水管道挖土方量

$V=h(b+0.3h)l$

$\quad=0.9m$（给水管道开挖的深度）$\times(0.6m+0.3\times0.9m)$（给水管道的上底加下底的长度的平均值，0.3 为坡度系数）$\times5.06m$（给水管道的长度）

$\quad=3.96m^3$

（2）给水管道回填土工程量

$V=3.96m^3$

（3）排水铺设管干管挖土工程量

$V_2=1.2$（排水铺设管干管开挖的深度）$\times(0.7+0.3\times1.2)$（排水铺设管干管上底加下底的长度的平均值，0.3 为坡度系数）$\times(3.18-1.2)$（排水铺设管干管开挖的长度）m^3

$\quad=2.52m^3$

（4）排水铺设管干管填土工程量

$V_2'=2.52m^3$

（5）排水铺设管支管挖土工程量

$V_3=0.8$（排水铺设管支管开挖的深度）$\times(0.7+0.3\times0.8)\times29$（部分开挖排水铺设管支管的长度）$m^3$

$\quad=21.81m^3$

$V_4=0.8\times(0.6+0.3\times0.8)\times6m^3=4.03m^3$

（6）排水铺设管支管填土工程量

$V=V_3+V_4=(21.81+4.03)m^3=25.84m^3$

小计：挖土工程量：32.32m³　套用定额（土建）1-8

　　　填土工程量：32.32m³　套用定额（土建）1-46

清单工程量计算见表 1-79。

清单工程量计算表　　　　　　表 1-79

序号	项目编码	项目名称	项目特征描述	计量单位	工程量
1	031001001001	镀锌钢管	$DN65$	m	6.96
2	031001001002	镀锌钢管	$DN50$	m	6.00
3	031001001003	镀锌钢管	$DN40$	m	5.80
4	031001001004	镀锌钢管	$DN32$	m	71.36

续表

序号	项目编码	项目名称	项目特征描述	计量单位	工程量
5	031001001005	镀锌钢管	DN25	m	40.32
6	031001001006	镀锌钢管	DN20	m	14.40
7	031001001007	镀锌钢管	DN15	m	11.60
8	031001006001	塑料管	DN150	m	3.18+8.5
9	031001006002	塑料管	DN100	m	29+123.18
10	031001006003	塑料管	DN75	m	6+33.08
11	031004006001	大便器	自闭式冲洗阀、蹲式	组	48
12	031004003001	洗脸盆		组	20
13	031004014001	给、排水附件	地漏 DN75	个	8
14	031004014002	给、排水附件	地面扫除口 DN100	个	12
15	031004014003	给、排水附件	排水栓，带存水弯，DN75	组	24
16	031004007001	小便器	立式	组	20
17	031004014004	给、排水附件	水龙头，铁长脖水嘴 DN20	个	20
18	031004014005	给、排水附件	水龙头，铁壳碳钢水嘴 DN20	个	4
19	031003001001	螺纹阀门	截止阀	个	13
20	031002001001	管道支架制作安装		kg	27.65

【例32】 本项目为某高速公路生活区公共卫生间给水排水工程量计算，卫生间分男女各一间，每间分里间和外间，男卫生间内有大便器、小便器和拖布盆及洗脸盆；女卫生间内有大便器，拖布盆和洗脸盆；另外，在卫生间入口处各设洗脸盆四个，具体平面布置如图 1-121 所示。

施工说明中规定给水采用镀锌钢管，排水管采用铸铁管，埋地部分须进行除锈防腐处理。试计算该项目工程量，并汇总。

【解】 如图 1-121、图 1-122、图 1-123 所示尽管本卫生间仅有一层，但其平面布置较为复杂，系统工程量计算时，需要有正确的方法，才能最准确地计算工程量。在本题中，试采用分区计算法。

如图 1-122 所示将给水系统用圆弧分为五个区，分别为东南西北中区，然后分别计算工程量再汇总即可，排水系统亦即如此。

一、给水系统工程量

（一）管道工程量

1. 南区给水系统工程量计算（仅算管道部分）

① DN80 镀锌钢管（铺设管）：

4.0m（从市政管接口到外墙皮）+0.37m（外墙厚度）+1.1m（从标高-1.50 到标高-0.4）+4.3m（从轴Ⓐ墙内皮到南区中区分界处）=（4.0+0.37+1.1+4.3）m=9.77m

② DN65 镀锌钢管（铺设管）：7.82m（从中南区分界点到南东区分界点）=7.82m

图 1-121 平面布置图

图 1-122 给水系统图

图 1-123　排水系统图

③ DN50 镀锌钢管(铺设管)：

1.0m(从南东区分界点到墙Ⓖ内皮处)＋0.4m(从标高－0.40到标高 0.00)＝(1.0＋0.4)m＝1.40m

④ DN50 镀锌钢管(明装)：

1.9m(从标高 0.00 到标高 1.90 处)＋2.38m(从墙Ⓓ到女厕外间第三个大便器处)＝(1.90＋2.38)m＝4.28m

⑤ DN32 镀锌钢管(铺设管)：

1.0m(从Ⓖ墙内皮到管道入户管处)＋0.40m(从标高－0.40到标高 0.00 处)＝(1.0＋0.4)m＝1.40m

⑥ DN32 镀锌钢管(明装)：

1.20m(从标高 0.00 到标高 1.20 处)＋1.5m(从墙Ⓐ内皮到第二个小便器处)＋1.9m(从第三个大便器到第五个大便器处)＝(1.20＋1.50＋1.90)m＝4.60m

⑦ DN25 镀锌钢管(明装)：2.0m(从第二个小便器到第四个小便器处)＋0.95m(第五个大便器到第六个大便器处)＝(2.0＋0.95)m＝2.95m

⑧ DN20 镀锌钢管(明装)：1.0m(从第四个小便器到第五个小便器处)＝1.00m

2. 东区给水系统管道安装工程量

① DN50 镀锌钢管(铺设管)：

6.0m(从轴Ⓓ到轴Ⓔ处)－0.12m(轴Ⓓ墙一半)－0.18m(轴Ⓔ墙一半)＋4.960m(从轴Ⓖ到轴Ⓕ处)－(0.12m＋0.18m)(同前步说明)＋0.40m(从标高－0.40 到标高 0.00 处)＝(6.0－0.12－0.18＋4.96－0.12－0.18＋0.4)m＝10.76m

② DN50 镀锌钢管(明装)：0.45m(从标高 0.00 到标高 0.45)＝0.45m

③ DN40 镀锌钢管(明装)：

1.45m(从标高 0.45 到标高 1.90m 处)＋0.45m(从墙Ⓔ内皮到第一个大便器处)＝(1.45＋0.45)m＝1.90m

④ DN32 镀锌钢管(明装)：1.80m(从第一个大便器到第三个大便器处)＝1.80m

⑤ DN25 镀锌钢管(明装)：

0.20m(从标高 0.45 到标高 0.25m)＋0.24m(管子穿过墙Ⓕ)＋1.7m(从墙Ⓔ内皮到第二个坐便器处)＝(0.20＋0.24＋1.70)m＝2.14m

⑥ DN20 镀锌钢管(明装)：1.0m(从第二个坐便器到第三个坐便器处)＝1.00m

⑦ DN15 镀锌钢管(明装)：

2.85m(从轴Ⓕ到女卫生间洗脸盆处)－0.12m(墙Ⓕ的一半)＋0.55m(从标高 0.45 到标高 1.00 处)＝(2.85－0.12＋0.55)m＝3.28m

3. 西区给水系统管道安装工程量

① DN32 镀锌钢管(铺设管)：

1.3m＋0.40m(从西中区分界处到Ⓕ墙处大便间地面标高 0.00)＝1.70m

② DN32 镀锌钢管(明装)：

1.90m(从标高 0.00 到标高 1.90 处)＋0.50m(半个大便间宽度)＝(1.90＋0.50)m＝2.40m

③ DN25 镀锌钢管(明装)：

0.5m(半个大便间宽度)+1.65m(从标高1.90到标高0.25处)+2.2m(坐便间+残疾人便间)+0.20m(从标高0.25到标高0.45)=(0.5+1.65+2.2+0.2)m=4.55m

④ DN20镀锌钢管(明装):

0.24m(穿过墙Ⓕ管)+2.5m(从穿墙处到第三个小便槽处)=(0.24+2.5)m=2.74m

⑤ DN15镀锌钢管(明装):

2.85m(从轴Ⓕ到男卫生间洗脸盆处)+0.12m(半个Ⓕ墙厚度)+0.55(盆上升)=(2.85+0.12+0.55)m=(2.97+0.55)m=3.52m

4. 中区给水系统管道安装工程量

① DN80镀锌钢管(铺设管):

3.80m(从中南区分界处到中西区分界处)=3.80m

② DN65镀锌钢管(铺设管):

5.7m(从轴Ⓕ到轴(M)处)-0.12m(半个Ⓕ墙厚度)-0.18m(半个墙(M)厚度)+4.7m(从中南区分界处到轴Ⓒ处)+0.12m(半个轴Ⓒ厚度)=(5.7-0.12-0.18+4.7+0.12)m=10.22m

③ DN50镀锌管(铺设管):

1.70m(从图(7-2-88)中点①处到轴Ⓕ处)+0.4m(从标高0.00到标高0.4处)=(1.70+0.40)m=2.10m

④ DN50镀锌钢管(明装):

0.45m(从地面0.00到0.45处)+0.24m(穿墙Ⓕ管)=(0.45+0.24)m=0.69m

⑤ DN40镀锌钢管(明装):

1.45m(从标高0.45到标高1.90处)+1.45m(从墙Ⓒ右皮处到第二个大便器处)=(1.45+1.45)m=2.90m

⑥ DN32镀锌钢管(明装):

0.90m(从第二个大便器到第三个大便器处)=0.90m

⑦ DN25镀锌钢管(明装):

0.24m(两排洗脸盆夹墙厚)+0.4m(从轴Ⓕ到第一个洗脸盆接口处)×2+1.6m(从第一个洗脸盆到第三个洗脸盆接口处)×2=(0.24+0.8+3.2)m=4.24m

⑧ DN20镀锌钢管(明装):

(1.0+0.7+0.2)m(女卫生间拖布盆连接管)+1.70m(从中区给水铺设管②点处到轴F处)+1.6m(从标高-0.40到标高1.2处)=(1.9+1.7+1.6)m=5.2m(其中2.1m为铺设管)

⑨ DN15镀锌钢管(明装)0.8m(从第三个洗脸盆到第四个洗脸盆处)×2=1.60m

5. 北区给水系统管道安装工程量

① DN65镀锌钢管(铺设管):

0.40m(从标高-0.40到标高0.00处)=0.40m

② DN65镀锌钢管(明装):

1.90m(从标高0.00到1.90处)+1.90m(从轴Ⓒ到第二个大便器接口处)-0.12(墙Ⓒ半宽)=(1.9+1.9-0.12)m=3.68m

③ DN50镀锌钢管(铺设管):

3.0m(从轴Ⓑ到轴Ⓒ处)+0.40m(从标高－0.40到标高0.00处)=3.40m

④ DN50镀锌钢管(明装):

[1.90m(从标高0.00到标高1.90处)+1.70m(从轴Ⓑ处到最近大便器处)－0.12m(半个Ⓑ墙厚度)]+1.90m(两个大便间宽度)=(3.48+1.90)m=5.38m

⑤ DN40镀锌钢管(明装):1.90m(两个大便间宽度)×2=3.80m

⑥ DN32镀锌钢管(明装):1.90m(两个大便间宽度)=1.90m

⑦ DN25镀锌钢管(明装):0.90m(一个大便间宽度)×3=2.70m

(二)给水系统中各卫生器具连接管

① DN25镀锌钢管(明装)接大便器:

0.90m(从给水横管标高1.90处到大便器冲洗阀门处标高1.00处)×27=24.30m

② DN15镀锌钢管(明装)接洗脸盆:

0.75m(从水嘴标高1.20处到洗脸盆给水横管标高0.45处)×8+0.55m×2=7.10m

(三)给水设备及管件

DN15水龙头:10个+2个=12个

DN65截止阀:1个

定额编号8-247,计量单位:个,工程量:1,基价:26.79元;其中人工费8.59元,材料费18.20元。

DN50截止阀:4个

定额编号8-246,计量单位:个,工程量:4,基价:15.06元;其中人工费5.80元,材料费9.26元。

DN32截止阀:2个

定额编号8-244,计量单位:个,工程量:2,基价:8.57元;其中人工费3.48元,材料费5.09元。

DN20截止阀:1个

定额编号8-242,计量单位:个,工程量:1,基价:5.00元;其中人工费2.32元,材料费2.68元。

DN80截止阀:1个

定额编号8-248,计量单位:个,工程量:1,基价:37.71元;其中人工费11.61元,材料费26.10元。

DN80水 表:1组

定额编号8-368,计量单位:组,工程量:1,基价:1809.02元;其中人工费99.38元,材料费1627.12元,机械费82.52元。

DN125镀锌铁皮套管:1个

定额编号8-176,计量单位:个,工程量:1,基价:5.30元;其中人工费2.55元,材料费2.75元。

DN100镀锌铁皮套管:5个

定额编号8-175,计量单位:个,工程量:5,基价4.34元,其中人工费2.09元,材料费2.25元。

DN80镀锌铁皮套管:3个

定额编号 8-174，计量单位：个，工程量：3，基价 4.34 元，其中人工费 2.09 元，材料费 2.25 元。

*DN*40 镀锌铁皮套管：1 个

定额编号 8-171，计量单位：个，工程量：1，基价 2.89 元，其中人工费 1.39 元，材料费 1.50 元。

*DN*32 镀锌铁皮套管：2 个

定额编号 8-170，计量单位：个，工程量：2，基价 2.89 元，其中人工费 1.39 元，材料费 1.50 元。

（四）给水管道工程量汇总

① 铺设管：

*DN*80：(9.77＋3.8)m＝13.57m

*DN*65：(0.4＋7.82＋10.22)m＝(18.04＋0.4)m＝18.44m

*DN*50：(1.4＋10.76＋2.10＋3.40)m＝17.66m

*DN*32：(1.40＋1.70)m＝3.10m

*DN*20：2.10m

② 明装管：

*DN*65：3.68m

*DN*50：(4.28＋0.45＋0.69＋5.38)m＝10.80m

*DN*40：(1.90＋2.90＋3.80)m＝8.60m

*DN*32：(4.60＋1.80＋2.40＋0.90＋1.90)m＝11.60m

*DN*25：(2.95＋2.14＋4.55＋4.24＋2.70＋24.3)m＝40.88m

*DN*20：(1.0＋1.0＋2.74＋5.2)m＝9.94m

*DN*15：(3.28＋3.52＋1.6＋4.5)m＝12.90m

③ 套用定额：

*DN*80　定额编号：8-94，计量单位：10m，工程量 $\frac{13.57}{10}=1.357$，基价：135.50 元；其中人工费 67.34 元，材料费 63.83 元，机械费 4.33 元。

*DN*65　定额编号：8-93，计量单位：10m，工程量 $\frac{18.44+3.68}{10}=2.212$，基价：124.29 元；其中人工费 63.62 元，材料费 56.56 元，机械费 4.11 元。

*DN*50　定额编号：8-92，计量单位：10m，工程量 $\frac{17.66+10.8}{10}=2.846$，基价：111.93 元；其中人工费 62.23 元，材料费 46.84 元，机械费 2.86 元。

*DN*40　定额编号：8-91，计量单位：10m，工程量 $\frac{8.6}{10}=0.86$，基价：93.85 元；其中人工费 60.84 元，材料费 31.98 元，机械费 1.03 元。

*DN*32　定额编号：8-90，计量单位：10m，工程量 $\frac{3.1+11.6}{10}=1.47$，基价：86.16 元；其中人工费 51.08 元，材料费 34.05 元，机械费 1.03 元。

*DN*25　定额编号：8-89，计量单位：10m，工程量 $\frac{40.88}{10}=4.088$，基价：83.51 元；

其中人工费51.08元，材料费34.05元，机械费1.03元

$DN20$ 定额编号：8-88，计量单位：10m，工程量$\dfrac{2.1+9.94}{10}=1.204$，基价：66.72元；其中人工费42.49元，材料费24.23元。

$DN15$ 定额编号：8-87，计量单位：10m，工程量$\dfrac{12.9}{10}=1.29$，基价：65.45元；其中人工费42.49元，材料费22.96元。

（五）管道刷油

埋地管道刷沥青两遍，明装管道刷银粉两遍。

① 埋地管道刷油：

每遍沥青工程量 $DN80$：$S_1=13.57(DN80铺设管的长度)\times0.276m^2=3.75m^2$

$DN65$：$S_2=18.44\times0.228m^2=4.20m^2$

$DN50$：$S_3=17.66\times0.179m^2=3.16m^2$

$DN32$：$S_4=3.10\times0.121m^2=0.375m^2$

$DN20$：$S_5=2.10\times0.080m^2=0.168m^2$

小计：11.653m²

② 明装管道刷油：

每遍银粉工程量 $DN65$：$3.68\times0.228m^2=0.839m^2$

$DN50$：$10.8\times0.179m^2=1.93m^2$

$DN40$：$8.6\times0.148m^2=1.27m^2$

$DN32$：$11.6\times0.121m^2=1.40m^2$

$DN25$：$40.88\times0.099m^2=4.05m^2$

$DN15$：$12.9\times0.064m^2=0.83m^2$

$DN20$：$9.94\times0.080m^2=0.80m^2$

小计：11.12m²

③ 套用定额：

刷沥青第一遍 定额编号：11-66 计量单位：10m² 工程量$\dfrac{11.653}{10}=1.1653$，基价：8.04元；其中人工费6.50元，材料费1.54元。

第二遍 定额编号：11-67 计量单位：10m² 工程量1.1653，基价：7.64元；其中人工费6.27元，材料费1.37元。

刷银粉第一遍 定额编号：11-56 计量单位：10m² 工程量$\dfrac{11.12}{10}=1.11$，基价：11.31元；其中人工费6.50元，材料费4.81元。

第一遍 定额编号：11-57 计量单位：10m² 工程量1.11，基价：10.64元；其中人工费6.27元，材料费4.37元。

（六）铺设管道管沟工程量

① 室内管沟开挖工程量：

$V_1=0.40$（管沟开挖的深度）$\times(0.6+0.3\times0.40)$（管沟开挖的上底加下底长度的平均值，0.3为坡度系数）$\times(9.57+18.44+17.66+3.10+2.10)$（管沟开挖的总长度）m³

$$=(0.40×0.72×50.87)m^3=14.65m^3$$

② 室内管沟回填土方量：$V'_1=14.65m^2$

③ 室外管沟及水表井挖土工程量：

水表井开挖量 $V_2=1.5×1.68×2.18m^3=5.49m^3$

④ 室外管道开挖土方量：

$V_3=1.5$(室外管道开挖的深度)$×(0.6+0.3×1.5)/2$(室外管道开挖管道的上底加下底的长度平均值，0.3 为坡度系数)$×4$(室外管道开挖的长度)m^3

$\quad=3.15m^3$

⑤ 室外管道回填方量：

$V'_2=(1.5×0.18×2.18+1.5×0.18×1.68)×4m^3$

$\quad=(0.589+0.454)×4m^3$

$\quad=4.17m^3$

⑥ $V'_3=3.15m^3$

小计 开挖工程量：$20.14m^3+3.15m^3=23.29m^3$ 定额编号：1-8

回填工程量：$21.97m^3$ 定额编号：1-46

二、排水系统工程量

如图 1-124 所示将排水系统分为上中下三区，然后分别计算其工程量，再汇总。

(一) 管道工程量：

1. 上区排水管道工程量

① $DN150$ 铸铁管(铺设)：

3.6m(从室外检查井到外墙皮处)+0.18m(半个墙Ⓐ厚度)+6.0m+3.0m(从轴Ⓐ到轴Ⓒ处)+5.25m(从轴Ⓒ处到女厕卫生间第五个大便器出水处)$=(3.6+0.18+9+5.25)m=18.03m$

② $DN100$ 铸铁管(铺设)：

1.2×17m=20.40m(各卫生器具接管地下部分和通气管埋地部分)

③ $DN100$ 铸铁管(明装)：4.2m(通气管地上部分高度)×3=12.60m

④ $DN50$ 铸铁管(铺设)：

2.85m(从轴 M 到洗脸盆处)-0.20m(从轴 M 到排水立管处)+0.20m(从洗脸盆到地漏)+1.0m×2=2.85m+2m=4.85m

2. 中区排水管道工程量

① $DN150$ 铸铁管(铺设)：

3.60m(从室外检查井到处墙皮处)+18.47m(整个公共卫生间长度)=22.07m

② $DN100$ 铸铁管(铺设)：

1.2m(每个卫生器具和设备埋地部分)×12=14.40m

③ $DN100$ 铸铁管(明装)：4.2m×3=12.60m

④ $DN50$ 铸铁管(铺设)：(2.85+1.0×6)m=8.85m

3. 下区排水管道工程量

① $DN150$ 铸铁管(铺设)：

4.800(从轴Ⓕ到轴Ⓖ处)+3.5m+2.5m+2m+6m=(4.8+6+8)m=18.80m

② DN100 铸铁管（铺设）：

6.0m（从轴Ⓐ到轴Ⓑ处）＋3.5m＋4.0m×2＋2.0m＋4.0m＋1.2m×14＝(6.0＋11.5＋6＋16.8)m＝40.30m

③ DN50 铸铁管（铺设管）：(1.2×13)m＝15.60m

④ DN100 铸铁管（明装管）：(4.2×4)m＝16.80m

⑤ 排水系统卫生器具数量：

蹲式大便器：27 套

定额编号：8-407，计量单位：10 套，工程量 $\frac{27}{10}$＝2.7，基价：1033.39 元；其中人工费 224.31 元，材料费 809.08 元。

立式小便器：8 套

定额编号：8-422，计量单位：10 套，工程量 $\frac{8}{10}$＝0.8，基价：813.94 元；其中人工费 93.34 元，材料费 720.60 元。

洗脸盆：10 组

定额编号：8-382，计量单位：10 套，工程量 $\frac{10}{10}$＝1，基价：576.23 元；其中人工费 109.60 元，材料费 466.63 元。

拖地盆：2 组

地漏 DN50：9 个

定额编号：8-447，计量单位：10 个，工程量 $\frac{9}{10}$＝0.9，基价：55.88 元；其中人工费 37.15 元，材料费 18.73 元。

排水栓 DN50：12 组

定额编号：8-443，计量单位：10 组，工程量 $\frac{12}{10}$＝1.2，基价：121.41 元；其中人工费 44.12 元，材料费 77.29 元。

检查口（DN100）：10 个

4. 排水管道工程量汇总

DN150 铸铁管（铺设）：(18.03＋22.07＋18.8)m＝58.90m

DN100 铸铁管（铺设）：(20.4＋14.4＋40.3)m＝75.10m

DN100 铸铁管（明装）：(12.6＋12.6＋16.8)m＝42.00m

DN50 铸铁管（铺设）：(4.85m＋8.85m＋15.6)m＝29.30m

套用定额：

DN150　定额编号：8-147，计量单位：10m，工程量 $\frac{58.9}{10}$＝5.89，基价：329.18 元；其中人工费 85.22 元，材料费 243.96 元。

DN100　定额编号：8-146，计量单位：10m，工程量 $\frac{75.1＋42}{10}$＝11.71，基价：57.39 元；其中人工费 80.34 元，材料费 277.05 元。

$DN150$ 定额编号：8-144，计量单位：10m，工程量$\frac{29.3}{10}=2.93$，基价：133.41 元；其中人工费 52.01 元，材料费 81.40 元。

（二）管道刷油

排水铸铁管刷油时，明装管道刷一遍红丹防锈漆，再刷两遍银粉，埋地铺设管刷两遍沥青即可：

① 明装管道刷油：

$DN100$ 铸铁管刷银粉两遍，每遍工程量为：

$S_1=42(DN100$ 铸铁管部分明装的长度$)\times0.346m^2=14.50m^2$

② 埋地铺设管刷两遍沥青，每遍工程量为：

$DN150$：$S_2=58.9\times0.509m^2=29.98m^2$

$DN100$：$S_3=75.1\times0.346m^2=25.98m^2$

$DN50$：$S_3=29.3\times0.188m^2=5.51m^2$

小计 银粉两遍：14.50m²

沥青每遍：61.47m²

③套用定额：

红丹防锈漆 定额编号：11-198，计量单位：10m²，工程量$\frac{14.5}{10}=1.45$，基价：8.85 元；其中人工费 7.66 元，材料费 1.19 元。

刷银粉第一遍 定额编号：11-200 计量单位：10m² 工程量$\frac{14.5}{10}=1.45$，基价：13.23 元；其中人工费 7.89 元，材料费 5.34 元。

第二遍 定额编号：11-201 计量单位：10m² 工程量$\frac{14.5}{10}=1.45$，基价：12.37 元；其中人工费 7.66 元，材料费 4.71 元。

刷沥青第一遍 定额编号：11-202 计量单位：10m² 工程量$\frac{61.47}{10}=6.15$，基价：9.90 元；其中人工费 8.36 元，材料费 1.54 元。

第二遍 定额编号：11-203 计量单位：10m² 工程量$\frac{61.47}{10}=6.15$，基价：9.50 元；其中人工费 8.13 元，材料费 1.37 元。

（三）管沟工程量

1. 室外管沟工程量

①开挖量：

$V_1=1.3($室外管沟的深度$)\times(0.7+0.3\times1.3)($室外管沟的上底加下底长度的平均值，0.3 为坡度系数$)\times3.6\times2($室外管沟开挖的长度$)m^3$

$=10.20m^3($室外连接检查井和室内管道部$)$

②回填量：

$V'_1=10.20m^3($由于管道直径小于 500，故回填量同于开挖量$)$套用定额 1-46

2. 室内管沟工程

① 开挖量：

$V_2 = 1.2$(室内管沟开挖的深度)$\times(0.7+0.3\times1.2)$(室内管沟的上底加下底的长度的平均值，0.3 为坡度系数)$\times18.03$(室内管沟的长度)m^3

　　$= 22.93m^3$(室内铺设管径为 $DN150$ 的管道开挖量)

$V_3 = 1.2$(开挖的深度)$\times(0.7+0.3\times1.2)\times23.5$($DN150$ 的管道开挖长度)m^3

　　$= 29.89m^3$(室内水平铺设 $DN100$ 管径管道开挖量)

$V_4 = 1.2\times(0.6+0.3\times1.2)$(上底加下底的长度的平均值，0.3 为坡度系数)$\times5.7$($DN100$ 管径管道开挖的长度)m^3

　　$= 6.57m^3$

小计：59.39m^3　套用定额 1-8

② 回填量：

$V'_2 = 22.93m^3$　　　$V'_3 = 29.89m^3$　　　$V'_4 = 6.57m^3$

小计：59.39m^3　套用定额 1-46

清单工程量计算见表 1-80。

清单工程量计算表 表 1-80

序号	项目编码	项目名称	项目特征描述	计量单位	工程量
1	031001001001	镀锌钢管	$DN80$	m	13.57
2	031001001002	镀锌钢管	$DN65$	m	18.44＋3.68
3	031001001003	镀锌钢管	$DN50$	m	10.8＋17.66
4	031001001004	镀锌钢管	$DN40$	m	8.6
5	031001001005	镀锌钢管	$DN32$	m	3.10＋11.60
6	031001001006	镀锌钢管	$DN25$	m	40.88
7	031001001007	镀锌钢管	$DN20$	m	2.10＋9.94
8	031001001008	镀锌钢管	$DN15$	m	12.90
9	031001005001	铸铁管	承插，$DN150$	m	18.03＋22.07＋18.8
10	031001005002	铸铁管	承插，$DN100$	m	33＋27＋57.1
11	031001005003	铸铁管	承插，$DN50$	m	4.85＋8.85＋15.6
12	031004014001	给、排水附件	水龙头 $DN15$	个	12
13	031003001001	螺纹阀门	截止阀	个	9
14	031003001002	螺纹阀门	止回阀	个	1
15	031003013001	水表	$DN80$	组	1
16	031004006001	大便器	蹲式	组	27
17	031004007001	小便器	立式	组	8
18	031004003001	洗脸盆		组	10
19	031004014002	给、排水附件	地漏 $DN50$	个	9
20	031004014003	给、排水附件	排水栓 $DN50$	组	12

【例33】 本工程为某住宅项目的卫生间及厨房给排水系统布置，如图 1-124 所示为系统平面图，如图 1-125 所示为给水系统轴侧图，如图 1-126 所示为排水系统轴侧图，给水采用

图 1-124 平面图

图 1-125 给水系统图

图 1-126 排水系统图

镀锌钢管丝接，排水采用排水铸铁管承插，用水泥砂浆抹口，给水管道沿墙布置，排水管道距墙0.10m。从立管处到室外第一个检查井处为4.20m试计算其中的工程量，并汇总。

【解】 如图1-124所示平面图中共有1根给水立管及1根排水立管，分别接两户人家中，而且轴③两侧卫生间和厨房布置完全对称，故可计算其中一户的厨卫即可。另外，本楼共有五层，各层给排水布置也相同，即计算第五层乘以5即可。

(1) 给水系统计算工程量

1) 给水管道工程量计算

① DN50 镀锌钢管工程量：(清单)

4.0m(给水干管铺设管从室外接口到住宅外墙皮处)＋0.36m(墙Ⓐ厚度)＋0.80m(立管埋地部分)＝5.16m

3.20m(从地面标高0.00 到标高3.20 处)＝3.20m

小计：8.36m

② DN40 镀锌钢管工程量：(清单)

6.0m(从标高3.2 处到标高9.20 处)＝6.00m

③ DN32 镀锌钢管工程量：（清单）

3.0m（从标高 9.20 处到标高 12.20 处）＋[3.0m（从轴③到轴②处）＋0.12m（半个墙②厚度）]×2×5＝3.0m＋（3.0m＋0.12m）×2×5＝3.0m＋3.12m×10＝34.20m

④ DN25 镀锌钢管工程量：（清单）

[3.0m（从轴②到轴①处）－0.24m（墙①和墙②各一半）＋1.50m（从墙 A 内皮到坐便器处）]×2×5＝（3.0－0.24＋1.50）m×2×5＝42.6m

⑤ DN20 镀锌钢管工程量：（清单）

2.5m（从浴盆接口处到洗脸盆接口处支管）＝2.50m

2.5m×2×5＝25.00m

⑥ DN15 镀锌钢管工程量：（清单）

[0.40m（半个洗脸盆宽度）＋1.70m（从轴Ⓑ到轴Ⓒ处）－0.12m＋3.30m（从轴Ⓐ到轴Ⓑ处）－0.18m（墙Ⓐ一半厚度）－0.12m（墙Ⓑ一半厚度）－0.30m（半个污水盆宽度）＋0.60m（管道井宽度）＋0.10m（管道井壁厚）＋0.30m（半个洗涤盆宽度）]×2×5＋[2.0m（淋浴器连接管处）＋0.8m（洗脸盆或洗涤盆连接管）×2＋0.5m（洗污盆连接管）＋0.4m（洗浴盆连接管）＋0.20m（大便器连接管处）]×2×5＝（0.40m＋1.70m－0.12m＋3.30m－0.18m－0.12m－0.30m＋0.60m＋0.10m＋0.30m）×10＋（2.0m＋0.80m×2＋0.5m＋0.4m＋0.20m）×10＝56.8m＋47m＝103.80m

定额工程量汇总，见表 1-81。

工程量汇总表　　　　　　　　　　　表 1-81

定额编号	名　称	规　格	单　位	数　量	基价/元	人工费/元	材料费/元	机械费/元
8-92	镀锌钢管	DN50	10m	0.84	111.93	62.23	46.84	2.06
8-91	镀锌钢管	DN40	10m	0.60	93.85	60.84	31.98	1.03
8-90	镀锌钢管	DN32	10m	3.42	86.16	51.08	34.05	1.03
8-89	镀锌钢管	DN25	10m	4.26	83.51	51.08	31.40	1.03
8-88	镀锌钢管	DN20	10m	2.50	66.72	42.49	24.23	
8-87	镀锌钢管	DN15	10m	1.04	65.45	42.49	22.96	

2）给水设备及管件工程量（清单同定额）

①DN15 水龙头　　　4 个×2×5＝40 个

定 额 编 号：8-438，计量单位：10 个，工程量 $\frac{40}{10}＝4$，基价：7.48 元；其中人工费 6.50 元，材料费 0.98 元。

② DN15 淋浴器　　　1 组×2×5＝10 组

定额编号：8-406，计量单位：10 组，工程量 $\frac{10}{10}＝1$，基价：179.85 元；其中人工费 44.12 元，材料费 135.73 元。

3）卫生设备及器具（清单和定额）

① 浴盆：1 组×2×5＝10 组　　　定额：　　　计量单位 10 组

定额编号：8-374，工程量$\frac{10}{10}=1$，基价：1076.16 元；其中人工费 189.94 元，材料费 886.22 元。

② 洗脸盆：1 组×2×5＝10 组　　定额：　　　　计量单位 10 组

定额编号：8-382，工程量$\frac{10}{10}=1$，基价：576.23 元；其中人工费 109.60 元，材料费 466.63 元。

③ 洗涤盆：1 组×2×5＝10 组　　定额：　　　　计量单位 10 组

定额编号：8-391，工程量$\frac{10}{10}=1$，基价：596.56 元；其中人工费 100.54 元，材料费 496.02 元。

④ 污水盆：1 组×2×5＝10 组　　定额：　　　　计量单位 10 组

⑤坐式大便器：1 套×2×5＝10 套　　定额：　　　　计量单位 10 套

定额编号：8-414，工程量$\frac{10}{10}=1$，基价：484.02 元；其中人工费 186.46 元，材料费 297.56 元。

⑥淋浴器：1 组×2×5＝10 组　　定额：　　　　计量单位 10 组

定额编号：8-404，工程量$\frac{10}{10}=1$，基价：600.19 元；其中人工费 130.03 元，材料费 470.16 元。

4）镀锌铁皮套管：（无清单有定额）

DN65 镀锌铁皮套管：1 个（DN50 立管穿板处）

定额编号：8-173，计量单位：个，工程量：1，基价：4.34 元；其中人工费 2.09 元，材料费 2.25 元。

DN50 镀锌铁皮套管：2 个（DN40 立管穿板处）

定额编号：8-172，计量单位：个，工程量：2，基价：2.89 元；其中人工费 1.39 元，材料费 1.50 元。

DN40 镀锌铁皮套管：1 个（DN32 立管穿板处）

DN40 镀锌铁皮套管：2 个×2×5＝20 个（支管穿管道井和②④墙处）

定额编号：8-171，计量单位：个，工程量：21，基价：2.89 元；其中人工费 1.39 元，材料费 1.50 元。

5）管道支架工程量（清单）

①支架数量：

P50 管道支架：8.36m/5m＝1.67 取 2 个

P40 管道支架：6.0m/4.5m＝1.33 取 2 个

P32 管道支架：34.2m/4m＝8.55 取 9 个

P25 管道支架：42.6m/3.5m＝12.17 取 13 个

P20 管道支架：25m/3m＝8.33 取 9 个

P15 管道支架：103.8m/2.5m＝41.52 取 42 个

②支架重量：

P50 管道支架：0.87kg/个×2 个＝1.74kg

P40 管道支架：0.82kg/个×2 个＝1.64kg

P32 管道支架：0.77kg/个×9 个＝6.93kg

P25 管道支架：0.60kg/个×13 个＝7.80kg

P20、P15 管道支架：0.49kg/个×51 个＝24.99kg

小计：43.10kg

定额工程量：0.43 单位(100kg)

定额编号：8-178，基价：654.69 元；其中人工费 235.45 元，材料费 194.98 元，机械费 224.26 元。

③支架刷油：

支架刷两遍银粉，每遍工程量为：

P50：0.51kg/个×2 个＝1.02kg

P40：0.46kg/个×2 个＝0.92kg

P32：0.41kg/个×9 个＝3.69kg

P25：0.35kg/个×13 个＝4.55kg

P20、P15：0.28kg/个×51 个＝14.28kg

小计：24.46kg

定额工程量：0.24 单位(100kg)

定额编号：11-122(第一遍)，基价：16.00 元；其中人工费 5.11 元，材料费 3.93 元，机械费 6.96 元。

定额编号：11-123(第一遍)，基价：15.25 元；其中人工费 5.11 元，材料费 3.18 元，机械费 6.96 元。

6) 管道刷油

对镀锌钢管刷油时铺设管刷两遍沥青，明装管刷两遍银粉，其中每遍工程量计算如下：

①铺设管 $DN50$： 5.16m($DN50$ 铺设管的长度)×0.179m²/m＝0.92m²

②明 装 $DN50$： 3.2m×0.179m²/m＝0.57m²

$DN40$：6.0m×0.148m²/m＝0.89m²

$DN32$：34.2m×0.121m²/m＝4.14m²

$DN25$：42.6m×0.099m²/m＝4.22m²

$DN20$：25.0m×0.080m²/m＝2.00m²

$DN15$：103.8m×0.064m²/m＝6.64m²

小计：每遍沥青工程量为 0.92m²

每遍银粉工程量为 18.46m²

定额工程量：每遍沥青工程量为 0.09 （单位：10m²）

定额编号：11-66(第一遍)，基价：8.04 元；其中人工费 6.50 元，材料费 1.54 元。

定额编号：11-67(第二遍)，基价：7.64 元；其中人工费 6.27 元，材料费 1.37 元。

每遍银粉工程量为 1.85 （单位：10m²）

定额编号：11-56(第一遍)，基价：11.31 元；其中人工费 6.50 元，材料费 4.81 元。

定额编号：11-57（第二遍），基价：10.64元；其中人工费6.27元，材料费4.37元。

7）管道挖填土方量

①挖土工程量计算

a. 水表井挖土工程量计算：如图1-127所示，砖井突出管沟部分的土方量并入管沟土方量内计算，其计算式如下：

$1.48 \times 2.48 \times 0.8 m^3 = 2.94 m^3$

b. 管道挖土工程量：如图1-128所示，管道沟底宽0.6m，依公式为：

0.8（管道 开挖的深度）×（0.6+0.3×0.8）（管道沟的上底加下底长度平均的长度，0.3为坡度系数）×（4.0+0.36-2.48）（管道开挖的长度）$m^3 = 1.26 m^3$

小计：$4.20 m^3$

定额工程量：0.042（单位：$100 m^3$）定额编号1-8

②回填土方量：

小计：$1.26 m^3$

定额工程量：0.013（单位：$100 m^3$）定额编号1-46

说明：在给水系统中清单与定额的不同仅在管道长度单位，刷油面积单位，土方单位等方面有所不同，其他方面特别是工程量计算过程无差异。

（2）排水系统工程量

1）排水管道工程量

①DN150铸铁管工程量（清单）：

图1-127 水表井   图1-128 管道挖土示意图

4.20m（从立管处到室外第一个检查井处）=4.20m

②DN100铸铁管工程量（清单）：

1.20m（立管埋地部分）+16.20m（立管明装部分）+[3.0m（从轴③到轴②处）+0.12m（半个墙②厚度）+0.10m（排水管距墙尺寸）]×2×5+[1.50m（从墙Ⓐ内皮到坐便器中心处）-0.10m（排水管道距墙尺寸）]×2×5=1.20m+16.20m+（3+0.12+0.10）m×2×5+（1.50-0.10）m×2×5=17.40m+32.2m+14m=63.60m

③DN75铸铁管工程量（清单）：

[3.0m（从轴①到轴②处）-0.20m（管道距轴②墙的距离）-0.12m（半个墙厚）]×2×5+[3.30m（从轴Ⓐ到轴Ⓑ处）-0.18m（半个墙Ⓐ厚度）-0.10m（管道与墙距离）-0.12m（半个墙Ⓑ厚度）-0.30m（半个洗脸盆宽度）]×2×5=（3.0-0.20-0.12）m×2×5+

$(3.30-0.18-0.10-0.12-0.30)m\times2\times5=26.8m+26m=52.80m$

④$DN50$铸铁管工程量(清单)：

$[2.12m$(从洗脸盆中间到轴ⓒ处)$-0.12m$(半个墙ⓒ厚度)$]\times2\times5+[3.30m$(从轴Ⓐ

到轴Ⓑ处)$-(0.18+0.10+0.25+0.12)m$(从墙Ⓐ处开始依次减去$\frac{1}{2}$墙Ⓐ与墙间隔，半个

污水盆，半个墙Ⓑ)$+0.5m$(连接地漏)$+0.6m$(管道井宽度)$+0.10m$(管道井壁厚)$+0.3m-$

$0.10m$(管道与墙距离)$]\times2\times5=(2.12-0.12)m\times10+(3.30-0.65+0.5+0.6+0.10+0.3$

$-0.10)m\times10=20m+40.5m=60.50m$

定额工程量，见表1-82。

工程量汇总表　　　　　表 1-82

定额编号	名　称	规　格	单　位	数　量	基价/元	人工费/元	材料费/元	机械费/元
8-147	排水铸铁管	$DN150$	10m	0.42	329.18	85.22	243.96	—
8-146	排水铸铁管	$DN100$	10m	6.36	357.39	80.34	277.05	—
8-145	排水铸铁管	$DN75$	10m	5.28	249.18	62.23	186.95	—
8-144	排水镀铁管	$DN50$	10m	6.05	133.41	52.01	81.40	—

2)排水设备及管件工程量

$DN50$ 排水栓　　$4\times2\times5$组$=40$组　　　$DN100$　　检查口　　5个

定额编号8-443，计量单位：10组，工程量$\frac{40}{10}=4$，基价：121.41 元；其中人工费44.12

元，材料费 77.29 元。

$DN50$ 地漏　　6×5个$=30$个　　　$DN75$　　清通口　　10个

定额编号8-447，计量单位：10个，工程量$\frac{30}{10}=3$，基价：55.88 元；其中人工费37.15

元，材料费 18.73 元。

3)镀锌铁皮套管

$DN125$ 镀锌铁皮套管　$(5+2\times2\times5)$个$=25$个　($DN100$的管道穿板或穿墙)

定额编号8-176，计量单位：个，工程量25，基价：5.30 元；其中人工费2.55 元，材料费2.75元。

4)管道刷油

承插铸铁管刷油时明装管道刷一遍红丹防锈漆，再刷两遍银粉，埋地管刷两遍沥青即可。

①埋地管刷沥青漆，一遍工程量：

$DN150$ 铺设管长度为：4.20m

$S_1=4.20m\times0.509m^2/m=2.14m^2$

$DN100$ 铺设管长度为 10.44m

$S_2=10.44m\times0.346m^2/m=3.61m^2$

$DN75$ 铺设管长度为 10.56m

$S_3=10.56m\times0.267m^2/m=2.82m^2$

DN50 铺设管长度为 12.1m

$S_4 = 12.1\text{m} \times 0.188\text{m}^2/\text{m} = 2.27\text{m}^2$

小计：10.84m^2

定额编号：11-202（第一遍）　计量单位：10m^2　工程量 $\dfrac{10.84}{10} = 1.084$，基价：9.90 元；其中人工费 8.36 元，材料费 1.54 元。

定额编号：11-203（第二遍）　计量单位：10m^2　工程量 1.084，基价：9.50 元；其中人工费 8.13 元，材料费 1.37 元。

②明装管道刷银粉漆每遍工程量为：

DN100 管道明装长度为 53.16m

$S_5 = 53.16\text{m} \times 0.346\text{m}^2/\text{m} = 18.39\text{m}^2$

DN75 管道明装长度为 42.24m

$S_6 = 42.24\text{m} \times 0.267\text{m}^2/\text{m} = 11.28\text{m}^2$

DN50 管道明装长度为 48.4m

$S_7 = 48.4\text{m} \times 0.188\text{m}^2/\text{m} = 9.10\text{m}^2$

小计：38.77m^2

定额工程量：刷防锈漆工程量为 3.88（单位：10m^2）

定额编号：11-198，基价：8.85 元；其中人工费 7.66 元，材料费 1.19 元。

每遍银粉工程量：3.88（单位是：10m^2）

定额编号：11-200（第一遍）　基价：13.23 元；其中人工费 7.89 元，材料费 5.34 元。

定额编号：11-201（第二遍）　基价：12.37 元；其中人工费 7.66 元，材料费 4.71 元。

5）管道土方量

①挖土工程量：

a. DN150 干管管沟土方量：

$V_1 = 1.20\text{m}$（DN150 干管管沟的开挖深度）$\times (0.70\text{m} + 0.30 \times 1.20\text{m})$（DN150 干管管沟的上底加下底长度的平均值，0.3 为坡度系数）$\times 4.20\text{m}$（DN150 干管管沟的长度）
　　$= 5.34\text{m}^3$

b. DN100、DN75、DN50 支管管沟工程量：

$V_2 = 0.9\text{m}$（DN100、DN75、DN50 支管管沟开挖的深度）$\times (0.60\text{m} + 0.30 \times 0.90\text{m})$（DN100、DN75、DN50 支管管沟上底加下底长度的平均值，0.3 为坡度系数）$\times (9.24\text{m} + 10.56\text{m} + 12.1\text{m})$（DN100、DN75、DN50 支管管沟开挖的长度）
　　$= 0.9\text{m} \times 0.87\text{m} \times 31.9\text{m} = 24.98\text{m}^3$

②填土工程量：

$V_1' = 5.34\text{m}^3$

$V_2' = 24.98\text{m}^3$

$V = V_1' + V_2' = 30.32\text{m}^3$

定额工程量：

挖土工程量：0.3032（单位：100m^3）定额编号 1-8

填土工程量：0.3032（单位：100m^3）定额编号 1-46

清单工程量计算见表 1-83。

清单工程量计算表

表 1-83

序号	项目编码	项目名称	项目特征描述	计量单位	工程量
1	031001001001	镀锌钢管	$DN50$	m	8.36
2	031001001002	镀锌钢管	$DN40$	m	6.00
3	031001001003	镀锌钢管	$DN32$	m	34.20
4	031001001004	镀锌钢管	$DN25$	m	42.60
5	031001001005	镀锌钢管	$DN20$	m	25.00
6	031001001006	镀锌钢管	$DN15$	m	103.80
7	031001005001	铸铁管	承插，$DN150$	m	4.20
8	031001005002	铸铁管	承插，$DN100$	m	63.60
9	031001005003	铸铁管	承插，$DN75$	m	52.80
10	031001005004	铸铁管	承插，$DN50$	m	60.50
11	031004014001	给、排水附件	水龙头 $DN15$	个	40
12	031004010001	淋浴器	$DN15$	套	10
13	031004001001	浴缸	搪瓷	组	10
14	031004003001	洗脸盆		组	10
15	031004004001	洗涤盆		组	10
16	031004006001	大便器	蹲式	组	10
17	031002001001	管道支架制作安装		kg	43.10
18	031004014002	给、排水附件	地漏 $DN50$	个	30
19	031004014003	给、排水附件	排水栓 $DN50$	组	40

【例 34】 如图 1-129、图 1-130 所示，为某学院公共浴室的给水和排水平面布置图，浴室为男女两个，每个浴室内有更衣室和厕所各一个，另外有拖地盆和洗脸盆各一个，淋浴器采用双门脚踏式淋浴器，给水管道分冷热水管，均采用镀锌钢管，排水采用铸铁承插管，分为三个排水干管，其中 PL₁、PL₂ 布置相同，PL₃ 另行布置。厕所内大便器采用蹲式大便器自闭式手冲阀，小便为立式小便器，给水管道冷水管标高 1.10m，热水管标高 1.00，排水铸铁管埋深为 1.0m。给水管到室外部分为 7m，试计算工程量并区分清单和定额。

【解】 给水系统工程量计算中由于男女浴室除厕所外具有对称性，即计算时应利用之。

(1) 给水系统工程量计算，其给水系统图如图 1-131 所示。

1) 给水系统管道工程量

①$DN65$ 镀锌钢管工程量(清单)

7.0m(给水管到室外部分)×2(冷热水管道)＝14.00m

图 1-129　给水平面图

图 1-130 排水平面图

图 1-131　给水系统图

②DN50 镀锌钢管工程量(清单)

[8.24m(从轴Ⓐ到轴Ⓑ处)－0.24m(墙Ⓐ、墙Ⓑ$\frac{1}{2}$厚度)－0.07m(管道间距)×2]×2(冷热两根管)×2(东西两区)＝(8.24m－0.24m－0.14m)×2×2＝31.44m

③DN40 镀锌钢管工程量(清单)

[6.48m(从轴①到③处)＋(3.24/2)m(从轴③到④处一半)]×2(冷热两根管)×2(东西两区)＋[9.72m(从轴①到轴④处)－0.24m(墙厚)－0.14m(两个管道间距)]×2(冷热两根管)×2(东西两区)＝(6.48m＋1.62m)×4＋(9.72m－0.24m－0.14m)×4＝32.4m＋37.36m＝69.76m

④DN32 镀锌钢管工程量(清单)

[3.24m/2(从轴③到轴④处一半)＋4.24m(从轴④到轴⑤处)－0.12m(半个墙⑤厚度)－0.07m(管道与墙间距)]×2＝(1.62m＋4.24m－0.12m－0.07m)×2＝11.34m

⑤DN25 镀锌钢管工程量(清单)

[2.3m(从轴Ⓐ到轴Ⓓ处)－0.24m(墙Ⓐ墙Ⓓ一半厚度)－0.14m(管道与两侧墙间距)＋3.0m(从轴⑤处到第三个大便器处)]×2＝(2.3m－0.24m－0.14m＋3.0m)×2＝9.84m

2.5m(如图6－3中Ⓐ区三个淋浴器连接用管)×2(冷热两管)×8(男浴室相似布置数量)×2(男女两浴室)＋3.50m(靠近更衣室的淋浴器连结管)×2(冷热两根)×2(男女两浴室)＝2.50m×2×8×2＋3.5m×2×2＝80.0m＋14.0m＝94.00m

小计：103.84m

⑥DN20 镀锌钢管工程量(清单)

(2.30m－1.10m)(淋浴器连接管长度)×84(淋浴器个数)＝1.20m×84＝100.80m

⑦DN15 镀锌钢管工程量(清单)

1.5m(洗脸盆连接管)×2＋0.5m(拖地盆连接管)×2＝3.0m＋1.0m＝4.00m

合计见表1-84。

镀锌钢管工程量汇总表　　　　　　　　　　表 1-84

规格	名称	清单		定额		定额编号	基价/元	人工费/元	材料费/元	机械费/元
		单位	数量	单位	数量					
DN65	镀锌钢管	m	14.00	10m	1.40	8-93	124.29	63.62	56.56	4.11
DN50	镀锌钢管	m	31.44	10m	3.14	8-92	111.93	62.23	46.84	2.86
DN40	镀锌钢管	m	69.76	10m	6.98	8-91	93.85	60.84	31.98	1.03
DN32	镀锌钢管	m	11.34	10m	1.13	8-90	86.16	51.08	34.05	1.03
DN25	镀锌钢管	m	103.84	10m	10.38	8-89	83.51	51.08	31.40	1.03
DN20	镀锌钢管	m	100.80	10m	10.08	8-88	66.72	42.49	24.23	
DN15	镀锌钢管	m	4.00	10m	0.40	8-87	65.45	42.49	22.96	

2) 给水系统管道刷油工程量

①铺设管：

DN65 镀锌钢管：12.0m(DN65 镀锌钢管铺设的长度)×0.228m²/m＝2.74m²

②明装管：

$DN65$ 镀锌钢管：$2.0m \times 0.228m^2/m = 0.46m^2$

$DN50$ 镀锌钢管刷银粉漆两遍，每遍工程量：

$31.44m \times 0.179m^2/m = 5.63m^2$

$DN40$ 镀锌钢管刷银粉漆两遍，每遍工程量：

$69.76m \times 0.148m^2/m = 10.32m^2$

$DN32$ 镀锌钢管刷银粉漆两遍，每遍工程量：

$11.34m \times 0.121m^2/m = 1.37m^2$

$DN25$ 镀锌钢管刷银粉漆两遍，每遍工程量：

$103.84m \times 0.099m^2/m = 10.28m^2$

$DN20$ 镀锌钢管刷银粉漆两遍，每遍工程量：

$100.8m \times 0.080m^2/m = 8.06m^2$

$DN15$ 镀锌钢管刷银粉漆两遍，每遍工程量：

$4.0m \times 0.064m^2/m = 0.26m^2$

合计：$39.12m^2$　　其中沥青漆 $2.74m^2$　　银粉漆 $36.38m^2$

清单　　刷沥青漆工程量：$2.74m^2$　　　　　刷银粉漆工程量：$36.38m^2$

定额　　刷沥青漆工程量：$0.274(10m^2)$　　刷银粉漆工程量：$3.64(10m^2)$

刷沥青第一遍　定额编号：11-66，计量单位：$10m^2$，工程量 0.274，基价：8.04 元；其中人工费 6.50 元，材料费 1.54 元。

第二遍　定额编号：11-67，计量单位：$10m^2$，工程量 0.274，基价：7.64 元；其中人工费 6.27 元，材料费 1.37 元。

刷银粉第一遍　定额编号：11-56，计量单位：$10m^2$，工程量 3.64，基价：11.31 元；其中人工费 6.50 元，材料费 4.81 元。

第二遍　定额编号：11-57，计量单位：$10m^2$，工程量 3.64，基价：10.64 元；其中人工费 6.27 元，材料费 4.37 元。

3）给水系统管道支托架工程量

①支架个数：

$\phi50$　　$31.44m/5m = 6.29$　　　取 7 个

$\phi40$　　$69.76m/4.5m = 15.50$　取 16 个

$\phi32$　　$11.34m/4.0m = 2.84$　　取 3 个

$\phi25$　　$103.84m/3.5m = 29.67$取 30 个

$\phi20$　　$100.8m/3m = 33.60$　　取 34 个

$\phi15$　　$4m/2.5m = 1.60$　　　　取 2 个

②支架刷油量：

$\phi50$：　　$0.51kg \times 7 = 3.57kg$

$\phi40$：　　$0.46kg \times 16 = 7.36kg$

$\phi32$：　　$0.41kg \times 3 = 1.23kg$

$\phi25$：　　$0.35kg \times 30 = 10.50kg$

$\phi20$、$\Phi15$：　　$0.28kg \times 36 = 10.08kg$

小计　清单：32.74kg　定额：$0.33(100kg)$

定额编号：11-122(第一遍)，基价：16.00元；其中人工费5.11元，材料费3.93元，机械费6.96元。

定额编号：11-123(第二遍)，基价：15.25元；其中人工费5.11元，材料费3.18元，机械费6.96元。

③支架重量：

ϕ50：　　　0.87kg×7＝6.09kg

ϕ40：　　　0.82kg×16＝13.12kg

ϕ32：　　　0.77kg×3＝2.31kg

ϕ25：　　　0.60kg×30＝18.00kg

ϕ20、ϕ15：　　　0.49kg×36＝17.64kg

小计　清单：57.16kg　定额：0.57(100kg)

定额编号：8-178，基价：654.69元；其中人工费235.45元，材料费194.98元，机械费224.26元。

4) 管件及设备工程量

①淋浴器：　　　　　　　　84组　　　　　定额：8.4(10组)

定额编号：8-404，基价：600.19元；其中人工费130.03元，材料费470.16元。

②DN50镀锌铁皮套管：　　18个　　　　定额：18(个)

定额编号：8-172，基价：2.89元；其中人工费1.39元，材料费1.50元。

③DN20镀锌铁皮套管：　　4个　　　　定额：4(个)

定额编号：8-169，基价：1.70元；其中人工费0.70元，材料费1.00元。

④DN15水龙头：　　　　4个　　　定额：0.4(10个)

定额编号：8-438，基价：7.48元；其中人工费6.50元，材料费0.98元。

⑤DN20截止阀：　　　168个

定额：168(个)　定额编号：8-242　基价：5.00元；其中人工费2.32元，材料费2.68元。

(2) 排水系统工程量，其排水系统图如图1-132所示。

1) 排水系统管道工程量

①DN150承插铸铁管：

[3.6m(室外管道接检查井)＋7.120m(从轴Ⓒ到第四排淋浴器处)＋0.12m(墙Ⓒ一半)]×3＝(3.60m＋7.12m＋0.12m)×3＝32.52m

定额编号：8-141，计量单位：10m，工程量$\frac{32.52}{10}$＝3.252，基价：350.11元；其中人工费85.22元，材料费264.89元。

②DN100承插铸铁管：

8.3m(埋地干管后半部分)×3＋[5.86m(从轴⑤处到PL₃处)－0.6m(半个大便间宽度)]×2＝8.3m×3＋(5.86m－0.60m)×2＝24.9m＋10.52m＝35.42m

定额编号：8-140，计量单位：10m，工程量$\frac{35.42}{10}$＝3.542，基价：378.68元；其中人工费80.34元，材料费298.34元。

图 1-132　排水系统图

③DN75 承插铸铁管：

1.5m(地漏到最近干管处)×44=66.00m

定额编号：8-139，计量单位：10m，工程量$\frac{66}{10}$=6.6，基价：261.74 元；其中人工费 62.23 元，材料费 199.51 元。

④DN50 承插铸铁管：

1.92m(拖地盆出水口到 PL$_3$ 处)+0.74m(两拖地盆间距)+1.2m(洗脸盆到支管处)×2 =5.06m

定额编号：8-138，计量单位：10m，工程量$\frac{5.06}{10}$=0.506，基价：139.25 元；其中人工费52.01元，材料费 87.24 元。

另外埋地立管 DN75：0.8m×44=35.20m

2) 管道刷油

埋地管道刷沥青两遍，每遍工程量为：

DN150 承插铸铁管：32.52m(DN150 承插铸铁管埋地管部分的长度)×0.509m^2/m =16.55m^2

DN100 承插铸铁管：35.42m×0.346m^2/m=12.26m^2

DN75 承插铸铁管：66m×0.267m^2/m=17.62m^2

　　　　　　　　35.2m×0.267m^2/m=9.40m^2

　　小计：27.02m^2

DN50 承插铸铁管：5.06m×0.179m^2/m=0.91m^2

合计：56.74m^2(清单)　　5.67(10m^2)定额

定额编号：11-198，基价：8.85 元；其中人工费 7.66 元，材料费 1.19 元。

3) 管道土方工程量

①V_1=1.0m(管道开挖的深度)×(0.7m+0.3×1.0m)(V_1 部分管道开挖的上底加下底的长度的平均值，0.3 为坡度系数)×(32.52m+35.42m)(管道 V_1 部分开挖的长度)

　　=1.0m×1.0m×67.94m=67.94m^3

V_2=1.0m×(0.6m+0.3×1.0m)(V_2 部分管道 开挖的上底加下底长度的平均值，0.3 为坡度系数)×(66m+5.06m)(V_2 部分管道开挖的长度)

　　=1.0m×0.9m×71.06m=63.95m^3

②回填土方量：

V_1'=67.94m^3　　　V_2'=63.95m^3

清单　挖土方量：131.89m^3

回填土方量：131.89m^3

定额　挖土方量：1.32(100m^3)定额编号 1-8

回填土方量：1.32(100m^3)定额编号 1-46

4) 卫生器具及设备

　　　　　清单　　定额

$DN75$ 地漏： 44 个 4.4(10 个)

定额编号：8-448，基价：117.41 元；其中人工费 86.61 元，材料费 30.80 元。

$DN50$ 排水栓： 4 组 0.4(10 组)

定额编号：8-443，基价：121.41 元；其中人工费 44.12 元，材料费 77.29 元。

小便器(立式)： 3 套 0.3(10 套)

定额编号：8-422，基价：813.94 元；其中人工费 93.34 元，材料费 720.60 元。

大便器(蹲式)： 6 套 0.6(10 套)

定额编号：8-413，基价：1812.01 元；其中人工费 167.42 元，材料费 1644.59 元。

$DN100$ 清扫口： 3 个 0.3(10 个)

定额编号：8-453，基价：24.22 元；其中人工费 22.52 元，材料费 1.70 元。

说明：本工程排水管道均为埋地铺设，故支架项目及刷银粉项目可省略。

清单工程量计算见表 1-85。

清单工程量计算表 表 1-85

序号	项目编码	项目名称	项目特征描述	计量单位	工程量
1	031001001001	镀锌钢管	$DN65$	m	14.00
2	031001001002	镀锌钢管	$DN50$	m	31.44
3	031001001003	镀锌钢管	$DN40$	m	69.76
4	031001001004	镀锌钢管	$DN32$	m	11.34
5	031001001005	镀锌钢管	$DN25$	m	103.84
6	031001001006	镀锌钢管	$DN20$	m	100.80
7	031001001007	镀锌钢管	$DN15$	m	4.00
8	031001005001	铸铁管	承插，$DN150$	m	32.52
9	031001005002	铸铁管	承插，$DN100$	m	35.42
10	031001005003	铸铁管	承插，$DN75$	m	66＋35.2
11	031001005004	铸铁管	承插，$DN50$	m	5.06
12	031002001001	管道支架制作安装		kg	57.16
13	031004010001	淋浴器		套	84
14	031004014001	给、排水附件	水龙头 $DN15$	个	4
15	031003001001	螺纹阀门	$DN20$ 截止阀	个	168
16	031004014002	给、排水附件	地漏 $DN75$	个	44
17	031004014003	给、排水附件	排水栓 $DN50$	组	4
18	031004006001	大便器	蹲式	组	6
19	031004007001	小便器	立式	组	3

第二章 采暖与燃气工程

第一节 分部分项实例

项目编码：031001002　　项目名称：钢管

【例1】 某建筑采暖系统某立管安装形式如图2-1所示，计算立管工程量，立管采用的是$DN20$焊接钢管，单管顺流式安装连接。

【解】 (1)立管长度计算

$DN20$焊接钢管

[12.5−(−1.000)](标高差)＋0.2(立管中心与供水干管引入该立管处垂直距离)＋0.2(立管中心与回水干管的垂直距离)−0.5(散热器进出水中心距)×5(层数)m＝11.40m

(2)定额与工程量清单

则其项目如下：

① 清单工程量：钢管$DN20$，项目编码：031001002，计量单位：m

工程数量：$\dfrac{11.4}{1(计量单位)}=11.4$

②定额工程量：室内焊接钢管安装(螺纹连接)

定额编号：8-99，定额单位：10m，工程量：

11.4/10＝1.14，基价：63.11元；其中人工费

42.49元，材料费：20.62元。

图2-1　立管示意图

项目编码：031001002　　项目名称：钢管

【例2】 计算上题中支管工程量，其室内平面图如图2-2所示，散热器沿窗边布置。

【解】 (1)支管长度计算 $DN20$焊接钢管

[1.500(墙中心线距窗—近边沿的距离)＋0.12(半墙厚)＋0.1(立管距墙面的距离)＋0.15(散热器进出口中心线距外墙内墙面的距离)−0.1(立管距外墙内墙面的距离)]×2(进出水两根)×5(5层)m＝1.77m×10＝17.70m

(2)则①清单中：钢管$DN20$，项目编码：031001002，计量单位：m

工程数量：$\dfrac{17.7}{1(计量单位)}=17.7$

②定额中室内焊接钢管安装(螺纹连接)：定额编号：8-99，定额单位：10m，定额工

图 2-2　散热器平面布置图

程量：17.7/10＝1.77，基价：63.11 元；其中人工费 42.49 元，材料费：20.62 元。

项目编码：031005001　项目名称：铸铁散热器

【**例 3**】【例 1】中采用铸铁散热器 M132 型，试计算该立管上散热器工程量。

【**解**】　由图可知散热器片数为：（12＋10＋10＋11＋12)片＝55 片

①清单工程量：铸铁散热器，项目编码：031005001，计量单位：片

$$工程数量：\frac{55}{1(计量单位)}＝55$$

②定额工程量：铸铁散热器 M132 型：定额编号：8-490，定额单位：10 片，定额工程量：55/10＝5.5，基价：41.27 元；其中人工费 14.16 元，材料费 27.11 元。

说明：定额中只考虑了铸铁散热器的组成安装。并未考虑其制作。清单中考虑了其制作安装，同时还包含了其刷油、除锈设计等。

项目编码：031001002　项目名称：钢管

【**例 4**】　散热器若沿窗中布置，其平面图如图 2-3 所示，试计算支管工程量。

图 2-3　散热器平沿窗布置图

【**解**】　(1)支管长度计算 DN20 焊接钢管

$\{[\frac{5.0}{2}$（房间跨度的一半）＋0.12（半墙厚）＋0.1（立管距墙面的距离）]×5(5 层)－0.06（单片散热器宽度）×55(5 层总散热器片数)\}×2（供水与回水两根，每层均有）m＋[0.15（散热器进出水口中心距外墙内墙面的距离）－0.1（立管距外墙内墙面的距离）]×2（进出水两根）×5(5 层)m＝(20.6＋0.5)m＝21.10m

(2) ①清单工程量：

钢管 $DN20$　项目编码：031001002，计量单位：m，工程数量：$\dfrac{21.1}{1}=21.1$

②定额工程量：

室内焊接钢管安装（螺纹连接）

定额编号：8-99，定额单位：10m，定额工程量：21.1/10＝2.11，基价：63.11 元；其中人工费 42.49 元，材料费 20.62 元。

项目编码：031001002　　项目名称：钢管

【例5】　某建筑采暖系统热力入口如图 2-4 所示，由室外热力管井至外墙面的距离为 2.00m，供回水管为 $DN125$ 的焊接钢管，试计算该热力入口的供、回水管的工程量。

【解】　(1)室外管道

采暖热源管道以入口阀门或建筑物外墙皮 1.5m 为界，这是以热力入口阀门为界。

$DN125$ 钢管（焊接）管长：

[2.0(接入口与外墙面距离)－1.0(阀门与外墙面距离)]m×2(供、回水管)＝2.00m

①清单工程量：

钢管　项目编码：031001002，计量单位：m

图 2-4　热力入口示意图

工程数量：$\dfrac{2.0}{1}=2$

②定额工程量：

焊接钢管 $DN125$：

定额编号：8-29，定额单位：10m，工程量：2.0/10＝0.2，基价：91.59 元；其中人工费 34.13 元，材料费 46.72 元，机械费 10.74 元。

(2) 室内管道

$DN125$ 钢管（焊接）管长：[1.0(阀门与外墙面距离)＋0.37(外墙壁厚)＋0.1(立管距外墙内墙面的距离)]m×2(供回水两根管)＝2.94m

①清单工程量：

钢管 $DN125$　项目编码：031001002，计量单位：m

工程数量：$\dfrac{2.94}{1}=2.94$

②定额工程量：

焊接钢管 $DN125$　定额编号：8-115，定额单位：10m，工程量：2.94/10＝0.294，基价：223.60 元；其中人工费 80.81 元，材料费 100.32 元，机械费 42.47 元。

【例6】　上题中供回水管刷防锈漆两遍，用岩棉管壳保温，保温层厚度为 40mm，弯道管同样刷两遍防锈漆，其保温层厚度为 30mm，试计算其工程量。

【解】　(1)刷防锈漆两遍

$DN125$ 焊接钢管外表面积：

(2.0＋2.94)($DN125$ 钢管管长)×0.140(焊接钢管 $DN125$ 的外径)×3.1416m²

$=2.17\text{m}^2$

$DN32$ 焊接钢管外表面积计算：

其管长计算如下：1.0(供回水管距离)+0.2(转弯水平距离)=1.20m

则其清单工程量：$DN32$ 钢管

项目编码：031001002，计量单位：m，则其工程数量为 1.2m

定额工程量：$DN32$ 焊接钢管(螺纹连接)

定额编号：8-15，计量单位：10m，工程量为 1.2/10=0.12，基价：21.08 元；其中人工费 15.09 元，材料费 5.15 元，机械费 0.84 元.

则 $DN32$ 焊接钢管外表面积：

1.2($DN32$ 钢管管长)$\times$0.042($DN32$ 外径)$\times$3.1416m^2=0.16m^2

(2) 定额工程量

管道刷防锈漆第一遍定额编号：11-53，计量单位：10m^2，工程量为：(2.17+0.16)/10=0.23，基价：7.40 元；其中人工费 6.27 元，材料费 1.13 元。

管道刷防锈漆第二遍定额编号：11-54，计量单位 10m^2，工程量为(2.17+0.16)/10=0.23，基价：7.28 元；其中人工费 6.27 元，材料费 1.01 元。

清单中，没有专门计量刷防锈漆的项目编码，其在计算管道工程数量时，就已经包含刷防锈漆等的过程。

(3) 岩棉管壳保温

$DN125$ 焊接钢管：

$V = \pi \times (D+1.033\delta) \times 1.033\delta \times L$

$\quad = 3.14 \times (0.125+1.033 \times 0.04) \times 1.033 \times 0.04 \times (2.0+2.94)\text{m}^3$

$\quad = 0.107\text{m}^3$

保温层体积$=(2.0+2.94)(DN125 \text{ 钢管的管长}) \times \left[\left(\dfrac{0.140}{2}+0.04\right)^2 - \left(\dfrac{0.140}{2}\right)^2\right] \times$

$\qquad 3.1416(\text{单位管长的保温层体积})\text{m}^3$

$\qquad = 4.94 \times (0.0121-0.0049) \times 3.1416\text{m}^3 = 0.1117\text{m}^3$

$DN32$ 焊接钢管：

$V = \pi \times (D+1.033\delta) \times 1.033\delta \times L$

$\quad = 3.1416 \times (0.032+1.033 \times 0.03) \times 1.033 \times 0.03 \times 1.2\text{m}^3$

$\quad = 0.0074\text{m}^3$

保温层体积$=1.2(DN32 \text{ 钢管的管长}) \times \left[\left(\dfrac{0.042}{2}+0.030\right)^2 - \left(\dfrac{0.042}{2}\right)^2\right] \times 3.1416(\text{单}$

$\qquad \text{位管长的保温层体积})\text{m}^3$

$\qquad = 1.2 \times (0.002601-0.00441) \times 3.1416\text{m}^3$

$\qquad = 0.0081\text{m}^3$

(4) 定额中心管道

①($DN32$)$\phi57$ 以下保温层厚 30mm

定额编号：11-1824，计量单位：m^3，工程量为$\dfrac{0.0081}{1}=0.0081$，基价：176.93 元；其中人工费 142.34 元，材料费 27.84 元，机械费 6.75 元。

②管道($DN125$)$\phi325$ 以下保温层厚 40mm

定额编号：11-1841，计量单位 m³，工程量为 $0.1117m^3/1m^3=0.1117$，基价：82.13元；其中人工费 56.19 元，材料费 19.19 元，机械费 6.75 元。

清单中：没有专门关于计算保温材料的项目编码，其在计算管道工程数量时，就已经包含了保温层材料等的工程数量

管道清单中工程数量计算中所包含的项目特征为：

①安装部位；

②介质；

③规格、压力等级；

④连接形式；

⑤压力试验及吹、洗 设计要求；

⑥警示带形式。

项目编码：**031001001**　　项目名称：**镀锌钢管**

项目编码：**031005001**　　项目名称：**铸铁散热器**

项目编码：**031003001**　　项目名称：**螺纹阀门**

【例 7】　某工程采暖系统其中一立管如图 2-5 所示，试用定额和清单两种计算方式来计算其工程量，该工程概况为室内采暖管线采用镀锌钢管螺纹连接，并刷两遍红丹防锈漆和两遍银粉，散热器采用柱型铸铁散热器，沿窗边布置。

【解】　(1)①$DN32$ 镀锌钢管立管长为：

$(19.5-0.2)$(标高差)m$+0.3$(立管中心线与供水干管的距离)m-0.6×6m(未跨越的散热器的进出水管中心距)$=16.00$m

图 2-5　立管示意图　　　　　　　图 2-6　散热器平面布置图

$DN32$ 镀锌钢管支管管长：其平面图如图 2-6 所示：[1.2（窗边侧距其内墙中心线的距离）+0.05（乙字弯水平长度）-0.12（半墙壁厚）-0.1（立管中心线距内墙面的距离）]m（单根支管的长度）×2（每个散热器上有进出水两个支管）×6（层数）=1.03×12m=12.36m

②清单工程量：

$DN32$ 镀锌钢管　项目编码：031001001，计量单位：m，工程数量：16+12.36=28.36m，定额工程量：室内管道 $DN32$ 镀锌钢管（螺纹连接），定额编号：8-90，计量单位：10m，工程量为(16+12.36)/10=2.84，基价：86.16 元；其中人工费 51.08 元，材料费 34.05 元，机械费 1.03 元。

（2）①刷红丹防锈漆管外面积：

(16+12.36)（管长）×(0.042×3.1416)（$DN32$ 钢管外周长)m² = 28.36×0.042×3.1416m² = 3.74m²

②清单工程量：

没有关于刷红丹防锈漆的专门编码，其已包含在了管道的工程量计算中。

定额工程量：

管道刷红丹防锈漆第一遍定额编号：11-51，计量单位，10m²，工程量为 3.74/10=0.37，基价：7.34 元；其中人工费 6.27 元，材料费 1.07 元。

第二遍定额编号：11-52，计量单位，10m²，工程量为 3.74/10=0.37，基价：7.23 元；其中人工费为 6.27 元，材料费为 0.96 元。

（3）①管道刷银粉漆两遍，管外面积为(16+12.36)×(0.042×3.1416)m²=3.74m²

②清单计算：没有关于刷银粉漆的单独编码，其已包含在了管道的工程量计算中。

定额工程量：管道外刷银粉漆：

第一遍定额编号：11-56，计量单位 10m²，工程量为 3.74/10=0.37，基价：11.31 元；其中人工费 6.50 元，材料费 4.81 元。

第二遍定额编号 11-57，计量单位 10m²，工程量为 3.74/10=0.37，基价：10.64 元；其中人工费 6.27 元，材料费 4.37 元。

（4）散热器工程量

①清单工程量：

铸铁散热器柱型，项目编码为 031005001，计量单位为片，工程数量为：

$$\frac{(20+15+15+16+17+19)}{1} = \frac{102}{1} = 102$$

②定额工程量：

铸铁散热器柱型　定额编号：8-491，计量单位：10 片，工程量为：(20+15+15+16+17+19)/10=102/10=10.2，基价：87.73 元；其中人工费 9.61 元，材料费 78.12 元。

（5）阀门工程量 $DN32$ 螺纹阀门

①清单工程量：

$DN32$ 螺纹阀门　项目编码为：031003001，计量单位为个，则工程数量为 $\frac{5}{1}=1$

②定额工程量：

$DN32$ 螺纹阀门 定额编号为 8-244，计量单位为个，工程量为 $\frac{5}{1}=5$（查立管图示可知），基价：8.57 元；其中人工费 3.48 元，材料费 5.09 元。

汇总同见表 2-1、表 2-2。

定额预算表 表 2-1

序号	项　　目	定额编号	计量单位	工程量
1	室内镀锌钢管安装（DN32 螺纹连接）	8-90	10m	3.016
2	管道刷红丹防锈漆第一遍	11—51	10m²	0.37
3	管道刷红丹防锈漆第二遍	11—52	10m²	0.37
4	管道刷银粉漆第一遍	11—56	10m²	0.37
5	管道刷银粉漆第二遍	11—57	10m²	0.37
6	螺纹阀门安装 DN32	8-244	个	5
7	铸铁散热器柱型组成安装	8-491	10 片	10.2

定额预算表与清单项目之间关系分析对照表 表 2-2

序号	项目编码	项目名称	计量单位	工程数量	清单立项在定额预算表中的序号	清单综合的工程内容在定额预算表中的序号
1	031001001×××	镀锌钢管 DN32，室内安装，螺纹连接，刷两遍红丹防锈漆，两遍银粉	m	28.36	1	2+3+4+5
2	031003001×××	螺纹阀门，DN32	个	5	6	
3	031005001×××	铸铁散热器，柱型	片	102	7	

【例8】 民用建筑采暖与燃气（煤气）管线室内外管道划分的区别？

①采暖热源管道室内外以入口阀门或建筑物外墙皮 1.5m 为界。

②燃气室内外管道分界：地下引入室内的管道以室内第一个阀门为界，地上引入室内的管道以墙外三通为界。

项目编码：031001001 项目名称：镀锌钢管

【例9】 平面图如图 2-7 所示，某住宅煤气系统如图 2-8 所示，试计算煤气入户支管

图 2-7 煤气管平面图

图 2-8 煤气系统图

的工程量，系统管道均采用镀锌钢管，螺纹连接。

【解】 （1）根据平面图和系统图，煤气入一层用户支管管长为：

［3.0（房间宽度）+3.500（房间长度）+0.24（墙厚）+0.1（立管距内墙面距离）-0.05（转弯后煤气管道距⑤轴线墙面的距离）-0.1（煤气管道距Ⓐ轴线墙面的距离）-1.5（接入灶具处距Ⓑ轴线的距离）+（2.7-1.0）（标高差）+（2.7-2.0）（标高差）+（2.0-1.8）×2（进出燃气表立管长度）-0.15（进出燃气表立管间距）］m=7.84m，则整个系统用户支线的长度为 7.84×5m=39.20m。

（2）清单工程量：

镀锌钢管 DN15 项目编码：031001001，计量单位为 m，则清单工程数量为 39.2m/1m=39.2

定额工程量：

室内镀锌钢管 DN15 螺纹连接，其定额编号为 8-589，计量单位：10m，定额工程量为 39.2/10=3.92，基价：67.94 元；其中人工费 42.89 元，材料费 20.63 元，机械费 4.42 元。

项目编码：**031001001** 项目名称：**镀锌钢管**

项目编码：**031007005** 项目名称：**燃气表**

项目编码：**031007006** 项目名称：**燃气灶具**

项目编码：**031003001** 项目名称：**螺纹阀门**

【**例 10**】 上题中，用户均采用流量为 $1.2m^3/h$ 的燃气计量表，灶具为双灶眼 JZ-2 立管由地下立至地上五层穿越楼板用镀锌铁皮套管，用户支管穿墙用钢套管试计算该立管工程量，以及用户内器具选用配件工程量。

【**解**】 (1)立管工程量

清单工程量：

镀锌钢管 $DN32$ 项目编码：031001001，计量单位：m

工程量：$\dfrac{(3.0-1.0)(标高差)+2.0(二层接出支管距该层地面的距离)}{1.0(计量单位)}=4$

①定额工程量：

$DN32$ 镀锌钢管 定额编号：8-592 计量单位：10m

工程量：$\dfrac{(3.0-1.0)(标高差)+2.0(二层接出支管距该层地面的距离)}{10(计量单位)}$

$=0.4$

基价：97.54 元；其中人工费 51.08 元，材料费 43.67 元，机械费 2.79 元。

②清单工程量：

镀锌钢管 $DN25$ 项目编码：031001001，计量单位：m

工程量：$\dfrac{(9.0-6.0)(标高差，层高)\times2(两层)}{1.0(计量单位)}=6.0$

定额工程量：

$DN25$ 镀锌钢管 定额编号：8-591，计量单位：10m

工程量：$\dfrac{(9.0-6.0)(标高差)\times2}{10(计量单位)}=0.6$

基价：84.67 元；其中人工费 50.97 元，材料费 31.31 元，机械费 2.39 元。

③清单工程量：

镀锌钢管 $DN20$ 项目编码：031001001，计量单位：m

工程量：$\dfrac{(12.0-9.0)(标高差)\times1(层数)}{1.0(计量单位)}=3$

定额工程量：

$DN20$ 镀锌钢管 定额编号：8-590，计量单位：10m

工程量：$\dfrac{(12.0-9.0)(标高差)\times1(层数)}{10(计量单位)}=0.3$

基价：69.82 元；其中人工费 42.96 元，材料费 22.44 元，机械费 4.42 元。

(2) 燃气用表工程量计

清单工程量：

燃气表 $1.2m^3/h$，项目编码：031007005，计量单位：块

工程量：$\dfrac{1.0\times5}{1.0}=5$

定额工程量：燃气计量表 $1.2m^3/h$，定额编号：8-621，计量单位：块

工程量：$\dfrac{1.0(每户数量)\times5(户数)}{1.0(计量单位)}=5$

基价：9.30 元；其中人工费 9.06 元，材料费 0.24 元。

（3）灶具工程量

清单工程量：

燃气灶具双灶眼 JZ－2，清单编码：031007006，计量单位：台，工程量：$\frac{1.0 \times 5}{1.0} = 5$

定额工程量：

双灶眼 JZ-2　定额编号：8-648，计量单位：台

工程量：$\frac{1.0(每户灶具数量) \times 5(户数)}{1.0(计量单位)} = 5$

基价：8.86 元；其中人工费 6.50 元，材料费 2.36 元。

（4）阀门工程量

①DN15 球阀螺纹连接

清单工程量：

螺纹阀门 DN15　项目编码：031003001，计量单位：个，工程量：$\frac{1.0 \times 5}{1.0} = 5$

定额工程量：

定额编号：8-241，计量单位：个，工程量：$\frac{1.0(每户数量) \times 5}{1.0(计量单位)} = 5$，基价：4.43 元；其中人工费：2.32 元，材料费 2.11 元

②DN15 旋塞阀，螺纹连接

清单工程量：

螺纹阀门 DN15　项目编码：031003001，计量单位：个，工程量：$\frac{1.0 \times 5}{1.0} = 5$

定额工程量：

定额编号：8-241，计量单位：个，工程量：$\frac{1.0(每户数量) \times 5}{1.0(计量单位)} = 5$，基价：4.43 元；其中人工费 2.32 元，材料费 2.11 元。

（5）镀锌铁皮套管制作工程量（示图 8-8 中查找数量）

清单没有对套管的项目编码，其工程量已包含在了钢管的工程量计算中。

定额工程量：

DN65 镀锌铁皮套管

定额编号：8-173，计量单位：个，工程量：$\frac{1}{1} = 1$，基价：4.34 元；其中人工费 2.09 元，材料费 2.25 元。

DN50 镀锌铁皮套管

定额编号：8-172，计量单位：个，工程量：$\frac{2}{1} = 2$，基价：2.89 元；其中人工费为 1.39 元，材料费为 1.50 元。

DN40 镀锌铁皮套管

定额编号：8-171，计量单位个，工程量：$\frac{6}{1} = 6$，基价：2.89 元；其中人工费 1.39 元，材料费 1.50 元。

注意：镀锌铁皮套管的安装已包含在了管道安装的定额中，制作另套定额进行计算。

项目编码：031001002　　项目名称：钢管

项目编码：031003001　　项目名称：自动排气阀

【例11】　某综合楼采暖系统顶层供水干管布置图如图2-9所示，供水干管采用焊接钢管，螺纹连接；干管过墙采用镀锌铁皮套管；管道末尾安有自动放气阀 DN25，试计算其工程量。

图 2-9　顶层采暖平面图

【解】　（1）焊接钢管（螺纹连接）

① DN70 焊接钢管

清单工程量：

项目编码：031001002，计量单位：m

工程量：$\dfrac{4.0-0.12(半墙厚)-0.1(散热器连接管距墙距离)+0.12+0.1}{1.0}=4.0$

定额工程量：

定额编号：8-104，计量单位：10m

工程量：$\dfrac{4.0（③-④轴线间距）+0.1（距墙面距离）-0.1（主立管距墙面距离）}{10}=0.4$

基价：115.48 元；其中人工费 63.62 元，材料费 46.87 元，机械费 4.99 元。

②DN50 焊接钢管

清单工程量：

项目编码：031001002，计量单位：m

工程量：[(4.0+4.0)（①-③轴线间距）+(4.0+4.5+4.0)（Ⓐ-Ⓓ轴线间距）+0.12（半墙厚）+0.1（①立管距墙面距离③轴线处）-0.5（①轴线距供水干管中心距）-0.5+0.2（③立管与主干管接口处距转弯距离）]/1（计量单位）

=(8.0+12.5-0.58)/1=19.92/1=19.92

定额工程量：

定额编号：8-103，计量单位：10m

工程量：[(4.0+4.0)（①-③轴线间距）+(4.0+4.5+4.0)（Ⓐ-Ⓓ轴线间距）+0.12（半墙厚）+0.1（①立管距墙面距离③轴线处）-0.5（①轴线距供水干管中心距）-0.5+0.2（③立管与主干管接口处距转弯距离）]/10（计量单位）

=(8.0+12.5-0.58)/10=19.92/10=1.99

基价：101.55 元；其中人工费 62.23 元，材料费 36.06 元，机械费 3.26 元。

③DN40 焊接钢管

清单工程量：

项目编码：031001002，计量单位：m

[(4.0+4.0+4.0+1.5+5.5)（①-⑥轴线间距）+4.0（Ⓒⓓ轴线间距）-0.7（③立管接入干管处距①轴线的距离）-0.5（供水干管距⑥轴线的距离）+0.4（供水干管距Ⓓ轴线的距离）+0.12（半墙厚）×3+0.1（⑤立管距墙面的距离）]/1=22.66

定额工程量：

定额编号：8-102，计量单位：10m

工程量：[(4.0+4.0+4.0+1.5+5.5)（①-⑥轴线间距）+4.0（Ⓒⓓ轴线间距）-0.7（③立管接入干管处距①轴线的距离）-0.5（供水干管距⑥轴线的距离）+0.4（供水干管距Ⓓ轴线的距离）+0.12×3（一个半墙厚）+0.1（⑤立管距墙面的距离）]/10（计量单位）=(19+4-1.2+0.4+0.12×3+0.1)/10=22.66/10=2.27

基价：93.39 元；其中人工费 60.84 元，材料费 31.16 元，机械费 1.39 元。

④DN32 焊接钢管

清单工程量：

项目编码：031001002，计量单位：m，工程量：[(4.0+4.5)（ⒶⒸ轴线间距）-0.1（⑤立管距墙面距离）-0.12-0.5（Ⓐ轴线距供水干管距离）+0.2（⑥立管接出处距转弯距离）]/1（计量单位）=7.98

定额工程量：

定额编号：8-101，计量单位：10m

工程量：[(4.0+4.5)（ⒶⒸ轴线间距）-0.1（⑤立管距墙面距离）-0.12-0.5（Ⓐ轴线

距供水干管距离)+0.2(⑥立管接出处距转弯距离)]/10(计量单位)=[8.5−
0.6−0.12+0.2]/10=0.80

基价：87.41元；其中人工费51.08元，材料费35.30元，机械费1.03元。

⑤DN25 焊接钢管

清单工程量：

项目编码：031001002，计量单位：m，工程量：(5.5(⑤⑥轴线间距)−0.7(⑥立管
接出处距⑥轴线的距离)+0.5(引至自动放气阀管长))/1.0=5.3

定额工程量：

定额编号：8-100，计量单位：10m

工程量：[5.5(⑤⑥轴线间距)−0.7(⑥立管接出处距⑥轴线的距离)+0.5(引至自动
放气阀管长)]/10=5.3/10=0.53

基价：81.37元；其中人工费51.08元，材料费29.26元，机械费1.03元。

(2) 镀锌铁皮制作(示图中得出数量)

清单中没有关于套管的项目编码，其已包含在了钢管的工程量中。

定额工程量：

DN100 镀锌铁皮套管

定额编号：8-175，计量单位：个，工程量：1/1=1，基价：4.34元；其中人工费
2.09元，材料费2.25元。

DN80 镀锌铁皮套管

定额编号：8-174，计量单位：个，工程量2/1=2，基价：4.34元；其中人工费2.09
元，材料费2.25元。

DN65 镀锌铁皮套管

定额编号：8-173，计量单位：个，工程量：5/1=5，基价：4.34元；其中人工费
2.09元，材料费2.25元。

DN50 镀锌铁皮套管

定额编号：8-172，计量单位：个，工程量：1/1=1，基价：2.89元；其中人工费
1.39元，材料费1.50元。

(3) 自动放气阀　DN25

清单工程量：

项目编码：031003001，计量单位：个，工程量：1/1=1

定额工程量：

定额编号：8-301，计量单位：个，工程量：1/1=1，基价：14.37元；其中人工费
6.27元，材料费8.10元。

项目编码：031003009　　项目名称：补偿器

【例12】　某方形补偿器如图 2-10 所示，试计算其工程量。

【解】　(1)清单工程量：

方形补偿器 DN50(伸缩器)　项目编码：031003009，计量单位：个，工程量：1/1(计量单
位)=1

(2)定额工程量：

图 2-10　方形补偿器

方形补偿器制作安装：与补偿器连接的是 DN50 的焊接钢管，其定额编号是 8-219，计量单位：个，定额工程量：1/1（计量单位）＝1，基价：59.40 元；其中人工费 22.29 元，材料费 20.43 元，机械费 16.68 元。

注意：方形补偿器所占长度应包含在管道安装长度内，其所占管道长度为：

［1668＋720（臂长）×2］mm＝3108mm＝3.11m

项目编码：031001002　　项目名称：钢管

【例 13】　上题中方形补偿器所在管道为 DN50 的焊接钢管，管道长度为 100m，试计算该管道工程量。管道在室内安装，螺纹连接。

【解】　（1）清单工程量

焊接钢管 DN50　项目编码：031001002，计量单位：m

工程量：［100＋0.72（方形补偿器臂长）×2］/1（计量单位）＝101.44

（2）定额工程量

焊接钢管（螺纹连接）DN50　定额编号：8-103，计量单位：10m

工程量：［100＋0.72（方形补偿器臂长）×2］/10（计量单位）＝101.44/10＝10.14

基价：101.55 元；其中人工费 62.23 元，材料费 36.06 元，机械费 3.26 元。

项目编码：031005001　　项目名称：铸铁散热器

项目编码：031001002　　项目名称：钢管

【例 14】　某房间内散热器布置如下图 2-11、图 2-12 所示，该散热器为铸铁散热器 M132 型，试计算散热器工程量以及所连支管工程量。工程概况为（1）两散热器片数均为 25 片，外刷油，防锈漆一遍，银粉两遍。（2）所连支管为 DN20 的焊接钢管（螺纹连接），其外刷防锈漆两遍，银粉两遍。

图 2-11　散热器室内布置图

【解】　（1）铸铁散热器 M132

清单工程量：

铸铁散热器 M132 型　计量单位：片，项目编码：031005001

图 2-12　散热器接管示意图

工程量：$\dfrac{25\times2\,(总片数)}{1\,(计量单位)}=50$，其工程内容：包括安装，除锈，刷油

定额工程量：

①组成安装

定额编号：8-490，计量单位：10 片，工程量：$\dfrac{25\times2\,(总片数)}{10\,(计量单位)}=5$，基价：41.27 元；

其中人工费 14.16 元，材料费 27.11 元。

②暖片气刷油防锈漆

定额编号：11-198，计量单位：$10m^2$，工程量：$\dfrac{25\times2\,(总片数)\times0.24\,(单片刷油面积)}{10\,(计量单位)}$

$=1.2$

基价：8.85 元；其中人工费 7.66 元，材料费 1.19 元。

③暖气片刷油银粉漆

第一遍定额编号：11-200，计量单位：$10m^2$，工程量：$\dfrac{25\times2\,(总片数)\times0.24\,(单片刷油面积)}{10\,(计量单位)}$

$=1.2$，基价：13.23 元；其中人工费 7.89 元；材料费 5.34 元。

④暖气片刷油银粉漆

第二遍定额编号 11-201，计量单位：$10m^2$，工程量：$\dfrac{25\times2\,(总片数)\times0.24\,(单片刷油面积)}{10\,(计量单位)}$

$=1.2$，基价：12.37 元；其中人工费 7.66 元，材料费 4.71 元。

(2)DN20 焊接钢管(螺纹连接)

清单工程量：

DN20 焊接钢管　项目编码：031001002，计量单位：m

工程量：$\left\{\left[\dfrac{5.0}{2}\times2-0.082\,(单片长度)\times25\times2\,(总片数)/2\right]\times2\,(供回水管)+0.082\right.$

（单片长度）×25×2（总片数）＋0.1×2×2＋0.1×2（垂直距离）＋（0.1－
0.06）×2（水平距离）}/1（计量单位）＝10.68/1＝10.68

焊接钢管的工程内容：

1. 管道安装 2. 管件制作、安装 3. 压力试验 4. 吹扫、冲洗 5. 警示带铺设。

定额工程量：①安装 定额编号：8-99，计量单位：10m

工程量：$\{[\frac{5.0}{2}×2-0.082（单片长度）×25×2（总片数）/2]×2（供回水管）＋0.082$
（单片长度）×25×2（总片数）＋0.1×2×2＋0.1×2（垂直距离）＋（0.1－
0.06）×2（水平距离）}/10（计量单位）＝10.68/10＝1.07

基价：63.11 元；其中人工费 42.49 元，材料费 20.06 元。

②管道刷油 DN20 焊接钢管

防锈漆第一遍定额编号：11-53，计量单位：10m²

工程量：$\frac{0.63（焊接钢管 DN20，10m 长刷油面积）×1.068（工程量）}{10（计量单位）}＝0.067$

基价：7.40 元；其中人工费 6.27 元，材料费 1.13 元。

③管道刷油，DN20 焊接钢管：

防锈漆第二遍定额编号：11-54，计量单位：10m²，工程量 $\frac{0.63×1.068}{10}＝0.067$，
基价：7.28 元；其中人工费 6.27 元，材料费 1.01 元。

④管道刷油 DN20 焊接钢管，银粉漆第一遍定额编号：11-56，计量单位：10m²，
工程量：$\frac{0.63×1.068}{10}＝0.067$，基价：11.31 元；其中人工费 6.50 元，材料费 4.81 元。

⑤管道刷油 DN20 焊接钢管，银粉漆第二遍定额编号：11-57，计量单位：10m²，
工程量：$\frac{0.63×1.068}{10}＝0.067$，基价：10.64 元；其中人工费 6.27 元，材料费 4.37 元。

项目编码：031005005 项目名称：暖风机

【例 15】 某综合办公楼采暖系统，为满足人体的舒适以及系统的平衡，在其主要开
启外门安装 RML/W-1×12/4 风幕机两台，RML/W-1×8/4 风幕机两台，如图 2-13 所
示，试计算工程量。

【解】 清单工程量：

（1）RML/W-1×12/4 型热风幕机，项目编码：031005005，计量单位：台，工程量
$\frac{2}{1}＝2$

（2）RML/W-1×8/4 型热风幕机，项目编码：031005005，计算单位：台，工程量 $\frac{2}{1}$
$＝2$

注：由于风幕机和暖风机的项目特征、计量单位、工作量计算规则和工作内容类似，
因此可以用暖风机的项目编码表示风幕机。

定额工程量：

（1）RML/W-1×12/4 型热空气幕，定额编号：8-535，计量单位：台，工程量

图 2-13 风幕机平面布置图

$\dfrac{2(台数)}{1(计量单位)}=2$，基价：103.46 元；其中人工费 79.18 元，材料费 24.28 元。

（2）RML/W－1×8/4 型热空气幕，定额编号 8-534，计量单位：台，工程量

$\dfrac{2(台数)}{1(计量单位)}=2$，基价：101.62 元；其中人工费 79.18 元，材料费 22.44 元。

项目编码：**031001002** 项目名称：**钢管**

项目编码：**031003001** 项目名称：**螺纹阀门**

【**例 16**】 某住宅楼采暖系统的一立管形式如图 2-14 所示，建筑层高为 3.3m，楼板厚为 300mm，底层地面厚为 350mm，立管穿墙用钢套管，立管为 DN25 的焊接钢管，螺纹连接，管道外刷红丹防锈漆两遍，银粉两遍，试计算立管及钢套管工程量。

【**解**】 （1）立管、DN25 焊接钢管（螺纹连接）

清单工程量：

DN25 焊接钢管（螺纹连接），项目编码：031001002，计量单位：m，工程量：

$\dfrac{20.5-(-0.7)(标高差)+0.5\times2(转弯距离)}{1(计量单位)}=22.2$

管道的除锈刷油已包含在了管道的工程项目中。

定额工程量：

①安装：定额编号 8-100，计量单位：10m

工程量：$\dfrac{[20.5-(-0.7)](标高差)+0.5\times2(转弯距离)}{10(计量单位)}$

$=\dfrac{22.2}{10}=2.22$

基价：81.37 元；其中人工费 51.08 元，材料费 29.26 元，机械费 1.03 元。

注意：跨越管与非跨越管的区别。

②管道刷油，DN25 焊接钢管，螺纹连接，刷红丹防锈漆第一遍

定额编号：11-51 计算单位：10m²

工程量：$\dfrac{1.05(10\text{m}DN25\text{ 钢管刷油面积})\times 2.22(\text{工程量})}{10(\text{计量单位})}$

$=0.23$

基价：7.34 元；其中人工费 6.27 元，材料费 1.07 元。

③刷红丹防锈漆第二遍

定额编号：11-52，计量单位：10m^2，工程量：

$\dfrac{1.05\times 2.22}{10}=0.23$，基价：7.23 元；其中人工费 6.27 元，材料费 0.96 元。

④刷银粉漆第一遍

定额编号：11-56，计量单位：10m^3，工程量：

$\dfrac{1.05\times 2.22}{10}=0.23$，基价：11.31 元；其中人工费 6.50 元，材料费 4.81 元。

⑤刷银粉漆第二遍

定额编号：11-57，计量单位：10m^2，工程量：

$\dfrac{1.05\times 2.22}{10}=0.23$，基价：10.64 元；其中人工费 6.27 元，材料费 4.37 元。

（2）钢套管：钢套管比管径大两号。

清单工程量：

套管制作、安装已包含在了钢管的项目内容中。

定额工程量：

$DN40$ 钢套管　定额编号：8-16，计量单位 10m

工程量：$\dfrac{0.35(\text{底层套管长度})+(0.3+0.04)(\text{穿楼板套管长度})\times 6(\text{个数})}{10(\text{计量单位})}$

$=\dfrac{2.39}{10}=0.24$

图 2-14　立管示意图

注意：钢套管安装，以延长米计量，套用室外焊接钢管安装相应子目，而镀锌薄钢板套管，工程量以个计量。

基价：24.91 元；其中人工费 16.49 元，材料费 7.58 元，机械费 0.84 元。

（3）阀门 $DN25$ 螺纹阀门

清单工程量：

$DN25$ 螺纹阀门，项目编码：031003001，计量单位：个

工程量：$\dfrac{6(\text{跨越管处阀门个数})+2(\text{进出阀门个数})}{1(\text{计量单位})}=8$

定额工程量：$DN25$ 螺纹阀门，定额编号：8-243，计量单位：个

工程量：$\dfrac{6(\text{跨越管处阀门个数})+2(\text{进出阀门个数})}{1(\text{计量单位})}=8$

基价：6.24 元；其中人工费 2.79 元，材料费 3.45 元。

项目编码：031001002　　　项目名称：钢管

【例17】　某住宅煤气引入管如图2-15所示，引入管采用无缝钢管 D57×3.5 引入管所处的室外阀门井距外墙的距离为2m，穿墙、楼板采用钢套管，试计算引入管的工程量。

【解】　（1）清单工程量

引入管：无缝钢管 D57×3.5，计量单位：m

工程量：[2.0(引入处距外墙距离)+0.37(外墙厚)+(0.1+0.8)(室内地下管)+(0.8+
　　　　0.3+0.5)(垂直管长度)+0.4(垂直管距旋塞阀距离)]/1(计量单位)=5.27

（2）定额工程量

引入管：①无缝管 D57×3.5 安装：定额编号：8-573，计量单位 10m

图 2-15　立管示意图

工程量：[2.0(引入处距外墙距离)+0.37(外墙厚)+(0.1+0.8)(室内水平地下管长)+
　　　　(0.8+0.5+0.3)(竖直管长度)+0.4(竖直管距旋塞阀门的距离)]/10(计量单
　　　　位)

　　　　$=5.27/10=0.53$

基价：26.48元；其中人工费18.58元，材料费5.14元，机械费2.76元。

②钢套管的安装：

DN80 的钢套管　定额编号：8-19，计量单位 10m

工程量：$\dfrac{(0.035×2+0.37)(套管Ⅱ长度)+(0.1+0.05+0.05)(套管Ⅰ长度)}{10(计量单位)}=\dfrac{0.44+0.2}{10}$

　　　　$=\dfrac{0.64}{10}=0.064$

基价：45.88元；其中人工费22.06元，材料费22.09元，机械费1.73元。

注：钢套管管径一般比所处管段的管径大两号，而本工程，套管管径的确定略有差别，见表2-3。

<table>
<tr><th colspan="3">煤气管套管公称直径　　　　　　　　　　　表 2-3</th></tr>
<tr><th>煤气管公称直径 DN</th><th>套管 I 公称直径 DN</th><th>套管 II 公称直径 DN</th></tr>
<tr><td>25</td><td>40</td><td>50</td></tr>
<tr><td>32</td><td>50</td><td>50</td></tr>
<tr><td>40</td><td>70</td><td>80</td></tr>
<tr><td>50</td><td>80</td><td>80</td></tr>
<tr><td>70</td><td>80</td><td>100</td></tr>
<tr><td>80</td><td>100</td><td>100</td></tr>
</table>

项目编码：031001001　　　项目名称：镀锌钢管

项目编码：031003001　　　项目名称：螺纹阀门

项目编码：031007005　　　项目名称：燃气表

项目编码：031007004　　　项目名称：燃气热水器

【例 18】 某室内燃气管道连接如图 2-16 所示，用户采用的是双眼灶具 JZ-2，燃气表采用的是 $3m^3/h$ 的单表头燃气表，快速热水器为直排式，室内管道为镀锌钢管 DN15，试计算其工程量。

图 2-16　室内燃气管道示意图

【解】 (1)清单工程量

1) 镀锌钢管 DN15　计量单位：m，项目编码：031001001

工程量：{(0.5+1.0+1.2)(水平管长度)+[(1.8−1.7)+(2.1−1.7)+(2.1−1.3)+(1.5−1.3)](竖直管长度)}/1(计量单位)=(2.7+1.5)/1=4.2

2) 螺纹阀门　旋塞阀 DN15　2 个

　　　　　　球　阀 DN15　1 个

旋塞阀　项目编码：031003001，计量单位：个，工程量：$\dfrac{2}{1}=2$

球 阀 项目编码：031003001，计量单位：个，工程量$\frac{1}{1}=1$

3）单表头燃气表 3m³/h，项目编码：031007005，计量单位：块，工程量：$\frac{1}{1}=1$

4）燃气快速热水器直排式，项目编码：031007004，计量单位：台

工程量：$\frac{1}{1}=1$

5）燃气灶具：双眼灶具 JZ－2，项目编码：031007006，计量单位：台

工程量：$\frac{1}{1}=1$

（2）定额工程量

1）镀锌钢管 DN15 安装

定额编号 8-589，计量单位：10m

工程量：$\{(0.5+1.0+1.2)$（水平管长度）$+[1.8-1.7)+(2.1-1.7)+(2.1-1.3)+$

$(1.5-1.3)]$（竖直管长度）$\}/10=0.42$

基价：67.94 元；其中人工费 42.89 元，材料费 20.63 元，机械费 4.42 元。

2）螺纹阀门 DN15 安装

定额编号 8-241，计量单位：个，工程量：$\frac{2（旋塞阀）+1（球阀）}{1（计量单位）}=3$

基价：4.43 元；其中人工费 2.32 元，材料费 2.11 元。

3）燃气计量表 3m³/h 单表头

定额编号 8-624，计量单位：块，工程量：$\frac{1（块数）}{1（计量单位）}=1$，基价：14.64 元；其中人工费 14.40 元，材料费 0.24 元。

4）快速热水器直排式

定额编号 8-645，计量单位：台，工程量：$\frac{1（台数）}{1（计量单位）}=1$，基价：70.01 元；其中人工费 27.40 元，材料费 42.61 元。

5）JZ-2 双眼灶

定额编号 8-648，计量单位：台，工程量：$\frac{1（台数）}{1（计量单位）}=1$，基价：8.86 元；其中人工费6.50元，材料费 2.36 元。

项目编码：**031003003**　　项目名称：**焊接法兰阀门**

项目编码：**031003001**　　项目名称：**安全阀**

项目编码：**031003007**　　项目名称：**疏水器**

项目编码：**031003011**　　项目名称：**法兰**

项目编码：**031001002**　　项目名称：**钢管**

【例 19】　某高压蒸汽入口安装图如图 2-17 所示，管道采用无缝钢管，蒸汽管件采用焊接法兰连接，凝水管亦采用法兰焊接连接，试计算蒸汽入口的工程量。

【解】（1）清单工程量

1）钢管

图 2-17 蒸汽入口安装图

项目编码：031001002，计量单位：m

①$D273 \times 7$ 无缝钢管（焊接）

项目编码：031001002，计量单位：m，工程量：$\dfrac{0.7(长度)+1.2(长度)}{1(计量单位)}=1.9$

②$D219 \times 6$ 无缝钢管（焊接）

项目编码：031001002，计量单位：m

工程量：$\dfrac{[(2.5-1.2-0.7)+(0.32+0.3+0.1)](水平管)+[-1.0-(-2.0)](竖直管)}{1.0(计量单位)}$

$=\dfrac{2.32}{1}=2.32$

③$D108 \times 4$ 无缝钢管（焊接）

项目编码：031001002，计量单位：m

工程量：$[(1.2+0.3 \times 2)(旁通管长)+(2.5+0.32+0.3+0.1)(水平管长)+(-1.3$
$-(-2.5))(竖直管长)]/1(计量单位)=(1.8+3.22+1.2)/1=6.22$

④$D57 \times 3$ 无缝钢管（焊接）

项目编码：031001002，计量单位：m，工程量：$\dfrac{(1.2+0.3+0.3)(长度)}{1(计量单位)}=1.8$

2）焊接法兰阀门

项目编码：031003003，计量单位：个

①$DN250$ 焊接法兰阀门

项目编码：031003003，计量单位：个，工程量：$\dfrac{3(个数)}{1(计量单位)}=3$

②$DN100$ 焊接法兰阀门

项目编码：031003003，计量单位：个，工程量：$\dfrac{3(个数)}{1(计量单位)}=3$

③DN50 焊接法兰阀门

项目编码：031003003，计量单位：个，工程量：$\dfrac{1(个数)}{1(计量单位)}=1$

3）安全阀 DN200

项目编码：031003001，计量单位：个，工程量：$\dfrac{1(个数)}{1(计量单位)}=1$

4）疏水器 DN100

项目编码：031003007，计量单位：组，工程量：$\dfrac{1(组数)}{1(计量单位)}=1$

5）法兰

项目编码：031003011，计量单位：副

①DN250 法兰

项目编码：031003011，计量单位：副，工程量：$\dfrac{3(副数)}{1(计量单位)}=3$

②DN100 法兰

项目编码：031003011，计量单位：副，工程量：$\dfrac{1(副数)}{1(计量单位)}=1$

项目清单中，未包含工程量为：过滤器 2 个，压力表 2 个，需另行计算。

（2）定额工程量

1）无缝钢管（焊接）

①D273×7 无缝钢管（焊接）

定额编号：8-32，计量单位：10m，工程量：$\dfrac{0.7+1.2(长度)}{10(计量单位)}=0.19$，基价：304.24

元；其中人工费 51.32 元，材料费 142.75 元，机械费 110.17 元。

②D219×6，无缝钢管（焊接）

定额编号：8-31，计量单位：10m

工程量：$\dfrac{[(2.5-1.2-0.7)+(0.32+0.3+0.1)](水平管)+[-1.0-(-2.0)](竖直管)}{10(计量单位)}=0.232$

基价：239.33 元；其中人工费 43.42 元，材料费 117.12 元，机械费 78.79 元。

③D108×4 无缝钢管

定额编号：8-28，计量单位：10m

工程量：$(1.2+0.3×2)(旁通管长)+(2.5+0.32+0.3+0.1)(水平管长)+[-1.3-$
$(-2.5)(竖直管长)]/10(计量单位)=0.622$

基价：61.09 元；其中人工费 27.86 元，材料费 20.38 元，机械费 12.85 元。

④D57×3 无缝钢管（焊接）

定额编号：8-25，计量单位：10m，工程量：$\dfrac{(1.2+0.3×2)(长度)}{10(计量单位)}=0.18$，基价：

28.78 元；其中人工费 19.97 元，材料费 6.82 元，机械费 1.99 元。

2）焊接法兰阀

①DN250 法兰阀门

定额编号：8-265，计量单位：个，工程量：$\dfrac{3(个数)}{1(计量单位)}=3$

基价：588.29 元；其中人工费 54.10 元，材料费 469.60 元，机械费 64.59 元。

②DN100 法兰阀门

定额编号：8-261，计量单位：个，工程量：$\dfrac{3(个数)}{1(计量单位)}=3$，基价：189.26 元；其中人工费 21.59 元，材料费 154.79 元，机械费 12.88 元。

③DN50 法兰阀门

定额编号：8-258，计量单位：个，基价：100.25 元；其中人工费 11.38 元，材料费 82.67 元，机械费 6.20 元。

3）安全阀 DN200

定额编号：6-1441，计量单位：个，工程量：$\dfrac{1(个数)}{1(计量单位)}=1$，基价：103.15 元；其中人工费 65.20 元，材料费 23.83 元，机械费 14.12 元。

4）疏水器 DN100

定额编号：8-356，计量单位：组，工程量：$\dfrac{1(组数)}{1(计量单位)}=1$，基价：1759.40 元；其中人工费 72.45 元，材料费 1668.67 元，机械费 18.28 元。

5）法兰

①DN250 法兰　定额编号：8-198，计量单位：副，工程量：$\dfrac{3(副数)}{1(计量单位)}=3$，基价：165.90 元；其中人工费 35.99 元，材料费 85.07 元，机械费 44.84 元。

②DN100 法兰

定额编号：8-194，计量单位：副，工程量：$\dfrac{1(副数)}{1(计量单位)}=1$，基价：46.58 元；其中人工费 11.61 元，材料费 22.09 元，机械费 12.88 元。

项目编码：031002001　　项目名称：管道支架制作安装

【例 20】　某采暖系统供水总立管如图 2-18 所示，每层距地面 1.8m 处均安装立管卡单支架重量为 1.41kg，试计算立管管卡工程量。

【解】　(1) 清单工程量

立管支架　项目编码：031002001，计量单位：kg

工程量：$\dfrac{6(支架个数)\times 1.41(单支架重量)}{1.0(计量单位)}=8.46$

(2) 定额工程量

DN100 管道支架制作安装

定额编号：8-178，计量单位：100kg

工程量：$\dfrac{6(支架个数)\times 1.41(单个支架重量)}{100(计量单位)}=0.0846$

基价：654.69 元；其中人工费 235.45 元，材料费 194.98 元，机械费 224.26 元。

注：立管管卡安装，层高≤5m 每层安装一个，位置距地面 1.8m，层高大于 5m 时每层安装两个，位置匀称安装。

图 2-18　采暖供水总立管示意图

图 2-19　某房间管道布置图

说明：图中 a 接至分水器；b 接至集水器

项目编码：031001006　　项目名称：塑料管(PE-X)

【例21】　某住宅楼采用低温地板采暖系统，室内敷设管道均为交联聚乙烯管 PE-X，管外径为 20mm，内径为 16mm，即 $De16 \times 2$，其中某一房间的敷设情况如图 2-19 所示，试计算其工程量。

【解】　(1)清单工程量

塑料管(PE-X)$De16 \times 2$

项目编码：031001006，计量单位：m

工程量：$\dfrac{90(塑料管长)}{1(计量单位)} = 90$

(2)定额工程量

塑料管(PE—X)$De16 \times 2$

定额编号：6-273，计量单位：10m，工程量：$\dfrac{90(塑料管长)}{10(计量单位)} = 9$，基价：14.19 元；

其中人工费 11.12 元，材料费 0.42 元，机械费 2.65 元。

项目编码：031005002　　项目名称：钢制闭式散热器

【例22】　某采暖系统采用钢串片(闭式)散热器进行采暖，其中一房间的布置图如图 2-20、图 2-21 所示，试计算其工程量，其中所连支管为 $DN20$ 的焊接钢管(螺纹连接)。

图 2-20　平面布置图　　　　　　　　　图 2-21　立管连接图

【解】　（1）清单工程量

1）钢制闭式散热器 2S-1300

项目编码：031005002，计量单位：片，工程量：$\dfrac{1\times2（每组片数）}{1（计量单位）}=2$

2）焊接钢管 $DN20$（螺纹连接）

项目编码：031001002，计量单位：m

工程量：$\{[\dfrac{5.000}{2}（房间长度一半）-0.12（半墙厚）-0.05（立管中心距内墙边距离）]$

$\times2-1.300（钢制闭式散热器的长度）+(0.45-0.27)\}/1（计量单位）=(4.66$

$-1.3+0.18)/1=3.54$

（2）定额工程量

1）钢制闭式散热器 2S-1300，该散热器的高度为 150mm，宽度为 80mm，同侧进出水口中心距为 70mm。

故 $H200\times2000$ 以内钢制闭式散热器

定额编号：8-516，计量单位：片，工程量：$\dfrac{1\times2（每组片数）}{1（计量单位）}=2$，基价：5.50 元；

其中人工费 5.11 元，材料费 0.39 元。

2）焊接钢管 $DN20$（螺纹连接）

定额编号：8-99，计量单位：10m，

工程量：$\dfrac{\left(\dfrac{5.0}{2}-0.12-0.05\right)\times2-1.3+(0.45-0.27)}{10（计量单位）}=0.354$，基价：63.11 元；

其中人工费 42.49 元，材料费 20.62 元。

项目编码：031005004　　项目名称：光排管散热器制作安装

【例 23】　若上题散热器改为光排管散热器 B 型，其散热长度为 2m，排管排数为五排，散热器高度为 485mm，排管管径为 $D57\times3.5$，具体如图 2-22 所示，散热器外刷红丹防锈漆两遍，银粉两遍，试计算该散热器的工程量。

图 2-22 光排管散热器示意图

【解】 (1) 清单工程量

光排管散热器制作安装

项目编码：031005004，计量单位：m，工程量：$\dfrac{2.0\times5}{1(\text{计量单位})}=10$

(2) 定额工程量

光排管散热器 B 型 $D57\times3.5$

①制作安装

定额编号：8-504，计量单位：10m，工程量：$\dfrac{2.0\times5}{10(\text{计量单位})}=1$，基价：110.69 元；

其中人工费 42.49 元，材料费 41.49 元，机械费 26.71 元。

②刷红丹防锈漆第一遍

定额编号：11-51，计量单位：10m^2

工程量：$\Big[\dfrac{1.89}{10}$（单位 $D57\times3.5$ 管长外刷油面积）$\times2.0\times5$（管长）$+\dfrac{1.51}{10}$（单位 $DN40$

联管外刷油面积）$\times\dfrac{1.260(\text{单位工程量联管长度})}{10(\text{计量单位})}$（单位 $D57\times3.5$ 管长所需

联管长度）$\times2.0\times5$（管长）$\Big]/10$（计量单位）$=(1.89+0.19026)/10=$

$0.208=0.208$

基价：7.34 元；其中人工费 6.27 元，材料费 1.07 元。

③刷红丹防锈漆第二遍定额编号：11-52，计量单位：10m^2

工程量：$\dfrac{\dfrac{1.89}{10}\times2.0\times5+\dfrac{1.51}{10}\times\dfrac{1.260}{10}\times2.0\times5}{10}=0.208$

基价：7.23 元；其中人工费 6.27 元，材料费 0.96 元。

④刷银粉漆第一遍

定额编号：11-56，计量单位：10m^2

工程量：$\dfrac{\dfrac{1.89}{10}\times2.0\times5+\dfrac{1.51}{10}\times\dfrac{1.260}{10}\times2.0\times5}{10}=0.208$

基价：11.31 元；其中人工费 6.50 元，材料费 4.81 元。

⑤刷银粉漆第二遍

定额编号：11-57，计量单位：10m²

工程量：
$$\dfrac{\dfrac{1.89}{10}\times2.0\times5+\dfrac{1.51}{10}\times\dfrac{1.260}{10}\times2.0\times5}{10}=0.208$$

基价：10.64 元；其中人工费 6.27 元，材料费 4.37 元。

项目编码：031005005   项目名称：暖风机

【例24】 某大型会议室，采用暖风机进行采暖如图 2-23 所示，暖风机为小型(NC)暖风机，其重量在 50kg 以内，试计算其工程量。

图 2-23 暖风机布置图

【解】 (1) 清单工程量

小型(NC)暖风机 项目编码：031005005，计量单位：台

工程量：$\dfrac{6(台数)}{1(计量单位)}=6$

(2) 定额工程量

小型(NC)暖风机

定额编号：8-526，计量单位：台，工程量：$\dfrac{6(台数)}{1(计量单位)}=6$，基价：51.58 元；其中人工费 40.31 元，材料费 11.27 元。

项目编码：031003002   项目名称：螺纹法兰阀门

项目编码：031003003   项目名称：焊接法兰阀门

【例25】 某采暖系统的供水干管由地下敷设管接入，地下阀门采用焊接法兰阀闸阀控制开阀，地上阀门采用螺纹法兰阀闸阀控制(如图 2-24 所示)，试计算其工程量。

【解】 (1) 清单工程量

1) DN150 焊接法兰阀

图 2-24 供水接口图

项目编码：031003003，计量单位：个，工程量：$\dfrac{1(个数)}{1(计量单位)}=1$

2）DN50 螺纹法兰阀

项目编码：031003002，计量单位：个，工程量：$\dfrac{1(个数)}{1(计量单位)}=1$

（2）定额工程量

1）DN150 焊接法兰阀

定额编号：8-263，计量单位：个，工程量：$\dfrac{1(个数)}{1(计量单位)}=1$，基价：316.70 元；其中人工费 32.74 元，材料费 269.65 元，机械费 14.31 元。

2）DN50 螺纹法兰阀

定额编号：8-255，计量单位：个，工程量：$\dfrac{1(个数)}{1(计量单位)}=1$，基价：59.63 元；其中人工费 11.38 元，材料费 48.25 元。

项目编码：031007001　　项目名称：燃气开水炉

项目编码：031007005　　项目名称：燃气表

【例 26】　某宾馆燃气开水炉如图 2-25 所示，类型为 JL-150，煤气连接采用焊接法兰阀连接，所用燃气表流量 6m³/h，试计算其工程量。

图 2-25　燃气开水炉示意图

【解】　（1）清单工程量

1）燃气开水炉 JL-150

项目编码　031007001，计量单位：台，工程量：$\dfrac{1(台数)}{1(计量单位)}=1$

2）燃气表 6m³/h

项目编码：031007005，计量单位：块，工程量：$\dfrac{1(块数)}{1(计量单位)}=1$

（2）定额工程量

1）燃气开水炉 JL-150，定额编号 8-636，计量单位：台，工程量：$\dfrac{1（台数）}{1（计量单位）}=1$，基价：27.46 元；其中人工费 27.40 元，材料费 0.06 元。

2）燃气表 $6m^3/h$，定额编号 8-626，计量单位：块，工程量：$\dfrac{1（块数）}{1（计量单位）}=1$，基价：19.99 元；其中人工费 19.50 元，材料费 0.49 元。

项目编码：031003001　　项目名称：自动排气阀

【例 27】 某采暖系统采用下供上回式系统，为避免垂直失调，保证热水流动通畅，采暖立管上均安装自动放气阀，系统简图如图 2-26 所示，自动放气阀采用立式公称直径为 20、25 两种自动放气阀，试计算其工程量。

图 2-26　采暖系统图

【解】 （1）清单工程量

1）DN25 自动放气阀（立式）

项目编码：031003001，计量单位：个，工程量：$\dfrac{3（个数）}{1（计量单位）}=3$

2）DN20 自动放气阀（立式）

项目编码：031003001，计量单位：个，工程量：$\dfrac{5（个数）}{1（计量单位）}=5$

（2）定额工程量

1）DN25 自动放气阀（立式）

定额编号：8-301，计量单位：个，工程量：$\dfrac{3（个数）}{1（计量单位）}=3$，基价：14.37 元；其中人工费 6.27 元,材料费 8.10 元。

2) DN20 自动放气阀(立式)

定额编号:8-300,计量单位:个,工程量:$\dfrac{5(个数)}{1(计量单位)}=5$,基价:11.58 元;其

中人工费 5.11 元,材料费 6.47 元。

项目编码:031002001　　项目名称:管道支架制作安装

【例 28】 某采暖系统顶层供水干管图如上所示,管道固定支架布置如图 2-27 所示,试计算该图示固定支架与滑动支架的支架工程量,且支架经人工除锈后刷防锈漆两遍,银粉两遍。

图 2-27　顶层采暖平面图

【解】 (1)清单工程量

管道支架制作与安装

项目编码:031002001,计量单位:kg

①固定支架:供水干管 DN80　固定支架:1(如图示)

供水干管 DN70　固定支架:1(如图示)

供水干管 DN50　固定支架:2(如图示)

供水干管 DN20　固定支架:1(如图示)

工程量:$\dfrac{1\times2.603+1\times1.905+2\times1.331+1\times0.509(单个支架重量)}{1(计量单位)}=7.68$

②滑动支架:

供水干管 DN80 滑动支架,干管长度为$[6.0+\dfrac{5.0}{2}+6.0\times2-0.5(横干管距墙面距离)\times$

$2]m=19.50m$

DN80 干管不保温支架最大间距为 5m,故支架个数$\dfrac{19.5}{5}=3.9$ 取 4

供水干管 DN70 滑动支架干管长度 $6.0\times2+10.0-0.5$(横干管距墙面距离)+

0.2 = 21.70m

$DN70$ 干管不保温支架最大间距为 5m，故支架个数 $\frac{21.7}{5}=4.34$ 取 5

供水干管 $DN50$ 滑动支架干管长度 $6.0×2+5.0+10.0-0.5×3-0.2=25.30$m

供水干管 $DN50$ 不保温支架最大间距为 4m，故支架个数 $\frac{25.3}{4}=6.33$ 取 7

供水干管 $DN40$ 滑动支架干管长度为 6.00m。

$DN40$ 干管不保温支架最大间距为 3m，故支架个数 $\frac{6}{3}=2$

供水 $DN32$ 滑动支架干管长度为 $6.0×2=12.00$m

$DN32$ 干管不保温支架最大间距为 3m，故支架个数 $\frac{12}{3}=4$

供水干管 $DN20$ 滑动支架干管长度为 $6.0+3.0-0.5=8.50$m

$DN20$ 干管不保温支架最大间距为 2.5m，故支架个数：$\frac{8.5}{2.5}=3.4$ 取 4

工程量：$4×1.128$（DN80 不保温管单个滑动支架重量）$+5×1.078+7×0.705+2×$
  $0.634+4×0.634+4×0.416)/1$（计量单位）$=20.31$

③ 支架工程量为 $7.68+20.31=27.99$

（2）定额工程量

管道支架制作与安装　定额编号：8-178，计量单位：100kg

① 固定支架：供水干管 $DN80$　固定支架：1 个

　　　　　　　供水干管 $DN70$　固定支架：1 个

　　　　　　　供水干管 $DN50$　固定支架：2 个

工程量：$\dfrac{1×2.603+1×1.905+2×1.331}{100（计量单位）}=\dfrac{7.17}{100}=0.0717$

滑动支架：供水干管 $DN80$　滑动支架：4 个

　　　　　　供水干管 $DN70$　滑动支架：5 个

　　　　　　供水干管 $DN50$　滑动支架：7 个

　　　　　　供水干管 $DN40$　滑动支架：2 个

工程量：$\dfrac{4×1.128+5×1.078+7×0.705+2×0.634}{100（计量单位）}=\dfrac{16.105}{100}=0.16105$

支架工程量为 $0.0717+0.16105=0.23275$

基价：654.69 元；其中人工费 235.45 元，材料费 194.98 元，机械费 224.26 元。

② 管道支架人工除锈计量单位：100kg，定额编号：11-7

工程量：$\dfrac{27.99（支架总重量）}{100（计量单位）}=0.2799$

基价：17.35 元；其中人工费 7.89 元，材料费 2.50 元，机械费 6.96 元。

③ 管道支架刷防锈漆第一遍计量单位：100kg，定额编号：11-119

工程量：$\dfrac{27.99}{100}=0.2799$

基价：13.11 元；其中人工费 5.34 元，材料费 0.81 元，机械费 6.96 元。

④ 管道支架刷防锈漆第二遍

定额编号：11-120，计量单位：100kg，工程量：27.99/100＝0.2799，基价：12.79元；其中人工费 5.11 元，材料费 0.72 元，机械费 6.96 元。

⑤ 管道支架刷银粉漆第一遍定额编号：11-122，计量单位：100kg，工程量：27.99/100＝0.2799，基价：16.00 元；其中人工费 5.11 元，材料费 3.93 元，机械费 6.96 元。

⑥ 管道支架刷银粉漆第二遍

定额编号：11-123，计量单位：100kg，工程量：27.99/100＝0.2799，基价：15.25元；其中人工费 5.11 元，材料费 3.18 元，机械费 6.96 元。

项目编码：**031007010**　　项目名称：**燃气管道调长器**
项目编码：**031007010**　　项目名称：**调长器与阀门连接**
项目编码：**031001002**　　项目名称：**钢管**
项目编码：**031003003**　　项目名称：**焊接法兰阀门**
项目编码：**031003011**　　项目名称：**法兰**

【例29】　某室燃气管道一管段如图 2-28 所示，燃气管道采用无缝钢管 $D219 \times 6$ 为防腐，外刷沥青底漆三层，夹玻璃布两层，试计算该管道工程量。

图 2-28　阀门井示意图

【解】（1）清单工程量

1）燃气管道调长器 $DN200$

项目编码：031007010，计量单位：个，工程量：$\dfrac{1(个数)}{1(计量单位)}=1$

2）调长器与阀门连接 $DN200$

项目编码：031007010，计量单位：个，工程量：$\dfrac{1(个数)}{1(计量单位)}=1$

3）焊接法兰阀门 DN50

项目编码：031003003，计量单位：个，工程量：$\dfrac{1(\text{个数})}{1(\text{计量单位})}=1$

4）法兰 DN200

项目编码：031003011，计量单位：副，工程量：$\dfrac{1(\text{副数})}{1(\text{计量单位})}=1$

5）无缝钢管 D219×6

项目编码：031001002，计量单位：m，工程量：$\dfrac{0.1+0.37+1.8+0.37+15.0}{1(\text{计量单位})}$

$=17.64$

（2）定额工程量

1）调长器安装 DN200，定额编号：8-613，计量单位：个，工程量：$\dfrac{1(\text{个数})}{1(\text{计量单位})}=1$

基价：214.31 元；其中人工费 45.05 元，材料费 148.86 元，机械费 20.40 元。

2）调长器与阀门连接，DN200，定额编号：8-618，计量单位：个，工程量：

$\dfrac{1(\text{个数})}{1(\text{计量单位})}=1$

基价：303.80 元；其中人工费 73.61 元，材料费 207.78 元，机械费 22.41 元。

3）焊接法兰阀 DN200，定额编号：8-264，计量单位：个，工程量：$\dfrac{1(\text{个数})}{1(\text{计量单位})}=1$

基价：437.21 元；其中人工费 47.60 元，材料费 358.13 元，机械费 31.48 元。

4）焊接法兰（碳钢）DN200，定额编号：8-197，计量单位：副，工程量：$\dfrac{1(\text{副数})}{1(\text{计量单位})}=1$

基价：111.43 元；其中人工费 26.70 元，材料费 53.25 元，机械费 31.48 元。

5）①无缝钢管（焊接），定额编号：8-579，计量单位：10m

工程量：$\dfrac{0.1+0.37+1.8+0.37+15}{10(\text{计量单位})}=1.764$

基价：245.86 元；其中人工费 32.74 元，材料费 150.23 元，机械费 62.89 元。

②刷沥青漆第一遍，定额编号 11-66，计量单位：10m²

工程量：$\dfrac{\dfrac{6.880}{10}(\text{单位管长刷油面面积})\times 17.64(\text{管长})}{10(\text{计量单位})}=\dfrac{12.13632}{10}=1.214$

基价：8.04 元；其中人工费 6.50 元，材料费 1.54 元。

③夹玻璃布第一层，定额编号 11-2153，计量单位：10m²

工程量：$\dfrac{\dfrac{6.880}{10}\times 17.64}{10}=1.214$

基价：11.11 元；其中人工费 10.91 元，材料费 0.20 元。

④刷沥青漆第二遍，定额编号 11-250，计量单位：10m²

工程量：$\dfrac{\dfrac{6.880}{10}\times 17.64}{10}=1.214$

基价：22.78 元；其中人工费 19.97 元，材料费 2.81 元。

⑤ 夹玻璃布第二层，定额编号 11-2153，计量单位：10m²

$$工程量：\frac{\dfrac{6.880}{10} \times 17.64}{10} = 1.214$$

基价：11.11 元；其中人工费 10.91 元，材料费 0.20 元。

⑥ 刷沥青漆第三层：定额编号 11-251，计量单位：10m²

$$工程量：\frac{\dfrac{6.880}{10} \times 17.64}{10} = 1.214$$

基价：19.12 元；其中人工费 16.95 元，材料费 2.17 元。

注意钢管管道的清单计算中，管道的工程量中已包含了管道的除锈、刷油、防腐。

项目编码：031007008　　项目名称：燃气调压器安装

项目编码：031001001　　项目名称：镀锌钢管

项目编码：031003011　　项目名称：法兰

【例 30】　某南方地区建筑，燃气立管完全敷设在外墙上，引入管采用 D57×3.5 无缝钢管，燃气立管采用镀锌钢管，该燃气由中压管道经调压器后供给用户，调压器设在专用箱体内，调压箱挂在外墙壁上，调压箱底部距室外地坪高度为 1.5m，其系统简图如图 2-29 所示，试计算其工程量，图中标高 0.800m 处安有清扫口，采用法兰连接，镀锌钢管外刷防锈漆两道，银粉漆两道。

【解】　(1)清单工程量

1) DN50 煤气调压器安装

项目编码：031007008，计量单位：个

$$工程量：\frac{1(个数)}{1(计量单位)} = 1$$

2) DN50 法兰焊接连接

项目编码：031003011，计量单位：副

$$工程量：\frac{1(副数)}{1(计量单位)} = 1$$

3) DN50 镀锌钢管

项目编码：031001001，计量单位：m

$$工程量：\frac{(10.1-2.1)(标高差)}{1(计量单位)} = 8$$

4) DN40 镀锌钢管

项目编码：031001001，计量单位：m

$$工程量：\frac{(14.1-10.1)(标高差)}{1(计量单位)} = 4$$

5) DN25 镀锌钢管

项目编码：031001001，计量单位：m

图 2-29　煤气系统图

工程量：$\dfrac{(18.1-14.1)(标高差)+0.2(末端高出支管的距离)}{1(计量单位)}=4.2$

（2）定额工程量

1）DN50 煤气调压器安装

计量单位：个，工程量：$\dfrac{1(个数)}{1(计量单位)}=1$

2）DN50 法兰焊接连接

定额编号：8-191，计量单位：副，工程量：$\dfrac{1(副数)}{1(计量单位)}=1$

基价：20.98 元；其中人工费 6.73 元，材料费 7.57 元，机械费 6.68。

3）①DN50 镀锌钢管安装

定额编号：8-567，计量单位：10m，工程量：$\dfrac{10.1-2.1}{10}=0.8$

基价：73.53 元；其中人工费 19.97 元，材料费 47.17 元，机械费 6.39 元。

② 钢管外刷防锈漆第一遍

定额编号：11-53，计量单位：10m²，工程量：$\dfrac{1.89\times0.8}{10}=0.1512$

基价：7.40 元；其中人工费 6.27 元，材料费 1.13 元。

③ 钢管外刷防锈漆第二遍

定额编号：11-54，计量单位：10m²，工程量：$\dfrac{1.89\times0.8}{10}=0.1512$

基价：7.28 元；其中人工费 6.27 元，材料费 1.01 元。

④ 钢管外刷银粉漆第一遍

定额编号：11-56，计量单位：10m²，工程量：$\dfrac{1.89\times0.8}{10}=0.1512$

基价：11.31 元；其中人工费 6.50 元，材料费 4.81 元。

⑤ 钢管外刷银粉漆第二遍

定额编号：11-57，计量单位：10m²，工程量：$\dfrac{1.89\times0.8}{10}=0.1512$

基价：10.64 元；其中人工费 6.27 元，材料费 4.37 元。

4）①DN40 镀锌钢管安装

定额编号：8-566，计量单位：10m，工程量：$\dfrac{14.1-10.1}{10}=0.4$

基价：56.22 元；其中人工费 18.58 元，材料费 32.59 元，机械费 5.05 元。

② 钢管外刷防锈漆第一遍

定额编号：11-53，计量单位：10m²，工程量：$\dfrac{1.51\times0.4}{10}=0.0604$

基价：7.40 元；其中人工费 6.27 元，材料费 1.13 元。

③ 钢管外刷防锈漆第二遍

定额编号：11-54，计量单位：10m²，工程量：$1.51\times0.4/10=0.0604$

基价：7.20 元；其中人工费 6.27 元，材料费 1.01 元。

④ 钢管外刷银粉漆第一遍

定额编号：11-56，计量单位：10m²，工程量：1.51×0.4/10＝0.0604

基价：11.31 元；其中人工费 6.50 元，材料费 4.81 元。

⑤ 钢管外刷银粉漆第二遍

定额编号：11-57，计量单位：10m²，工程量：1.51×0.4/10＝0.0604

基价：10.64 元；其中人工费 6.27 元，材料费 4.37 元。

5）①DN25 镀锌钢管

定额编号：8-564，计量单位：10m，工程量：$\frac{18.1-14.1+0.2}{10}=0.42$

基价：42.56 元；其中人工费 15.79 元，材料费 22.48 元，机械费 4.29 元。

② 钢管外刷防锈漆第一遍

定额编号：11-53，计量单位：10m²，工程量：$\frac{1.05\times0.42}{10}=0.0441$

基价：7.40 元；其中人工费 6.27 元，材料费 1.13 元。

③ 钢管外刷防锈漆第二遍

定额编号：11-54，计量单位：10m²，工程量：1.05×0.42/10＝0.0441

基价：7.28 元；其中人工费 6.27 元，材料费 1.01 元。

④ 钢管外刷银粉漆第一遍

定额编号：11-56，计量单位：10m²，工程量：1.05×0.42/10＝0.0441

基价：11.31 元；其中人工费 6.50 元，材料费 4.81 元。

⑤ 钢管外刷银粉漆第二遍

定额编号：11-57，计量单位：10m²，工程量：1.05×0.42/10＝0.0441

基价：10.64 元；其中人工费 6.27 元，材料费 4.37 元。

镀锌钢管外刷防锈漆第一遍

定额编号：11-53，计量单位：10m²，工程量：0.1512＋0.0604＋0.0441＝0.2557

镀锌钢管外刷防锈漆第二遍

定额编号：11-54，计量单位：10m²，工程量：0.1512＋0.0604＋0.0441＝0.2557

镀锌钢管外刷银粉漆第一遍

定额编号：11-56，计量单位：10m²，工程量：0.1512＋0.0604＋0.0441＝0.2557

镀锌钢管外刷银粉漆第二遍

定额编号：11-57，计量单位：10m²，工程量：0.1512＋0.0604＋0.0441＝0.2557

项目编码：031007007　　项目名称：气嘴

【例 31】 图 2-30 为一砖砌蒸锅灶，其燃烧器负荷为 42kW，嘴数为 18 孔，烟道为 150mm×200mm，煤气进入管为 DN25 的（焊接）镀锌钢管，试计算其工程量。

【解】 （1）清单工程量

1）XN15 型单嘴内螺纹气嘴

项目编码：031007007，计量单位：个，工程量：$\frac{18(气嘴数)}{1(计量单位)}=18$

图 2-30 砖砌蒸锅灶示意图

2) DN25 焊接法兰

项目编码：031003011，计量单位：副，工程量：$\dfrac{1(副数)}{1(计量单位)}=1$

3) DN25 焊接法兰旋塞阀

项目编码：031003003，计量单位：个，工程量：$\dfrac{1(个数)}{1(计量单位)}=1$

（2）定额工程量

1) XN15 型单嘴内螺纹气嘴

定额编号：8-680，计量单位：10 个，工程量：$\dfrac{18(气嘴数)}{10(计量单位)}=1.8$

基价：13.68 元；其中人工费 13.00 元，材料费 0.68 元。

2) DN25 焊接法兰

定额编号：8-189，计量单位：副，工程量：$\dfrac{1(副数)}{1(计量单位)}=1$

基价：18.44 元；其中人工费 6.50 元，材料费 5.74 元，机械费 6.20 元。

3) DN25 法兰旋塞阀

定额编号：8-256，计量单位：个，工程量：$\dfrac{1(个数)}{1(计量单位)}=1$

基价：69.67 元；其中人工费 8.82 元，材料费 54.65 元，机械费 6.20 元。

第二节 综 合 实 例

【例 1】 某住宅采暖设计如图 2-31～图 2-36 所示，计算该工程的工程量，建筑住宅共 6 层三个单元，层高 3m，楼板厚 300mm。

施工说明：

1. 采暖管道均采用焊接钢管，管径在 32mm 以下者（包括 32mm），采用螺纹连接，管径在 40mm 以上者（包括 40mm）采用焊接。

2. 所有管道、管件与吊架表面除锈后，刷防锈漆两道，不保温部分再刷银粉两遍。

3. 保温材料采用岩棉管壳。管道管径大于 DN32，厚度为 40mm，管径小于等于 DN32，厚度为 30mm，外缠玻璃布保护层。

图 2-31 采暖系统图

图 2-32　一层采暖平面图

图 2-33 二～五层采暖平面图

图 2-34 顶层 (六层) 采暖平面图

4. 保温部分为采暖总立管与供回水主干管。

5. 管道穿墙及楼板内应设钢套管，安装在楼板内的套管，其顶部应高出地面 20mm，穿过厨房的管道套管顶部高出地面 50mm，底部与楼板底部相平。管道之间应填实油麻。

6. 立管管卡安装每层安装一个，位置距地面 1.8m。

7. 水平管管道支架安装本工程中支架间距为见表 2-4。

水平管管道支架安装间距　　　　　　　　　　　　表 2-4

公称直径 DN		15	20	25	32	40	50	70	80	100
间距	保温管	1.5	2	2	2.5	3	3	4	4	4.5
(m)	不保温管	2	2.5	2.5	3	3	4	5	5	6

图 2-35　立管与供、回水干管接口详图

采暖系统说明：

1. 本工程采用上供下回单管顺流系统，供水干管敷设在六层楼板下，回水干管敷设在首层地沟内。

2. 采暖热煤由小区换热站供给为 95℃/70℃ 低温热水。

3. 散热设备采用铸铁 M132T24-5-8 型散热器，进出水口间距为 500mm，宽为 143mm，厚 60(单片)mm，散热面积 0.24m²/片。工作压力≤0.8MPa，靠窗安装，散热器表面动力除锈后刷锈漆一遍，银粉两遍。

散热器室内布置详图

注：1. 窗下散热器均窗中布置
2. 沿墙散热器均墙中布置
3. 其余立管、支管、散热器布置均与图中类似。

图 2-36 散热器布置详图

铸铁 M132 安装详图

4. 供、回水干管最高点均安装自动排气阀，所采用型号为 ZP—Ⅱ型，工作压力为≤1.2MPa。

5. 顶层散热器均安装手动放气阀一个。

6. 管道上阀门均采用闸阀、螺纹连接管道采用 Z15T—10K 螺纹阀门，焊接管道采用 Z45T—10K 法兰闸阀。

7. 热力入口设在距外墙面 2.0m 处。

【解】 工程量：

(1)清单工程量

1) 焊接钢管

项目编码：031001002，计量单位：m

① 室内钢管(焊接)$DN100$

供水管长：$\{2.0(入口处)+0.24(一墙厚)+0.2+[-1.0-(-1.5)](标高差)\}+[(4.5+1.5)(水平管)-2\times0.12(半墙厚)-0.2-0.1(主立管中心距墙面间距)]+[17.5-(-1.0)](标高差主立管长)+[(4.5+1.5)(水平管)-2\times0.12(半墙厚)-0.1(主立管中心距墙面间距)-0.15(横干管距墙面间距)]+[2.5+0.15(主立管中心距墙面间距)-0.05(立管 L_1 距墙面距离)]=(8.4+18.5+8.11)m=35.01m$

回水管长：$\{2.0(入口处)+0.24(一墙厚)+0.15+0.7+[-0.5-(-2.0)(标高差)]+[(3.6+1.1)-0.05(立管 L_{15} 距墙面距离)-0.15(回水干管距墙面距离)]\}m=(4.59+4.5)m=9.09m$

故工程量为 $\dfrac{35.01(供水\,DN100\,钢管长)+9.09(回水\,DN100\,钢管长)}{1(计量单位)}=44.10$

② 室内钢管(焊接)$DN80$

工程量：$\{[3.6(①-②轴线间距)+0.05(立管 L_1 距墙面距离)-0.15(供水干管距墙面距离)+4.5(ⓒ-ⓓ轴线间距)+0.05(立管 L_2 距墙面距离)-0.15(供水干管距墙面距离)](供水管长)+[3.6\times2(④-⑥轴线间距)+0.05(立管 L_{15} 距墙面距离)+0.05(立管 L_{14} 距墙面距离)](回水管长)\}/1(计量单位)=\dfrac{7.9+7.3}{1}=15.20$

③ 室内钢管(焊接)$DN70$

工程量：$\{[4.5\times2(ⓐ-ⓒ轴线间距)-0.12\times2(一墙厚)-0.05(立管 L_2 距墙面距离)-0.15(供水干管距墙面距离)+3.6\times2(①-③轴线间距)-0.05(立管 L_4 距墙面距离)-0.12\times2-0.15(供水干管距墙面距离)](供水管长)+[3.6\times4(⑥-⑩轴线间距)](回水管长)\}/1(计量单位)=\dfrac{15.32+14.4}{1}=29.72$

④ 室内钢管(焊接)$DN50$

工程量：$\{3.6\times8(③-⑧轴线间距)(供水管长)+[3.6\times3(⑩-⑬轴线间距)-0.12\times2(一墙厚)-0.05(立管 L_{12} 距墙面距离)-0.15(回水干管距墙面距离)+4.5\times3(ⓐ-ⓓ轴线间距)-0.12\times2(一墙厚)-0.15(回水干管距墙面距离)\times2+3.6\times2(⑪-⑬轴线间距)+0.05(立管 L_8 距墙面距离)-0.15(回水干管距墙面$

距离)](回水管长)}/1(计量单位)$=\dfrac{28.8+30.42}{1}=59.22$

⑤ 室内钢管(焊接)DN40

工程量：{[3.6×2(⑪-⑬轴线间距)+0.05(立管 L_8 距墙面距离)-0.15(供水干管距墙面距离)+4.5×3(Ⓐ-①轴线间距)-0.15(供水干管距墙面距离)×2-0.12×2+3.6+0.05(立管 L_{11} 距墙面距离)-0.15(供水干管距墙面距离)](供水管长)+3.6×6(⑤-⑪轴线间距)(回水管长)}/1(计量单位)$=\dfrac{23.56+21.6}{1}=45.16$

⑥ 室内焊接钢管(螺纹连接)DN32

工程量：3.6×4(⑧-⑫轴线间距)(供水管长)+[3.6×4(①-⑤轴线间距)-0.12×2(一墙厚)-0.05(立管 L_5 距墙面距离)-0.15(回水干管距墙面距离)+4.5×2(Ⓐ-Ⓒ轴线间距)-0.05(立管 L_2 距墙面距离)-0.15(回水干管距墙面距离)-0.12×2(一墙厚)](回水管长)/1(计量单位)$=\dfrac{14.4+22.52}{1}=36.92$

⑦ 室内焊接钢管(螺纹连接)DN25

干管长度：3.6×2(⑥-⑧轴线间距)-0.12×2(一墙厚)-0.05(立管 L_{13} 距墙面距离)-0.05(立管 L_{14} 距墙面距离)=6.86m

立管长度：(立管 L2，L3，L9，L10)

[17.5-(-0.5)](标高差)+0.1(上端转弯长度)+(0.1+0.3)(下端转弯长度)-0.5(散热器进出水管中心距)×6(层数)×4(立管数)+0.3×2×2(立管 L_3，L_9 转弯增加长度)=(15.5×4+1.2)m=(62+1.2)m=63.20m

故工程量为：$\dfrac{6.86+63.2}{1(计量单位)}=70.06$

⑧室内焊接钢管(螺纹连接)DN20

供水干管长度：3.6×2(④-⑥轴线间距)+0.12(半墙厚)×2+0.05(立管 L_{14} 距墙面距离)+0.05(立管 L_{15} 距墙面距离)+3.0(引出放气管长度)=10.54m

回水干管长度：4.5(Ⓒ-①轴线间距)+0.05(立管 L_2 距墙面距离)-0.15(回水干管距墙面距离)+3.6①-②轴线间距+0.05(立管 L_1 距离墙面距离)-0.15(回水干管距墙面距离)+0.2(引出放气管长度)=8.10m

立管长度：(L_1，L_4，L_5，L_6，L_7，L_8，L_{11}，L_{12}，L_{13}，L_{14}，L_{15})

[(17.5+0.5)(标高差)+0.1(上端转弯长度)+(0.1+0.3)(下端转弯长度)-0.5(散热器进出水管中心距)×6(层数)]×11(立管数)=15.5×11m=170.50m

支管长度：(L_2，L_3，L_4，L_5，L_6，L_7，L_8，L_9，L_{10}，L_{11}，L_{12})以 L4 上支管长度计算为例：(散热器沿窗中布置)

$\dfrac{3.6+3.6}{2}$(散热器中心距)×2×6(支管数)-0.06(散热器单片长度)×(17+17+13×2+13×2+14×2+14×2+15×2)(总散热器片数)+(0.116-0.05)×2×2×6(乙字弯增加长度)=(32.88+1.584)m=34.464m

立管 L_{11} 支管长度：$\dfrac{2.5+3.6}{2}\times2\times6-0.06\times(16+12+12+13+13+14+18+14+$

$14+15\times2+16)+(0.116-0.05)\times2\times6\times2=(26.28+1.584)\text{m}$

$=27.864\text{m}$

立管 L_2 支管长度：$\dfrac{4.5+4.5}{2}\times2\times6-0.06\times(22\times2+17\times4+18\times4+20+19)+(0.116-$

$0.05)\times2\times6\times2=(40.62+1.584)\text{m}=42.204\text{m}$

立管 L_3 支管长度：$\left(\dfrac{4.5+3.6}{2}-0.05\times2-0.12\times2\right)\times2\times6-0.06\times(17\times3+18\times2$

$+13\times2+14\times2+15+19+22)+(0.116-0.05)\times2\times6\times2$

$=(32.7+1.584)\text{m}=34.284\text{m}$

则支管长度为：34.464×5（L4，L5，L6，L7，L8）$+27.864\times2$（L11，L12）$+$

42.204×2（L2，L10）$+34.284\times2$（L3，L9）$=(172.32+55.728+$

$84.408+68.568)\text{m}=381.024\text{m}$

故工程量为 $\dfrac{10.54+8.1+170.5+381.024}{1（计量单位）}=570.164$

⑨室内焊接钢管（螺纹连接）$DN15$

工程量：（L_1，L_{13}，L_{14}，L_{15}支管）

$\left[\dfrac{2.5+3.6}{2}\times2\times6-0.06\times(16+12\times2+13\times2+14\times3+15\times2+16+18)+(0.116-0.05)\times2\times\right.$

$\left.6\times2\right]$（单根立管上支管长度）$\times4/1$（计量单位）$=\dfrac{27.864\times4}{1}=111.456$

2）管道支架制作安装

项目编码：031002001，计量单位：kg

该工程：

① 固定支架由图示可知为 10 个

② 立管管卡：每根立管上每层安装一个，每根立管上 6 个管卡

③ 滑动支架：供水总立管上每层安装一个

供回水干管上滑动支架个数 $=\dfrac{管段长度}{支架间距}-$该段固定支架个数

则管道支架制作安装重量计算见表 2-5。

支架重量（kg） 表 2-5

支架名称		管径	管长度/m	支架间距/m	支架个数	单个重量/kg	总重/kg
固定支架	供水总立管固定支架	$DN100$			2	5.678	11.356
	供回水干管固定支架	$DN70$			2	2.885	5.770
	供回水干管固定支架	$DN50$			2	1.715	3.43
	供回水干管固定支架	$DN40$			2	1.565	3.130
	供水水干管固定支架	$DN25$			1	0.923	0.923

续表

支架名称		管径	管长度/m	支架间距/m	支架个数	单个重量/kg	总重/kg
管卡	立管管卡	DN25			24	0.23	5.52
	立管管卡	DN20			66	0.22	14.52
滑动支架	供水总立管滑动支架	DN100			6	3.073	18.438
	供水干管滑动支架	DN100	16.51	4.5	4	3.073	12.292
	供水干管滑动支架	DN80	7.9	4	2	2.624	5.248
	供水干管滑动支架	DN70	15.32	4	3	2.092	6.276
	供水干管滑动支架	DN50	28.8	3	8	1.291	10.328
	供水干管滑动支架	DN40	23.56	3	8	1.194	9.552
	供水干管滑动支架	DN32	14.4	2.5	6	1.086	6.516
	供水干管滑动支架	DN25	6.86	2	3	0.719	2.157
	供水干管滑动支架	DN20	10.54	2	6	0.574	3.444
	回水干管滑动支架	DN100	9.09	4.5	2	3.073	6.146
	回水干管滑动支架	DN80	7.3	4	2	2.624	5.248
	回水干管滑动支架	DN70	14.4	4	3	2.092	6.276
	回水干管滑动支架	DN50	30.42	3	11	1.291	14.201
	回水干管滑动支架	DN40	21.6	3	7	1.194	8.358
	回水干管滑动支架	DN32	22.52	2.5	10	1.086	10.860
	回水干管滑动支架	DN20	8.1	2	5	0.574	2.870
合计	固定支架						24.609
	管卡						20.04
	滑动支架						128.21
							172.859

故工程量为：$\dfrac{172.859(支架总重量)}{1(计量单位)}=172.859$

3) 螺纹阀门　项目编码：031003001，计量单位：个

① DN25Z15T—10K

工程量：$\dfrac{2(单根立管上阀门个数)\times 4(4 个 DN25 的立管)}{1(计量单位)}=8$

② DN20Z15T—10K 螺纹阀门

工程量：$\dfrac{2(单立管上阀门个数)\times 11(11 个 DN20 的立管)+2(干管上阀门数)}{1(计量单位)}=24$

③ DN15 螺纹阀门

工程量：$\dfrac{2(单根立管上手动排气阀数)\times 15}{1(计量单位)}=30$

4) 焊接法兰阀门，项目编码：031003003，计量单位：个

DN100Z45T—10K　焊接法兰阀门

工程量：$\dfrac{3(供水管上阀门个数)+2(回水管上阀门个数)}{1(计量单位)}=5$

5) 自动排气阀　项目编码：031003001，计量单位：个

ZP—Ⅱ型 DN20 自动排气阀

工程量：$\dfrac{2(个数)}{1(计量单位)}=2$

6）法兰　项目编码：031003011，计量单位：副

① DN25 铸铁法兰（螺纹连接）

工程量：$\dfrac{1(立管与回水管连接处)\times4(4 根 DN25 立管)}{1(计量单位)}=4$

② DN20 铸铁法兰（螺纹连接）

工程量：$\dfrac{1(立管与回水管连接处)\times11(11 根 DN20 立管)}{1(计量单位)}=11$

7）铸铁散热器　项目编码：031005001，计量单位：片

铸铁散热器 M132 型散热器

工程量：[172（单根立管上散热器片数）×11（11 根立管）+197（单根立管上散热器片数）×2（2 根立管）+223（单根立管上散热器片数）×2（2 根立管）]（总散热器片数量）/1（计量单位）$=\dfrac{2732}{1}=2732$

8）采暖工程系统调试　项目编码：031009001，计量单位：系统

工程量$\dfrac{1(系统个数)}{1(计量单位)}=1$

9）低压过滤器　项目编码　031003008：计量单位：个，DN100 除污器

工程量：$\dfrac{1(个数)}{1(计量单位)}=1$

（2）定额工程量

1）焊接钢管

① 室内钢管（焊接）DN100

a. 管道安装定额编号：8-114，计量单位：10m，基价：172.53 元；其中人工费 72.91 元，材料费 53.97 元，机械费 45.65 元。

工程量：$\dfrac{35.01(供水 DN100 钢管长)+9.09(回水 DN100 钢管长)}{10(计量单位)}=4.41$

b. 钢套管 DN125 安装

定额编号：8-29，计量单位：10m，基价：91.59 元；其中人工费34.13元，材料费46.72 元，机械费 10.74 元。

工程量：$\dfrac{[0.3(楼板厚)+0.02(高出地面距离)]\times6(穿楼板套管个数)+0.24(一墙厚)\times1(穿墙套管个数)}{10(计量单位)}$

$=\dfrac{2.16}{10(计量单位)}=0.216$

c. 管道除锈

手工除锈（轻锈）　定额编号：11-1，计量单位：10m²，基价：11.27 元；其中人工费 7.89 元，材料费 3.38 元。

工程量：$\dfrac{0.114(DN100 焊接钢管外径)\times3.1416\times44.1(管长)}{10(计量单位)}=1.5794$

d. 管道刷油刷防锈漆第一遍

定额编号：11-53，计量单位：10m²，基价：7.40 元；其中人工费 6.27 元，材料费 1.13 元。

工程量：$\dfrac{0.114(DN100\ \text{焊接钢管外径})\times 3.1416\times 44.1(\text{管长})}{10(\text{计量单位})}=1.5794$

e. 管道刷油刷防锈漆第二遍

定额编号：11-54，计量单位：10m²，基价：7.28 元；其中人工费 6.27 元，材料费 1.01 元。

工程量：$\dfrac{0.114(DN100\ \text{焊接钢管外径})\times 3.1416\times 44.1(\text{管长})}{10(\text{计量单位})}=1.5794$

f. 管道绝热层岩棉管壳 40mm

定额编号：11-1833，计量单位：m³，基价：89.36 元；其中人工费 63.62 元，材料费 18.99 元，机械费 6.75 元。

工程量：$\dfrac{3.1416\times\left[\left(\dfrac{0.114}{2}+0.04\right)^2-\left(\dfrac{0.114}{2}\right)^2\right]\left(\begin{matrix}\text{单位管长}\\\text{保温层体积}\end{matrix}\right)\times 44.1(\text{管长})}{1(\text{计量单位})}$

$=\dfrac{0.85}{1}=0.85$

g. 管道保护层

玻璃布定额编号：11-2153，计量单位：10m²，基价：11.11 元；其中人工费 10.91 元，材料费 0.20 元。

工程量：$\dfrac{(0.114+0.04\times 2)\times 3.1416(\text{单位管长保护层面积})\times 44.1(\text{管长})}{10(\text{计量单位})}$

$=\dfrac{26.8776}{10}=2.6878$

② 室内钢管（焊接）DN80

a. 管道安装

定额编号：8-113 计量单位：10m，基价：129.93 元；其中人工费 58.98 元，材料费 37.47 元，机械费 33.48 元。

工程量：$\dfrac{7.9(\text{供水}\ DN80\ \text{钢管长})+7.3(\text{回水}\ DN80\ \text{钢管长})}{10(\text{计量单位})}=\dfrac{15.2}{10}=1.52$

b. 钢套管 DN100 安装

定额编号：8-28 计量单位：10m，基价：61.09 元；其中人工费 27.86 元，材料费 20.38 元，机械费 12.85 元。

工程量：$\dfrac{0.24(\text{一墙厚})\times 2(\text{穿墙套管个数})}{10(\text{计量单位})}=0.048$

c. 管道除锈手工除锈（轻锈）

定额编号：11-1 计量单位：10m²，基价：11.27 元；其中人工费 7.89 元，材料费 3.38 元。

工程量：$\dfrac{0.0885(DN80\ \text{焊接钢管外径})\times 3.1416\times 15.2(\text{管长})}{10(\text{计量单位})}=0.4226$

d. 管道刷油，刷防锈漆第一遍

定额编号：11-53　计量单位：10m²，基价：7.40 元；其中人工费 6.27 元，材料费 1.13 元。

工程量：$\dfrac{0.0885\times3.1416\times15.2}{10(计量单位)}=0.4226$

e. 管道刷油刷防锈漆第二遍

定额编号：11-54　计量单位：10m²，基价：7.28 元；其中人工费 6.27 元，材料费 1.01 元。

工程量：$\dfrac{0.0885\times3.1416\times15.2}{10(计量单位)}=0.4226$

f. 管道绝热层岩棉管壳 40mm

定额编号：11-1833　计量单位：m³，基价：89.36 元；其中人工费 63.62 元，材料费 18.99 元，机械费 6.75 元。

工程量：$\dfrac{3.1416\times\left[\left(\dfrac{0.0885}{2}+0.04\right)^2-\left(\dfrac{0.0885}{2}\right)^2\right]\left(\genfrac{}{}{0pt}{}{单位管长}{保温层体积}\right)\times15.2(管长)}{1(计量单位)}$

$=\dfrac{0.2454}{1}=0.2454$

g. 管道保护层玻璃布

定额编号：11-2153　计量单位：10m²，基价：11.11 元；其中人工费 10.91 元，材料费 0.20 元。

工程量：$\dfrac{(0.0885+0.04\times2)\times3.1416(单位管长保护层厚度)\times15.2(管长)}{10(计量单位)}$

$=\dfrac{8.0463}{10}=0.80463$

③ 室内钢管（焊接）DN70

a. 管道安装

定额编号：8-112　计量单位：10m，基价：111.58 元；其中人工费 52.01 元，材料费 31.52 元，机械费 28.05 元。

工程量：$\dfrac{15.32(供水 DN70 钢管长)+14.4(回水 DN70 钢管长)}{10(计量单位)}=\dfrac{29.72}{10}=2.972$

b. 钢套管 DN100 安装

定额编号：8-28　计量单位：10m，基价：61.09 元；其中人工费 27.86 元，材料费 20.38 元，机械费 12.85 元。

工程量：$\dfrac{0.24(一墙厚)\times2(穿墙套管个数)}{10(计量单位)}=0.048$

c. 管道除锈手工除锈（轻锈）

定额编号：11-1　计量单位：10m²，基价：11.27 元；其中人工费 7.89 元，材料费 3.38 元。

工程量：$\dfrac{0.0755(DN70 焊接钢管外径)\times3.1416\times29.72(管长)}{10(计量单位)}=0.7049$

d. 管道刷油刷防锈漆第一遍

定额编号：11-53，计量单位：10m²，基价：7.40 元；其中人工费 6.27 元，材料费 1.13 元。

工程量：$\dfrac{0.0755(DN70\ 焊接钢管外径)\times3.1416\times29.72(管长)}{10(计量单位)}=0.7049$

e. 管道刷油刷防锈漆第二遍

定额编号：11-54　计量单位：10m²，基价：7.28 元；其中人工费 6.27 元，材料费 1.01 元。

工程量：$\dfrac{0.0755(DN70\ 焊接钢管外径)\times3.1416\times29.72(管长)}{10(计量单位)}=0.7049$

f. 管道绝热层

岩棉管壳 40mm　定额编号：11-1833，计量单位：m³，基价：89.36 元；其中人工费 63.62 元，材料费 18.99 元，机械费 6.75 元。

工程量：$\dfrac{3.1416\times\left[\left(\dfrac{0.0755}{2}+0.04\right)^2-\left(\dfrac{0.0755}{2}\right)^2\right]\left(\begin{smallmatrix}单位管长\\保温层体积\end{smallmatrix}\right)\times29.72(管长)}{1(计量单位)}$

$=\dfrac{0.4314}{1}=0.4314$

g. 管道保护层玻璃布

定额编号：11-2153　计量单位：10m²，基价：11.11 元；其中人工费 10.91 元，材料费 0.20 元。

工程量：$\dfrac{(0.0755+0.04\times2)\times3.1416(单位管长保护层面积)\times29.72(管长)}{10(计量单位)}$

$=\dfrac{14.5188}{10}=1.45188$

④ 室内钢管(焊接)$DN50$

a. 管道安装

定额编号：8-111，计量单位：10m，基价：63.68 元；其中人工费 46.21 元，材料费 11.10 元，机械费 6.37 元。

工程量：$\dfrac{28.8(供水\ DN50\ 钢管长)+30.42(回水\ DN50\ 钢管长)}{10(计量单位)}=\dfrac{59.22}{10}=5.922$

b. 钢套管 $DN80$ 安装

定额编号：8-27，计量单位：10m，基价：52.98 元；其中人工费 26.01 元，材料费 15.45 元，机械费 11.52 元。

工程量：$\dfrac{0.24(一墙厚)\times8(穿墙套管个数)}{10(计量单位)}=0.192$

c. 管道除锈

手工除锈(轻锈)　定额编号：11-1，计量单位：10m²，基价：11.27 元；其中人工费 7.89 元，材料费 3.38 元。

工程量：$\dfrac{0.060(DN50\ 焊接钢管外径)\times3.1416\times59.22(管长)}{10(计量单位)}=1.1163$

d. 管道刷油刷防锈漆第一遍

定额编号：11-53，计量单位：$10m^2$，基价：7.40元；其中人工费6.27元，材料费1.13元。

工程量：$\dfrac{0.060(DN50\text{焊接钢管外径})\times3.1416\times59.22(\text{管长})}{10(\text{计量单位})}=1.1163$

e. 管道刷油刷防锈漆第二遍

定额编号：11-54，计量单位：$10m^2$，基价：7.28元；其中人工费6.27元，材料费1.01元。

工程量：$\dfrac{0.060(DN50\text{焊接钢管外径})\times3.1416\times59.22(\text{管长})}{10(\text{计量单位})}=1.1163$

f. 管道绝热层

岩棉管壳40 定额编号：11-1833，计量单位：m^3，基价：89.36元；其中人工费63.62元，材料费18.99元，机械费6.75元。

工程量：$\dfrac{3.1416\times\left[\left(\dfrac{0.060}{2}+0.04\right)^2-\left(\dfrac{0.060}{2}\right)^2\right]\left(\substack{\text{单位管长}\\\text{保温层体积}}\right)\times59.22(\text{管长})}{1(\text{计量单位})}$

$=\dfrac{0.7442}{1}=0.7442$

g. 管道保护层

玻璃布 定额编号：11-2153，计量单位：$10m^2$，基价：11.11元；其中人工费10.91元，材料费0.20元。

工程量：$\dfrac{(0.060+0.04\times2)\times3.1416(\text{单位管长保护层厚度})\times59.22(\text{管长})}{10(\text{计量单位})}$

$=\dfrac{26.0464}{10}=2.60464$

⑤室内钢管（焊接）$DN40$

a. 管道安装

定额编号：8-110，计量单位：10m，基价：54.11元；其中人工费42.03元，材料费6.19元，机械费5.89元。

工程量：$\dfrac{23.56(\text{供水}DN40\text{钢管长})+21.6(\text{回水}DN40\text{钢管长})}{10(\text{计量单位})}=\dfrac{45.16}{10}=4.516$

b. 钢套管$DN70$安装

定额编号：8-26，计量单位：10m，基价：51.04元；其中人工费22.29元，材料费17.23元，机械费11.52元。

工程量：$\dfrac{0.24(\text{一墙厚})\times5(\text{穿墙套管个数})}{10(\text{计量单位})}=0.12$

c. 管道除锈、手工除锈（轻锈）

定额编号：11-1，计量单位：$10m^2$，基价：11.27元；其中人工费7.89元，材料费3.38元。

工程量：$\dfrac{0.048(DN40\text{焊接钢管外径})\times3.1416\times45.16}{10(\text{计量单位})}=0.6810$

d. 管道刷油刷防锈漆第一遍

定额编号：11-53，计量单位：10m²，基价：7.40 元；其中人工费 6.27 元，材料费 1.13 元。

工程量：$\dfrac{0.048(DN40\text{ 焊接钢管外径})\times 3.1416 \times 45.16}{10(\text{计量单位})}=0.6810$

e. 管道刷油刷防锈漆第二遍

定额编号：11-54，计量单位：10m²，基价：7.28 元；其中人工费 6.27 元，材料费 1.13 元。

工程量：$\dfrac{0.048\times 3.1416\times 45.16}{10(\text{计量单位})}=0.6810$

f. 管道绝热层：

岩棉管壳 40mm　定额编号：11-1825，计量单位：m³，基价：165.32 元；其中人工费 130.73 元，材料费 27.84 元，机械费 6.75 元。

工程量：$\dfrac{3.1416\times\left[\left(\dfrac{0.048}{2}+0.04\right)^2-\left(\dfrac{0.048}{2}\right)^2\right](\text{单位管长保温层体积})\times 45.16(\text{管长})}{1(\text{计量单位})}$

$=\dfrac{0.4994}{1}=0.4994$

g. 管道保护层

玻璃布　定额编号：11-2153，计量单位：10m²，基价：11.11 元；其中人工费 10.91 元，材料费 0.20 元。

工程量：$\dfrac{(0.048+0.04\times 2)\times 3.1416(\text{单位管长保护层面积})\times 45.16(\text{管长})}{10(\text{计量单位})}$

$=\dfrac{18.160}{10}=1.8160$

⑥ 室内焊接钢管（螺纹连接）DN32

a. 管道安装

定额编号：8-101，计量单位：10m，基价：87.41 元；其中人工费 51.08 元，材料费 35.30 元，机械费 1.03 元。

工程量：$\dfrac{14.4(\text{供水 }DN32\text{ 钢管长})+22.52(\text{回水 }DN32\text{ 钢管长})}{10(\text{计量单位})}=\dfrac{36.92}{10}=3.692$

b. 钢套管 DN50 安装

定额编号：8-25，计量单位：10m，基价：28.78 元；其中人工费 19.97 元，材料费 6.82 元，机械费 1.99 元。

工程量：$\dfrac{0.24(\text{一墙厚})\times 5(\text{穿墙套管个数})}{10(\text{计量单位})}=0.12$

c. 管道除锈、手工除锈（轻锈）

定额编号：11-1，计量单位：10m²，基价：11.27 元；其中人工费 7.89 元，材料费 3.38 元。

工程量：$\dfrac{0.0425(DN32\text{ 焊接钢管外径})\times 3.1416\times 36.92(\text{管长})}{10(\text{计量单位})}=0.4929$

d. 管道刷油刷防锈漆第一遍

定额编号：11-53，计量单位：10m²，基价：7.40元；其中人工费6.27元，材料费1.13元。

工程量：$\dfrac{0.0425\times3.1416\times36.92}{10(计量单位)}=0.4929$

e. 管道刷油刷防锈漆第二遍

定额编号：11-54，计量单位：10m²，基价：7.28元；其中人工费6.27元，材料费1.13元。

工程量：$\dfrac{0.0425\times3.1416\times36.92}{10(计量单位)}=0.4929$

f. 管道绝热层

岩棉管壳30mm　定额编号：11-1824，计量单位：m³，基价：176.93元；其中人工费142.34元，材料费27.84元，机械费6.75元。

工程量：$\dfrac{3.1416\times\left[\left(\dfrac{0.0425}{2}+0.03\right)^2-\left(\dfrac{0.0425}{2}\right)^2\right](单位管长保温层体积)\times36.92(管长)}{1(计量单位)}$

$=\dfrac{0.2523}{1}=0.2523$

g. 管道保护层

玻璃布　定额编号：11-2153，计量单位：10m²，基价：11.11元；其中人工费10.91元，材料费0.20元。

工程量：$\dfrac{(0.0425+0.03\times2)\times3.1416(单位管长保护层面积)\times36.92(管长)}{10(计量单位)}$

$=\dfrac{11.8888}{10}=1.18888$

⑦ 室内焊接钢管（螺纹连接）DN25

a. 管道安装

定额编号：8-100，计量单位：10m，基价：81.37元；其中人工费51.08元，材料费29.26元，机械费1.03元。

工程量：$\dfrac{6.86(供水DN25钢管长)+63.2(立管上DN25钢管长)}{10(计量单位)}=\dfrac{70.06}{10}=7.006$

b. 钢套管DN40安装

定额编号：8-24，计量单位：10m，基价：22.70元；其中人工费17.18元，材料费3.53元，机械费1.99元。

工程量：{0.24(一墙厚)×2(穿墙套管个数)+[0.3(楼板厚)+0.02(高出地面距离)]

×6(单根立管楼板套管数)×4(立管数)}/10(计量单位)$=\dfrac{0.48+7.68}{10}$

$=0.816$

c. 管道除锈

手工除锈（轻锈）　定额编号：11-1，计量单位：10m²，基价：11.27元；其中人工费7.89元，材料费3.38元。

工程量：$\dfrac{0.0335(DN25焊接钢管外径)\times3.1416\times70.06(管长)}{10(计量单位)}=0.7373$

d. 管道刷油刷防锈漆第一遍

定额编号：11-53，计量单位：10m²，基价：7.40 元；其中人工费 6.27 元，材料费 1.13 元。

工程量：$\dfrac{0.0335 \times 3.1416 \times 70.06}{10} = 0.7373$

e. 管道刷油刷防锈漆第二遍

定额编号：11-54，计量单位：10m²，基价：7.28 元；其中人工费 6.27 元，材料费 1.01 元。

工程量：$\dfrac{0.0335 \times 3.1416 \times 70.06}{10} = 0.7373$

f. 管道绝热层岩棉管壳 30mm

定额编号：11-1824，计量单位：m³，基价：176.93 元；其中人工费 142.34 元，材料费 27.84 元，机械费 6.75 元。

工程量：
$$\dfrac{3.1416 \times \left[\left(\dfrac{0.0335}{2} + 0.03 \right)^2 - \left(\dfrac{0.0335}{2} \right)^2 \right] \left(\substack{\text{单位管长} \\ \text{保温层体积}} \right) \times 6.86 (\text{保温管长})}{1 (\text{计量单位})}$$

$$= \dfrac{0.0411}{1} = 0.0411$$

g. 管道保护层

玻璃布 定额编号：11-2153，计量单位：10m²，基价：11.11 元；其中人工费 10.91 元，材料费 0.20 元。

工程量：
$$\dfrac{(0.0335 + 0.03 \times 2) \times 3.1416 (\text{单位管长保护层面积}) \times 6.86 (\text{保温管长})}{10 (\text{计量单位})}$$

$$= \dfrac{2.0151}{10} = 0.20151$$

h. 管道刷银粉漆第一遍

定额编号：11-56，计量单位：10m²，基价：11.31 元；其中人工费 6.50 元，材料费 4.81 元。

工程量：$\dfrac{0.0335 (DN25 \text{ 焊接钢管外径}) \times 3.1416 \times 63.2 (\text{不保温管长})}{10 (\text{计量单位})} = 0.6651$

i. 管道刷银粉漆第二遍

定额编号：11-57，计量单位：10m²，基价：10.64 元；其中人工费 6.27 元，材料费 4.37 元。

工程量：$\dfrac{0.0335 (DN25 \text{ 焊接钢管外径}) \times 3.1416 \times 63.2 (\text{不保温管长})}{10 (\text{计量单位})} = 0.6651$

⑧室内焊接钢管（螺纹连接）$DN20$

a. 管道安装

定额编号：8-99，计量单位：10m，基价：63.11 元；其中人工费 42.49 元，材料费 20.62 元。

工程量：$\{[10.54 (\text{供水干管 } DN20 \text{ 钢管长}) + 8.1 (\text{回水 } DN20 \text{ 钢管长})(\text{保温})] +$
$[170.5 (\text{立管上 } DN20 \text{ 钢管长}) + 381.024 (\text{支管上 } DN20 \text{ 钢管长})] (\text{不保}$

温)}/10(计量单位)

$$=\frac{18.64+551.524}{10}=\frac{570.164}{10}=57.0164$$

b. 钢套管 $DN32$ 安装

定额编号：8-23，计量单位：10m，基价：21.80 元；其中人工费 16.49 元，材料费 3.32 元，机械费 1.99 元。

工程量：{0.24(一墙厚)×[4(干管穿墙套管数)+2×6×9(散热器支管穿墙套管数)]+
[0.3(楼板厚)+0.02(高出地面距离)]×6(单根立管上穿房楼板套管数)×5
(立管数)+[0.3(楼板厚)+0.05(高出地面距离)]×6(单根立管上离厨房楼
板套管数)×6(立管数)}/10(计量单位)

$$=\frac{0.24×112+0.32×30+0.35×36}{10}=4.908$$

c. 管道除锈

手工除锈(轻锈)　定额编号：11-1　计量单位：10m²，基价：11.27 元；其中人工费 7.89 元，材料费 3.38 元。

工程量：$\dfrac{0.0268(DN20\ 焊接管外径)×3.1416×570.164(管长)}{10(计量单位)}=4.8004$

d. 管道刷油刷防锈漆第一遍

定额编号：11-53，计量单位：10m²，基价：7.40 元；其中人工费 6.27 元，材料费 1.13 元。

工程量：$\dfrac{0.0268×3.1416×570.164}{10}=4.8004$

e. 管道刷油刷防锈漆第二遍

定额编号：11-54，计量单位：10m²，基价：7.28 元；其中人工费 6.27 元，材料费 1.01 元。

工程量：$\dfrac{0.0268×3.1416×570.164}{10}=4.8004$

f. 管道绝热层

岩棉管壳 30mm　定额编号：11-1824，计量单位：m³，基价：176.93 元；其中人工费 142.34 元，材料费 27.84 元，机械费 6.75 元。

工程量：$\dfrac{3.1416×\left[\left(\frac{0.0268}{2}+0.03\right)^{2}-\left(\frac{0.0268}{2}\right)^{2}\right]\left(\substack{单位管长\\保温层体积}\right)×18.64(保湿管长)}{1(计量单位)}$

$$=\frac{0.0998}{1}=0.0998$$

g. 管道保护层

玻璃布　定额编号：11-2153，计量单位：10m²，基价：11.11 元；其中人工费 10.91 元，材料费 0.20 元。

工程量：$\dfrac{(0.0268+0.03×2)×3.1416(单位管长保温层体积)×18.64(保温管长)}{10(计量单位)}$

$$=\frac{5.0830}{10}=0.5083$$

h. 管道刷银粉漆第一遍

定额编号：11-56，计量单位：$10m^2$，基价：11.31 元；其中人工费 6.50 元，材料费 4.81 元。

工程量：$\dfrac{0.0268 \times 3.1416 \times 551.524(未保温管长)}{10(计量单位)} = 4.6436$

i. 管道刷银粉漆第二遍

定额编号：11-57，计量单位：$10m^2$，基价：10.64 元；其中人工费 6.27 元，材料费 4.37 元。

工程量：$\dfrac{0.0268 \times 3.1416 \times 551.524(未保温管长)}{10(计量单位)} = 4.6436$

⑨ 室内焊接钢管（螺纹连接）DN15

a. 管道安装

定额编号：8-98，计量单位：10m，基价：54.90 元；其中人工费 42.49 元，材料费 12.41 元。

工程量：$\dfrac{111.456(支管上 DN15 钢管)}{10(计量单位)} = 11.1456$。

b. 钢套管安装 DN32

定额编号：8-23，计量单位：10m，基价：21.80 元；其中人工费 16.49 元，材料费 3.32 元，机械费 1.99 元。

工程量：$\dfrac{0.24(一墙厚) \times (2 \times 6 \times 4)(支管穿墙套管数)}{10(计量单位)} = 1.152$

c. 管道除锈

手工除锈（轻锈）　定额编号：11-1，计量单位：$10m^2$，基价：11.27 元；其中人工费 7.89 元，材料费 3.38 元。

工程量：$\dfrac{0.0213(DN15 焊接钢管外径) \times 3.1416 \times 111.456(管长)}{10(计量单位)} = 0.7458$

d. 管道刷油防锈漆第一遍

定额编号：11-53，计量单位：$10m^2$，基价：7.40 元；其中人工费 6.27 元，材料费 1.13 元。

工程量：$\dfrac{0.0213 \times 3.1416 \times 111.456}{10(计量单位)} = 0.7458$

e. 管道刷油防锈漆第二遍

定额编号：11-54，计量单位：$10m^2$，基价：7.28 元；其中人工费 6.27 元，材料费 1.01 元。

工程量：$\dfrac{0.0213 \times 3.1416 \times 111.456}{10(计量单位)} = 0.7458$

f. 管道刷银粉漆第一遍

定额编号：11-56，计量单位：$10m^2$，基价：11.31 元，其中人工费 6.50 元，材料费 4.81 元。

工程量：$\dfrac{0.0213 \times 3.1416 \times 111.456}{10(计量单位)} = 0.7458$

g. 管道刷银粉漆第二遍

定额编号：11-57，计量单位：$10m^2$，基价：10.64元；其中人工费6.27元，材料费4.37元。

工程量：$\dfrac{0.0213 \times 3.1416 \times 111.456}{10(\text{计量单位})} = 0.7458$

2）管道支架制作安装

① 制作与安装

定额编号：8-178，计量单位：100kg，基价：654.69元；其中人工费235.45元，材料费194.98元，机械费224.26元。

工程量计算：DN32以上的钢管支架个数重量见表8-6。

则工程量为：$\dfrac{126.049(\text{支架重量})}{100(\text{计量单位})} = 1.26049$

② 支架除锈、手工除锈（轻锈）

定额编号：11-7 计量单位：100kg，基价：17.35元；其中人工费7.89元，材料费2.50元，机械费6.96元。

工程量：$\dfrac{172.859(\text{支架总重量见表一})}{100(\text{计量单位})} = 1.72859$

③ 支架刷防锈漆第一遍

定额编号：11-119，计量单位：100kg，基价：13.11元；其中人工费5.34元，材料费0.81元，机械费6.96元。

DN32以上钢管支架个数重量见表2-6。

DN32 以上钢管支架个数重量　　　　　　　　　　　　表 2-6

支架名称		管径	支架个数	单重/kg	总重/kg
固定支架	供水总立管固定支架	DN100	2	5.678	11.356
	供、回水干管固定支架	DN70	2	2.885	5.770
		DN50	2	3.43	3.43
		DN40	2	1.565	3.130
滑动支架	供水总立管滑动支架	DN100	6	3.073	18.438
	供水干管滑动支架	DN100	4	3.073	12.292
		DN80	2	2.624	5.248
		DN70	3	2.092	6.276
		DN50	8	1.291	10.328
		DN40	8	1.194	9.552
	回水干管滑动支架	DN100	2	3.073	6.146
		DN80	2	2.624	5.248
		DN70	3	2.092	6.276
		DN50	11	1.291	14.201
		DN40	7	1.194	8.358
总　计					126.049

工程量：$\dfrac{172.859(支架总重量)}{100(计量单位)}=1.72859$

④ 支架刷防锈漆第二遍

定额编号：11-120，计量单位：100kg，基价：12.79 元；其中人工费 5.11 元，材料费 0.72 元，机械费 6.96 元。

工程量：$\dfrac{172.859(支架总重量)}{100(计量单位)}=1.72859$

⑤ 支架刷银粉漆第一遍

定额编号：11-122，计量单位：100kg，基价：16.00 元；其中人工费 5.11 元，材料费 3.93 元，机械费 6.96 元。

工程量：$\dfrac{172.859(支架总重量)}{100(计量单位)}=1.72859$

⑥ 支架刷银粉漆第二遍

定额编号：11-123，计量单位：100kg，基价：15.25 元；其中人工费 5.11 元，材料费 3.18 元，机械费 6.96 元。

工程量：$\dfrac{172.859(支架总重量)}{100(计量单位)}=1.72859$

3) 螺纹阀门

① DN25Z15T-10K 螺纹阀门安装

定额编号：8-243，计量单位：个，基价：6.24 元；其中人工费 2.79 元，材料费 3.45 元。

工程量：$\dfrac{2\times4(阀门个数)}{1(计量单位)}=8$

② DN20Z15T-10K 螺纹阀门安装

定额编号：8-242，计量单位：个，基价：5.00 元；其中人工费 2.32 元，材料费 2.68 元。

工程量：$\dfrac{2\times11(立管上阀门个数)+2(干管上阀门个数)}{1(计量单位)}=24$

③ DN15 螺纹阀门安装

定额编号：8-241，计量单位：个，基价：4.43 元；其中人工费 2.32 元，材料费 2.11 元。

工程量：$\dfrac{2\times15(散热器上手动放气阀个数)}{1(计量单位)}=30$

4) 焊接法兰阀门

DN100Z45T-10K 焊接法兰阀门

定额编号：8-261，计量单位：个，基价：189.26 元；其中人工费 21.59 元，材料费 154.79 元，机械费 12.88 元。

工程量：$\dfrac{(3+2)(阀门个数)}{1(计量单位)}=5$

5）自动排气阀

ZP-Ⅱ型 DN20 自动排气阀　定额编号：8-300，计量单位：个，基价：11.58 元；其中人工费 5.11 元，材料费 6.47 元。

工程量：$\dfrac{2(个数)}{1(计量单位)}=2$

6）法兰

① DN25 铸铁法兰（螺纹连接）

定额编号：8-180，计量单位：副，基价：4.02 元；其中人工费 3.02 元，材料费 1.00 元。

工程量：$\dfrac{1\times4(副数)}{1(计量单位)}=4$

② DN20 铸铁法兰（螺纹连接）

定额编号：8-179 计量单位：副，基价：3.65 元；其中人工费 2.79 元，材料费 0.86 元。

工程量：$\dfrac{1\times11(副数)}{1(计量单位)}=11$

7）铸铁散热器

① 组成安装

铸铁 M132 型 T24-5-8 散热器

定额编号：8-490，计量单位：10 片，基价：41.27 元；其中人工费 14.16 元，材料费 27.11 元。

工程量：$\dfrac{2732(散热器总片数)}{10(计量单位)}=273.2$

② 散热器表面动力除锈（轻锈）

定额编号：11-16，计量单位：$10m^2$，基价：12.52 元；其中人工费 10.22 元，材料费 2.30 元。

工程量：$\dfrac{0.24(单片散热器表面积)\times2732(总片数)}{10(计量单位)}=65.568$

③ 散热器刷防锈漆一遍

定额编号：11-86，计量单位：$10m^2$，基价：6.99 元；其中人工费 5.80 元，材料费 1.19 元。

工程量：$\dfrac{0.24\times2732}{10(计量单位)}=65.568$

④ 散热器刷银粉漆第一遍

定额编号：11-89，计量单位：$10m^2$，基价：10.64 元；其中人工费 6.27 元，材料费

4.37 元。

工程量： $\dfrac{0.24 \times 2732}{10(计量单位)} = 65.568$

⑤ 散热器表面刷银粉漆第二遍

定额编号：11-90，计量单位：$10m^2$，基价：9.86 元；其中人工费 5.80 元，材料费 4.06 元。

工程量： $\dfrac{0.24 \times 2732}{10(计量单位)} = 65.568$

8）采暖系统调试

按采暖工程人工费 21.84% 计取，（《全国统一安装工程定额》）。

9）低压过滤器

① $DN100$ 除污器制作

定额编号：6-2896，计量单位：个，基价：33.84 元；其中人工费 15.56 元，材料费 14.15 元，机械费 4.13 元。

工程量： $\dfrac{1(个数)}{1(计量单位)} = 1$

② $DN100$ 除污器安装

定额编号：6-1278，计量单位：个，基价：23.92 元；其中人工费 14.74 元，材料费 5.85 元，机械费 3.33 元。

工程量： $\dfrac{1(个数)}{1(计量单位)} = 1$

工程量统计见表 2-7，工程量清单与定额对照见表 2-8。

工程数量统计表　　　　　　　　　　　　　　　　　　表 2-7

序号	项目编码	项目名称	项目特征	计量单位	工程数量	序号	项目编码	项目名称	项目特征	计量单位	工程数量
1	031001002001	钢管	（焊接）$DN100$	m	44.10	11	031002001	管道支架制作安装		kg	172.859
2	031001002002	钢管	（焊接）$DN80$	m	15.20	12	031003001	螺纹阀门	$DN25$	个	8
3	031001002003	钢管	（焊接）$DN70$	m	29.72	13	031003001	螺纹阀门	$DN20$	个	24
4	031001002004	钢管	（焊接）$DN50$	m	59.22	14	031003001	螺纹阀门	D15	个	30
5	031001002005	钢管	（焊接）$DN40$	m	45.16	15	031003003	焊接法兰阀门	$DN100$	个	5
6	031001002006	钢管	（螺纹）$DN32$	m	36.92	16	031003001	自动排气阀		个	2
7	031001002007	钢管	（螺纹）$DN25$	m	70.06	17	031003010	法兰	$DN25$	副	4
8	031001002008	钢管	（螺纹）$DN20$	m	570.164	18	031003010	法兰	$DN20$	副	11
9	031001002009	钢管	（螺纹）$DN15$	m	111.456	19	031005001	铸铁散热器	M132	片	2732
10	031003008001	过滤器	低压	个	1	20	031009001	采暖工程系统调整		系统	1

工程量清单与定额对照表　　　　　　　　　　　表 2-8

序号	项目编码	项目名称	定额编号	工程内容	计量单位	工程量
1	031001002001	钢管	室内钢管（焊接）DN100		m	44.1
			8-114	管道安装	10m	4.41
			8-29	钢套管 DN1225 安装	10m	0.216
			11-1	管道手工除锈（轻锈）	10m²	1.5794
			11-54	管道刷防锈漆第一遍	10m²	1.5794
			11-54	管道刷防锈漆第二遍	10m²	1.5794
			11-1833	管道绝热层	m³	0.85
			11-2153	管道保护层	m³	2.6878
2	031001002002	钢管	室内钢管（焊接）DN80		m	15.20
			8-113	管道安装	10m	1.52
			8-28	钢套管 DN100 安装	10m	0.048
			11-1	管道手工除锈（轻锈）	10m²	0.4226
			11-53	管道刷防锈漆第一遍	10m²	0.4226
			11-54	管道刷防锈漆第二遍	10m²	0.4226
			11-1833	管道绝热层	m³	0.2454
			11-2153	管道保护层	10m²	0.80463
3	031001002003	钢管	室内钢管（焊接）DN70		m	29.72
			8-112	管道安装	10m	2.972
			8-28	钢套管 DN100 安装	10m	0.048
			11-1	管道手工除锈（轻锈）	10m²	0.7049
			11-53	管道刷防锈漆第一遍	10m²	0.7049
			11-54	管道刷防锈漆第二遍	10m²	0.7049
			11-1833	管道绝热层	m³	0.4314
			11-2153	管道保护层	10m²	1.45188
4	031001002004	钢管	室内钢管（焊接）DN50		m	59.22
					10m	5.922
			8-111	管道安装	10m	0.192
			8-27	钢套管 DN80 安装	10m²	1.1163
			11-1	管道手工除锈（轻锈）	10m²	1.1163
			11-53	管道刷油防锈漆第一遍	10m²	1.1163
			11-54	管道刷防锈漆第二遍	m³	0.7442
			11-1833	管道绝热层	10m²	2.60464
			11-2153	管道保护层		
5	031001002005	钢管	室内钢管（焊接）DN40		m	45.16
			8-110	管道安装	10m	4.516
			8-26	钢套管 DN70 安装	10m	0.12
			11-1	管道手工除锈（轻锈）	10m²	0.6810
			11-53	管道刷防锈漆第一遍	10m²	0.6810
			11-54	管道刷防锈漆第二遍	10m²	0.6810
			11-1825	管道绝热层	m³	0.4994
			11-2153	管道保护层	10m²	1.8160

序号	项目编码	项目名称	定额编号	工程内容	计量单位	工程量
6	030801002006	钢管	室内焊接钢管（螺纹连接）DN32		m	36.92
			8-101	管道安装	10m	3.692
			8-25	钢套管 DN100 安装	10m	0.12
			11-1	管道手工除锈（轻锈）	10m²	0.4929
			11-53	管道刷防锈漆第一遍	10m²	0.4929
			11-54	管道刷防锈漆第二遍	10m²	0.4929
			11-1824	管道绝热层	m³	0.2523
			11-2153	管道保护层	10m²	1.18888
7	031001002007	钢管	室内焊接钢管（螺纹连接）DN25		m	70.06
			8-100	管道安装	10m	7.006
			8-24	钢套管 DN40 安装	10m	0.816
			11-1	管道手工除锈（轻锈）	10m²	0.7373
			11-53	管道刷防锈漆第一遍	10m²	0.7373
			11-54	管道刷防锈漆第二遍	10m²	0.7373
			11-1824	管道绝热层	m³	0.0411
			11-2153	管道保护层	10m²	0.20151
			11-56	管道刷银粉漆第一遍	10m²	0.6551
			11-57	管道刷银粉漆第二遍	10m²	0.6551
8	031001002008	钢管	室内焊接钢管（螺纹连接）DN20		m	570.164
			8-99	管道安装	10m	57.0164
			8-23	钢套管 DN32 安装	10m	4.908
			11-1	管道手工除锈（轻锈）	10m²	4.8004
			11-53	管道刷防锈漆第一遍	10m²	4.8004
			11-54	管道刷防锈漆第二遍	10m²	4.8004
			11-1824	管道绝热层	m³	0.0998
			11-2153	管道保护层	10m²	0.5083
			11-56	管道刷银粉漆第一遍	10m²	4.6436
			11-57	管道刷银粉漆第二遍	10m²	4.6436
9	031001002009	钢管	室内焊接钢管（螺纹连接）DN15		m	111.456
				管道安装	10m	11.1456
				钢套管 DN32 安装	10m	1.152
			8-98	管道手工除锈（轻锈）	10m²	0.7458
			8-23	管道刷防锈漆第一遍	10m²	0.7458
			11-1	管道刷防锈漆第二遍	10m²	0.7458
				管道刷银粉漆第一遍	10m²	0.7458
				管道刷银粉漆第二遍	10m²	0.7458
10	031002001001	管道支架制作安装			kg	172.859
			8-178	支架制作安装（钢管管径大于DN32 的支架）	100kg	1.26049
			11-7	支架手工除锈（轻锈）	100kg	1.72859
			11-119	支架刷防锈漆第一遍	100kg	1.72859
			11-120	支架刷防锈漆第二遍	100kg	1.72859
			11-122	支架刷银粉漆第一遍	100kg	1.72859
			11-123	支架刷银粉漆第二遍	100kg	1.72859

续表

序号	项目编码	项目名称	定额编号	工程内容	计量单位	工程量
11	031003001001	螺纹阀门（Z15T-10K DN25 安装）	8-243	螺纹阀门 Z15T-10KDN25 安装	个	8
12	031003001002	螺纹阀门（Z15T-10K DN20 安装）	8-242	螺纹阀门 Z15T-10KDN20 安装	个	24
13	031003001003	螺纹阀门（Z15T-10K DN15 安装）	8-241	螺纹阀门 Z15T-10KDN15 安装	个	30
14	031003003001	焊接法兰阀门（Z45T-10K DN100 安装）	8-261	焊接法兰阀门 Z45T-10KDN100 安装	个	5
15	031003001004	螺纹阀门 自动排气阀 ZP-Ⅱ型 DN20	8-300	焊接法兰阀门 Z457-10KDN60 安装	个	2
16	031003011001	法兰(螺纹连接)DN25			副	4
17	031003011002	法兰(螺纹连接)DN20	8-180 8-179	铸铁法兰(螺纹连接)DN25 铸铁法兰(螺纹连接)DN20	副 副	4 11
18	031005001001	铸铁散热器 M132 型 T24-58	8-490	铸铁散热器 M132 型 T24-58 组成安装	片 10 片	2732 273.2
			11-16	散热器表面动力除锈(轻锈)	10m²	65.568
			11-86	散热器刷防锈漆一遍	10m²	65.568
			11-89	散热器表面刷银粉第一遍	10m²	65.568
			11-90	散热器表面刷银粉第二遍	10m²	65.568
19	031009001001	采暖工程系统调试			系统	1
20	031003008001	过滤器 DN100	6-2896 6-1278	DN100 除污器制作 DN100 除污器安装	个 个	1 1

【例2】 某住宅层楼燃气管道布置图如图 2-37～图 2-42 所示，该建筑 6 层 3 个单元，层高 3.0m，内外墙均为 240mm 厚，楼板厚为 300mm。

施工说明：

1. 引入管采用 φ57×3.5 的无缝钢管，室内煤气管均采用镀锌钢管。

2. 用户均采用 JST5-C 燃气快速热水器，其额定燃气流量为 1.04m³/h，额定工作压力 2.0kPa，燃气入口 DN15，外形尺寸（高×宽×厚 mm），为 406×293×230，单重为 6.2kg。

3. 用户均采用 JZT2-D 型燃气双眼灶，其额定压力 2.0kPa，进气连接管尺寸 DN15，外形尺寸(长×宽×高 mm)680×365×150，单重 14.5kg。

图 2-37　室内燃气管道系统图

图 2-38　一层燃气管道平面图

图 2-39　二层燃气管道平面图

图 2-40 三~六层燃气管道平面图

三层厨房(一)立管、燃气表、热水器等安装示意图

三层厨房(一)室内布置图

图 2-41　三层厨房内布置图

注：其余厨房室内布置均与三层厨房（一）类似，具体见平面图示意。

图 2-42　引入管详图

4. 用户均采用 JMB-3 型燃气表，其公称流量 2.5m³/h，最大流量 4m³/h，工作压力为0.5-5kPa，进出气管连接尺寸 DN15，进出气管中心距 130mm，外形尺寸（长×宽×高 mm）192×152×256，单重 2.9kg。

5. 引入管处的总切断阀门采用的是 RD DN50 型电动蝶阀，法兰螺纹连接，其余阀门采用的均为 X13W-10 型螺纹旋塞阀，螺纹连接。

6. 穿墙，穿楼板均采用镀锌铁皮套管，安装在楼板内的套管，其顶部应高出地面50mm，底部应与楼板面相平，安装在墙壁内的套管，其两端应与饰面相平。

7. 燃气管道自厨房外墙穿墙地下引入，室外埋深-1.1m，本工程有三个引入管，每个单元一个，分成三个独立的燃气系统。

8. 室内燃气管道刷银粉两遍，支架除锈后刷防锈漆一遍，银粉两遍。

工程量计算如下：由于该工程三个系统是相同的，这里仅计算厨房（一），厨房（二）的燃气系统的工程量，就可得该工程总的工程量。

【解】（1）清单工程量

1）项目编码：031001001，项目名称：镀锌钢管，计量单位：m

① 室内燃气镀锌钢管（螺纹连接）DN50

工程量：$\{(2.6-0.5)$（标高差）$+(0.5-0.4)$（标高差）$+[4.5$（ⓒ-ⓓ轴线间距）-0.24（一墙厚）-0.08（总引入立管中心线距外墙内墙面的距离）-0.05（横干管中心线距墙面的距离）$]+[2.5$（厨房的宽度）-0.05（横干管中心线距墙面的距离）-0.05（厨房（一）内燃气立管中心线距墙面的距离）$]\}/1$（计量单位）

$$=\frac{2.2+4.13+2.4}{1}=8.73$$

② 室内燃气镀锌钢管（螺纹连接）DN40

工程量：$(5.6-2.6)$（标高差）$/1$（计量单位）$=3$

③ 室内燃气镀锌钢管（螺纹连接）DN32

工程量：$\{[0.05$（厨房（一）立管距墙面距离）$+0.24$（一墙厚）$+0.05$（横干管距墙面距离）$]$（引出管穿墙长度）$\times 2+1.5$（纵向跨度）$\times 2+[2.2$（横向跨度）-0.24（一墙厚）-0.05（横干管距墙面距离）$\times 2]\}/1$（计量单位）$=$

$$\frac{0.34\times 2+3.0+1.86}{1}=5.54$$

④ 室内燃气镀锌钢管（螺纹连接）DN25

工程量：$[(10.8-5.6)$（标高差）（厨房（一）内 DN25 钢管长）$+(10.8-4.8)$（标高差）（厨房（二）内 DN25 钢管长）$]/1$（计量单位）$=\frac{5.2+6}{1}=11.2$

⑤ 室内燃气镀锌钢管（螺纹连接）DN20

工程量：$\{[(16.8-10.8)$（标高差）$+(2.6-1.8)$（标高差）$]$（厨房（一）内 DN20 钢管

长)+[(16.8−10.8)(标高差)+(4.8−1.8)(标高差)](厨房(二)内 $DN20$ 钢管管长)+0.1(接至丝 $DN20$ 钢管长)×4(个数)}/1(计量单位)=

$$\frac{6.8+9+0.4}{1}=16.2$$

⑥ 室内燃气镀锌钢管(螺纹连接)$DN15$

工程量：{[4.5(厨房宽度)−0.24(一墙厚)−0.05(立管中心线距墙面距离)×2−0.13(燃气进出管间距)+1.0(接至热水器用燃气管水平间距)](水平管长度)+[(7.8−7.4)(标高差)−0.256(燃气表高度)](进燃气表竖向管长)×2+(8.6−7.5)(标高差)+(8.6−7.5)(标高差)(接至灶具竖向管长)+(7.8−7.6)(标高差)(接至热水器竖向管长)(竖向管长度)}(单个用户支管管长)×(6×2)(用户数)/1(计量单位)=$\frac{(5.03+2.688)×12}{1}=\frac{7.718×12}{1}=92.616$

2) 项目编码：031001002　　项目名称：钢管

室外燃气钢管(焊接)$\phi57×3.5$

工程数量：[2.0(阀门井接入处距外墙面距离)+(0.5−(−1.1))(标高差)+0.24(一墙厚)+0.08(引入总立管距外墙内墙面距离)]/1(计量单位)=$\frac{3.92}{1}$

$=3.92$

3)项目编码：031002001　　项目名称：管道支架制作安装　　计量单位：kg

根据燃气钢管固定件的最大间距，即 $DN15$——2.5m，$DN20$——3m，$DN25$——3.5m，$DN32$—— 4m，$DN40$—— 4.5，$DN50$——5m

可以确定室内燃气管道的支架安装情况如下：

① 燃气立管每层均安装一个管卡，首层布置安装在距地面 2m 处，其余管卡均安装在距地面1.5m 处，这样厨房(一)立管上有 $DN20$ 的管卡 3 个，$DN25$ 的管卡 2 个，$DN40$ 的管卡 1 个；厨房(二)立管上有 $DN20$ 的管卡 4 个，$DN25$ 的管卡 2 个。

② 引入管上总立管安装管卡一个，水平干管安装管卡 2 个，故引入管上有 $DN50$ 的管卡 3 个，其中有 1 个立管支架，2 个水平管支架。

③ 户内支管上，水平支管上设管卡 4 个，(接向燃气表水平支管上 1 个，接向热水器的水平支管上 1 个，出燃气表与接向灶具和热水器间的水平支管上 2 个)，竖向支管上设管卡 2 个(接出燃气表的竖向支管上设管卡 1 个，接向灶具和燃气表的竖向支管上设管卡 1 个)，故每户内共有 6 个 $DN15$ 的管卡，其中有 4 个水平管支架，2 个立管支架。

④ 由厨房(一)接向厨房(二)的水平天燃气管道长度为 5.54m，故在其上设置 2 个 $DN32$ 的管卡，即 2 个 $DN32$ 的水平管支架。

由以上分析可以得知支架的类型与数量，根据各种支架的重量，可以计算出其支架工程量，具体见表2-9所示。

支架制作、安装重量　　　　　　　　　　　　　　　　　表 2-9

支架名称		管径	支架个数	单重/kg	总重/kg
立管支架	燃气总立管上支架	$DN50$	1	0.19	0.19
	户内立管上支架	$DN40$	1	0.17	0.17
	户内立管上支架	$DN25$	2+2	0.14	0.56
	户内立管上支架	$DN20$	3+4	0.13	0.91
	户内竖向支管上支架	$DN15$	2×6×2	0.12	2.88
水平管支架	引入管上水平管支架	$DN50$	2	0.10	0.20
	连接两用户的水平管架	$DN32$	2	0.08	0.16
	户内水平管上支架	$DN15$	2	0.06	2.88
			4×6×2		
合计	立管支架总重量				4.71
	水平管支架总重量				3.24
	支架总重量				7.95

故管道支架制作安装工程量为 $\dfrac{7.95（支架总重量）}{1（计量单位）}=7.95$

4）项目编码：031003001　项目名称：螺纹阀门　计量单位：个

$DN15$ 螺纹阀门由设施-1"室内燃气管道系统图"可以看出，每户内有 3 个 $DN15$ 的 X13W-10 型为螺纹阀门，故其工程量为：$\dfrac{3×（6×2）（户数）}{1（计量单位）}=36$

5）项目编码：031003002　项目名称：螺纹法兰阀门　计量单位：个

$RDDN50$ 型电动蝶阀　工程量：$\dfrac{1（个数）}{1（计量单位）}=1$

6）项目编码：031007005　项目名称：燃气表　计量单位：块

JMB-3 型燃气表（民用）

工程量：$\dfrac{1（户内块数）×（2×6）（用户数）}{1（计量单位）}=12$

7）项目编码：031007004　项目名称：燃气快速热水器　计量单位：台

JST5-C 燃气快速热水器

工程量：$\dfrac{1（户内台数）×（2×6）（用户数）}{1（计量单位）}=12$

8）项目编码　031007006　项目名称　燃气灶具　计量单位：台

JZT2-D 型燃气双眼灶

工程量：$\dfrac{1（户内台数）×（2×6）（用户数）}{1（计量单位）}=12$

（2）定额工程量

1）镀锌钢管

① 室内燃气镀锌钢管（螺纹连接）$DN50$

a. 管道安装

定额编号：8-594，计量单位：10m，基价：153.71 元；其中人工费 64.09 元，材料费 83.85 元，机械费 5.77 元。

工程量：$\dfrac{8.73(DN50\,管道长度)}{10(计量单位)}=0.873$

b. 管道刷银粉漆第一遍

定额编号：11-56，计量单位：10m²　基价：11.31 元；其中人工费 6.50 元，材料费 4.81 元。

工程量：$\dfrac{[60.00(DN50\,镀锌钢管外径)\times3.1416\times10^{-3}](单位管长外表面积)\times8.73(DN50\,管道长度)}{10(计量单位)}$

$=\dfrac{1.64557}{10}=0.1646$

c. 管道刷银粉漆第二遍

定额编号：11-57，计量单位：10m²，基价：10.64 元；其中人工费 6.27 元，材料费 4.37 元。

工程量：$\dfrac{60.00\times3.1416\times10^{-3}\times8.73}{10}=0.1646$

② 室内燃气镀锌钢管 $DN40$（螺纹连接）

a. 管道安装

定额编号：8-593，计量单位：10m，基价：123.90 元；其中人工费 63.85 元，材料费 55.94 元，机械费 4.11 元。

工程量：$\dfrac{3(DN40\,管道长度)}{10(计量单位)}=0.3$

b. 套管制作

$DN70$ 镀锌铁皮套管　定额编号：8-173，计量单位：个，基价：4.34 元；其中人工费 2.09 元，材料费 2.25 元。

工程量：$\dfrac{1(套数个数)}{1(计量单位)}=1$

c. 管道刷银粉漆第一遍

定额编号：11-56，计量单位：10m²，基价：11.31 元；其中人工费 6.50 元，材料费 4.81 元。

工程量：$\dfrac{[48.00(DN40\,镀锌钢管外径)\times3.1416\times10^{-3}](单位管长外表面积)\times3(DN40\,管道长度)}{10(计量单位)}$

$=\dfrac{0.4523904}{10}=0.04524$

d. 管道刷银粉漆第二遍

定额编号：11-57，计量单位：10m²，基价：10.64 元；其中人工费 6.27 元，材料费 4.37 元。

工程量：$\dfrac{48.00\times3.1416\times10^{-3}\times3}{10}=0.04524$

③室内燃气镀锌钢管（螺纹连接）$DN32$

a. 管道安装

定额编号：8-592，计量单位：10m，基价：97.54 元；其中人工费 51.08 元，材料费 43.67 元，机械费 2.79 元。

工程量：$\dfrac{5.54(DN32\,管道长度)}{10(计量单位)}=0.554$

b. 套管制作

DN50 镀锌铁皮套管　定额编号：8-172，计量单位：个，基价：2.89 元；其中人工费 1.39 元，材料费 1.50 元。

$$工程量：\frac{2(个数)}{1(计量单位)}=2$$

c. 管道外刷银粉漆第一遍

定额编号：11-56，计量单位：$10m^2$，基价：11.31 元；其中人工费 6.50 元，材料费 4.81 元。

$$工程量：\frac{[42.25(DN32\text{镀锌钢管外径})\times3.1416\times10^{-3}](\text{单位管长外表面积})\times5.54(DN32\text{管道长度})}{10(计量单位)}$$

$$=\frac{0.7353386}{10}=0.07353$$

d. 管道外刷银粉漆第二遍

定额编号：11-57，计量单位：$10m^2$，基价：10.64 元；其中人工费 6.27 元，材料费 4.37 元。

$$工程量：\frac{42.25\times3.1416\times10^{-3}}{10}\times5.54=0.07353$$

④ 室内燃气镀锌钢管（螺纹连接）DN25

a. 管道安装

定额编号：8-591，计量单位：10m，基价：84.67 元，其中人工费 50.97 元，材料费 31.31 元，机械费 2.39 元。

$$工程量：\frac{11.2(DN25\text{管道长度})}{10(计量单位)}=1.12$$

b. 套管制作

DN40 镀锌制作铁皮套管　定额编号：8-171，计量单位：个，基价：2.89 元；其中人工费 1.39 元，材料费 1.50 元。

$$工程量：\frac{4(套管个数)}{1(计量单位)}=4$$

c. 管道刷银粉漆第一遍

定额编号：11-56，计量单位：$10m^2$，基价：11.31 元；其中人工费 6.50 元，材料费 4.81 元。

$$工程量：\frac{[33.50(DN25\text{镀锌钢管外径})\times3.1416\times10^{-3}](\text{单位管长外表面积})\times11.2(DN25\text{管道长度})}{10(计量单位)}$$

$$=\frac{1.1787283}{10}=0.1179$$

d. 管道刷银粉漆第二遍

定额编号：11-57；计量单位：$10m^2$，基价：10.64 元；其中人工费 6.27 元，材料费 4.37 元。

$$工程量：\frac{33.50\times3.1416\times10^{-3}\times11.2}{10}=0.1179$$

⑤室内燃气镀锌钢管（螺纹连接）DN20

a. 管道安装

定额编号：8-590，计量单位：10m，基价：69.82 元；其中人工费 42.96 元，材料费 22.44 元，机械费 4.42 元。

工程量：$\dfrac{16.2(DN20\,管道长度)}{10(计量单位)}=1.62$

b. 套管制作

DN32 镀锌铁皮套管　定额编号：8-170，计量单位：个，基价：2.89 元；其中人工费 1.39 元，材料费 1.50 元。

工程量：$\dfrac{5(套管个数)}{1(计量单位)}=5$

c. 管道刷银粉漆第一遍

定额编号：11-56，计量单位：10m²，基价：11.31 元；其中人工费 6.50 元，材料费 4.81 元。

工程量：$\dfrac{[26.75(DN20\,镀锌钢管外径)\times3.1416\times10^{-3}](单位管长外表面积)\times16.2(DN20\,管道长度)}{10(计量单位)}$

$=\dfrac{1.3614123}{10}=0.1361$

d. 管道刷银粉漆第二遍

定额编号：11-57，计量单位：10m²，基价：10.64 元；其中人工费 6.27 元，材料费 4.37 元。

工程量：$\dfrac{26.75\times3.1416\times10^{-3}\times16.2}{10}=0.1361$

⑥ 室内燃气镀锌钢管（螺纹连接）DN15

a. 管道安装

定额编号：8-589，计量单位：10m，基价：67.94 元；其中人工费 42.89 元，材料费 20.63 元，机械费 4.42 元。

工程量：$\dfrac{92.616(DN15\,管道长度)}{10(计量单位)}=9.2616$

b. 管道刷银粉漆第一遍

定额编号：11-56，计量单位：10m²，基价：11.31 元；其中人工费 6.50 元，材料费 4.81 元。

工程量：$\dfrac{[21.25(DN15\,镀锌钢管外径)\times3.1416\times10^{-3}](单位管长外表面积)\times92.616(DN15\,管道长)}{10(计量单位)}$

$=\dfrac{6.1833}{10}=0.6183$

c. 管道外刷银粉漆第二遍

定额编号：11-57，计量单位：10m²，基价：10.64 元；其中人工费 6.27 元，材料费 4.37 元。

工程量：$\dfrac{21.25\times3.1416\times10^{-3}\times92.616}{10}=0.6183$

2）钢管

室外燃气钢管（焊接）$\phi57\times3.5$

a. 管道安装

定额编号：8-573，计量单位：10m，基价：26.48 元；其中人工费 18.58 元，材料费 5.14 元，机械费 2.76 元。

工程量：$\dfrac{3.92(\phi57\times3.5\ 无缝钢管长度)}{10(计量单位)}=0.392$

b. 套管制作

DN80 镀锌铁皮套管 定额编号：8-174，计量单位：个，基价：4.34 元；其中人工费 2.09 元，材料费 2.25 元。

工程量：$\dfrac{2(见设施-6''燃气引入管安装图'')}{1(计量单位)}=2$

3）管道支架制作安装

① 管道支架制作安装

定额编号：8-178，计量单位：100kg，基价：654.69 元；其中人工费 235.45 元，材料费 194.98 元，机械费 224.26 元。

管径大于 32mm，管道上的支架个数与重量见表 2-10。

定额中未包含的支架制作安装重量　　　　　　表 2-10

支架名称		管径	支架个数	单重/kg	总重/kg
立管支架	燃气总立管上支架	DN50	1	0.19	0.19
	户内立管上支架	DN40	1	0.17	0.17
水平管支架	引入管上水平支架	DN50	2	0.10	0.20
合计	立管支架总重量				0.36
	水平管支架总重量				0.20
	支架总重量				0.56

故其工程量：$\dfrac{0.56(支架重量)}{100(计量单位)}=0.0056$

② 支架人工除锈（轻锈）

定额编号：11-7，计量单位：100kg，基价：17.35 元；其中人工费 7.89 元，材料费 2.50 元，机械费 6.96 元。

工程量：$\dfrac{7.95(所有支架重量)}{100(计量单位)}=0.0795$

③ 支架刷防锈漆第一遍

定额编号：11-119，计量单位：100kg，基价：13.11 元；其中人工费 5.34 元，材料费 0.81 元，机械费 6.96 元。

工程量：$\dfrac{7.95(所有支架重量)}{100(计量单位)}=0.0795$

④ 支架刷银粉漆第一遍

定额编号：11-122，计量单位：100kg，基价：16.00 元；其中人工费 5.11 元，材料费 3.93 元，机械费 6.96 元。

工程量：$\dfrac{7.95(所有支架重量)}{100(计量单位)}=0.0795$

⑤ 支架刷银粉漆第二遍

定额编号：11-123，计量单位：100kg，基价：15.25 元；其中人工费 5.11 元，材料费 3.18 元，机械费 6.96 元。

工程量：$\dfrac{7.95(所有支架重量)}{100(计量单位)}=0.0795$

4）螺纹阀门

$DN15×13W-10$ 螺纹旋塞阀

定额编号：8-241，计量单位：个，基价：4.43 元；其中人工费 2.32 元，材料费 2.11 元。

工程量：$\dfrac{3×6×2}{1(计量单位)}=36$

5）螺纹法兰阀门

$RDDN50$ 型电动蝶阀

定额编号：8-255，计量单位：个，基价：59.63 元；其中人工费 11.38 元，材料费 48.25 元。

工程量：$\dfrac{1}{1(计量单位)}=1$

6）燃气表

JMB-3 型燃气表（民用燃气表）

定额编号：8-624，计量单位：块，基价：14.64 元；其中人工费 14.40 元，材料费 0.24 元。

工程量：$\dfrac{1×2×6}{1(计量单位)}=12$

7）燃气快速热器

JST5-C 燃气快速热水器

定额编号：8-645，计量单位：台，基价：75.12 元；其中人工费 32.51 元，材料费 42.61 元。

工程量：$\dfrac{1×6×2}{1(计量单位)}=12$

8）气灶具

JZT2-D 型燃气双眼灶

定额编号：8-657，计量单位：台，基价：8.30 元；其中人工费 5.80 元，材料费 2.50 元。

工程量：$\dfrac{1×6×2}{1(计量单位)}=12$

（3）由以上计算，把其工程量×3 就可得知本工程的总的工程量，特将其汇总见表 2-11～表 2-13。

本工程燃气系统清单工程数量　　　　　　　　　　　　　表 2-11

序号	项目编码	项目名称	项目特征描述	计量单位	工程数量计算	工程数量
1	031001001001	镀锌钢管	(螺纹连接)DN50	m	8.73×3	26.19
2	031001001002	镀锌钢管	(螺纹连接)DN40	m	3×3	9.00
3	031001001003	镀锌钢管	(螺纹连接)DN32	m	5.54×3	16.62
4	031001001004	镀锌钢管	(螺纹连接)DN25	m	11.2×3	33.60
5	031001001005	镀锌钢管	(螺纹连接)DN20	m	16.2×3	48.60
6	031001001006	镀锌钢管	(螺纹连接)DN15	m	92.616×3	277.848
7	031001002001	钢管	(焊接)φ57×35	m	3.92×3	11.76
8	031002001001	管道支吊架		kg	7.95×3	23.85
9	031003001001	螺纹阀门	X13W-10 DN15	个	36×3	108
10	031003002001	螺纹法兰阀门	RDDN50 型电动蝶阀	个	1×3	3
11	031007005001	燃气表	JMB-3 型民用燃气表	块	12×3	36
12	031007004001	燃气快速热水器	JXT5-C	台	12×3	36
13	031007006001	燃气灶具	JZTZ-D 型燃气双眼灶	台	12×3	36

本工程燃气系统清单与定额工程量对照表　　　　　　　表 2-12

序号	项目编码	项目名称	定额编号	工程内容	计量单位	工程量
1	031001001001	镀锌钢管(螺纹连接)DN50			m	26.19
			8-594	管道安装	10m	0.873×3=2.619
			11-56	管道刷银粉漆第一遍	10m²	0.1646×3=0.4938
			11-57	管道刷银粉漆第二遍	10m²	0.1646×3=0.4938
2	031001001002	镀锌钢管(螺纹连接)DN40			m	9
			8-593	管道安装	10m	0.3×3=0.9
			8-173	套管制作:DN70 镀锌铁安套管	个	1×3=3
			11-56	管道刷银粉漆第一遍	10m²	0.04524×3=0.13572
			11-57	管道刷银粉漆第二遍	10m²	0.04524×3=0.13572
3	031001001003	镀锌钢管(螺纹连接)DN32			m	16.62
			8-592	管道安装	10m	0.554×3=1.662
			8-172	套管制作:DN50 镀锌铁皮套管	个	2×3=6
			11-56	管道刷银粉漆第一遍	10m²	0.07353×3=0.22059
			11-57	管道刷银粉漆第二遍	10m²	0.07353×3=0.22059
4	031001001004	镀锌钢管(螺纹连接)DN25			m	33.6
			8-591	管道安装	10m	1.12×3=3.36
			8-171	套管制作:DN40 镀锌铁皮套管	个	4×3=12
			11-56	管道刷银粉漆第一遍	10m²	0.1179×3=0.3537

序号	项目编码	项目名称	定额编号	工程内容	计量单位	工程量
5	031001001005	镀锌钢管(螺纹连接)DN20			m	48.6
			11-57	管道刷银粉漆第二遍	10m²	01179×3=0.3537
			8-590	管道安装	10m	1.62×3=4.86
			8-170	套管制作 DN32 镀锌铁皮套管	个	5×3=15
			11-56	管道刷银粉漆第一遍	10m²	0.1361×3=0.4083
			11-57	管道刷银粉漆第二遍	10m²	0.1361×3=0.4083
6	031001001006	镀锌钢管(螺纹连接)DN15			m	
			8-589	管道安装	10m	27.7848
			11-56	管道刷银粉漆第一遍	10m²	0.6183×3=1.8543
			11-57	管道刷银粉漆第二遍	10m²	0.6183×3=1.8543
7	031001002001	钢管(焊接)φ57×3.5			m	11.76
			8-573	管道安装	10m	0.392×3=1.176
			8-174	套管制作:DN80 镀锌铁皮套管	个	2×3=6
8	031002001001	管道支吊架			kg	23.85
			8-178	管道支架制作安装	100kg	0.0056×3=0.0168
			11-7	支架人工除锈(轻锈)	100kg	0.0795×3=0.2385
			11-119	支架刷防锈漆第一遍	100kg	0.0795×3=0.2385
			11-122	支架刷银粉漆第一遍	100kg	0.0795×3=0.2385
			11-123	支架刷银粉漆第二遍	100kg	0.0795×3=0.2385
9	031003001001	螺纹阀门 X13W-10DN15			个	108
			8-241	DN15X13W-10 螺纹阀门安装	个	36×3=108
10	031003002001	螺纹法兰阀门 RDDN50 型电动蝶阀			个	3
			8-255	RD DN50 型电动蝶阀安装	个	1×3=3
11	031007005001	燃气表:JMB-3 型民用燃气表			块	36
			8-624	JMB-3 型燃气表(民用燃气表)安装	块	12×3=36
12	031007004001	燃气快速热水器 JST5-C			台	36
			8-645	JST5-C 燃气快速热水器安装	台	12×3=36
13	031007006001	燃气灶具:JZT2-D 型燃气双眼灶			台	36
			8-657	JZT2-D 型燃气双眼灶安装	台	12×3=36

本工程燃气系统定额工程量 表 2-13

序号	定额编号	分项工程名称	计量单位	工程量计算	工程量
1	8-594	室内燃气镀锌钢管(螺纹连接)DN50 安装	10m	0.873×3	2.619
2	8-593	室内燃气镀锌钢管(螺纹连接)DN40 安装	10m	0.3×3	0.9
3	8-592	室内燃气镀锌钢管(螺纹连接)DN32 安装	10m	0.554×3	1.662
4	8-591	室内燃气镀锌钢管(螺纹连接)DN25 安装	10m	1.12×3	3.36
5	8-590	室内燃气镀锌钢管(螺纹连接)DN20 安装	10m	1.62×3	4.86
6	8-589	室内燃气镀锌钢管(螺纹连接)DN15 安装	10m	9.2616×3	27.7848
7	8-573	室外燃气钢管(焊接)$\phi 57 \times 3.5$	10m	0.392×3	1.176
8	8-178	管道支架制作安装	100kg	0.0056×3	0.0168
9	8-174	套管制作:DN80 镀锌铁皮套管	个	2×3	6
10	8-173	套管制作:DN70 镀锌铁皮套管	个	1×3	3
11	8-172	套管制作:DN50 镀锌铁皮套管	个	2×3	6
12	8-171	套管制作:DN40 镀锌铁皮套管	个	4×3	12
13	8-170	套管制作:DN32 镀锌铁皮套管	个	5×3	15
14	8-241	DN15×13W-10 螺纹阀门安装	个	36×3	108
15	8-255	RD DN50 型电动蝶阀安装	个	1×3	3
16	8-624	JMB-3 型燃气表(民用燃气表)安装	台	12×3	36
17	8-645	JST5-C 燃气双灶具安装	台	12×3	36
18	8-657	JZTZ-D 型燃气双灶具安装	台	12×3	36
19	11-56	管道刷银粉漆第一遍	10m²	0.1646×3+0.04524×3+0.07353×3+0.1179×3+0.1361×3+0.5943×3	3.39501
20	11-57	管道刷银粉漆第二遍	10m²	0.1646×3+0.04524×3+0.07353×3+0.1179×3+0.1361×3+0.6183×3	3.46701
21	11-7	支架人工除锈(轻锈)	100kg	0.0795×3	0.2385
22	11-119	支架刷防锈漆第一遍	100kg	0.0795×3	0.2385
23	11-122	支架刷银粉漆第一遍	100kg	0.0795×3	0.2385
24	11-123	支架刷银粉漆第二遍	100kg	0.0795×3	0.2385